Teaching and Learning of the Internet Governance:
Communication, Governance and Reflection

互联网治理传习录

传播、治理与反思

朱巍　著

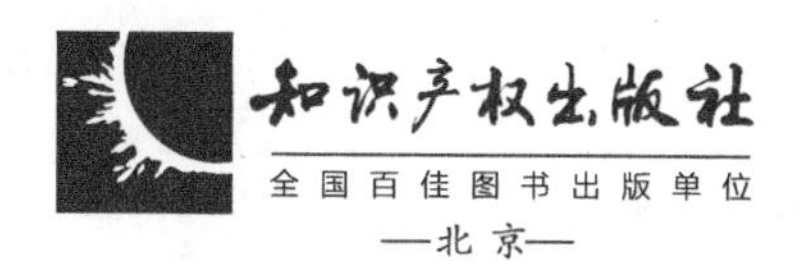

图书在版编目（CIP）数据

互联网治理传习录：传播、治理与反思 / 朱巍著 . —北京：知识产权出版社，2024. 12
ISBN 978 - 7 - 5130 - 8864 - 0

Ⅰ. ①互… Ⅱ. ①朱… Ⅲ. ①互联网络—管理—研究 Ⅳ. ①TP393. 407

中国国家版本馆 CIP 数据核字（2023）第 149724 号

责任编辑：秦金萍　　**责任校对**：谷　洋
封面设计：杰意飞扬 · 张　悦　　**责任印制**：刘译文

互联网治理传习录
——传播、治理与反思
朱　巍　著

出版发行：知识产权出版社有限责任公司		**网　　址**：http://www. ipph. cn	
社　　址：北京市海淀区气象路 50 号院		**邮　　编**：100081	
责编电话：010 - 82000860 转 8367		**责编邮箱**：1195021383@ qq. com	
发行电话：010 - 82000860 转 8101/8102		**发行传真**：010 - 82000893/82005070/82000270	
印　　刷：北京九州迅驰传媒文化有限公司		**经　　销**：新华书店、各大网上书店及相关专业书店	
开　　本：720mm × 1000mm　1/16		**印　　张**：24. 25	
版　　次：2024 年 12 月第 1 版		**印　　次**：2024 年 12 月第 1 次印刷	
字　　数：348 千字		**定　　价**：98. 00 元	

ISBN 978 - 7 - 5130 - 8864 - 0

他 序

朱巍是我在中国人民大学法学院带出来的博士，他取得博士学位后，在中国政法大学从事法学领域的科研教学工作，其专攻的研究领域是新闻传播法和网络法。他是民商法学专业的博士，作为他的导师，我当然乐意他继续研究民法，成为一名民法专家，继续培养民法研究生，使学问代代相传。但是，他毕业那年没遇到更好的机会，便去了中国政法大学光明新闻传播学院任教。一个民商法学专业出身的学者，从事新闻传播法的跨学科研究和教学工作，当然会有一些挑战。不过，网络传播与治理研究虽然具有跨学科的属性，但民商法专业基础对这种研究还是具有优势的。再加上朱巍天资聪颖，能够将这些学科融会贯通，并集中到互联网治理的研究领域中，这使他有了天然的优势，因而取得了良好的科研效果和社会效果，在业内也有了很大的名气，被称为传播法学中的"网红"，值得赞赏。

《互联网治理传习录——传播、治理与反思》是跨学科的研究成果，全书分为八个部分，涵盖了网络治理的方方面面。难能可贵的是，他以问题为导向，从跨学科视角出发，对网络舆情、技术隐患、科技伦理、平台责任异化、数据安全、新技术治理等诸多新问题，提出了很多有价值的见解，且部分意见已被有关部门采纳。他的这些成果，既源自他在法学和传播学领域的扎实理论基础，也与他了解新技术、新产业和新问题的敏锐观察力和学习能力分不开。

这本书的书名采用了"传习录"一词，大概是受到王阳明先生《传习录》的影响。"传习"所说的传承与传授、学习与好学，是一个问题的两个方面，既是世界观，也是方法论。朱巍在中国人民大学法学院读博士时，是听我课最多的学生。他听我的课，对他来说是学，对我而言就是传。毕业后去高校做教师，他给自己的学生上课，带学生写论文，对他来说是传道授业，对我来说是学术的传承和继承。做学问，更是如此，传授的基础就是不断地积累和学习，传授的过程更是学习的过程。尤其是在新闻传播和网络法这个跨学科领域，更加需要他保持敏而好学的态度，保持对技术发展的好奇心，保持对真问题研究的持之以恒。我对媒体和自媒体的法律规则也有所研究，看到他的研究成果，或有青出于蓝而胜于蓝之感。

传统民法在媒体侵权、人格权保护、侵权责任承担、平台安全保障义务、消费者权益保护、契约规范等方面，都有全面扎实的理论基础。在互联网时代，有些传统理论受到了一定的技术挑战，对法学学科是这样，对新闻传播学也是如此。正因为有挑战存在，才会促成这个新学科研究的昌盛态势，也才能出现朱巍的这本著作。

无须讳言，这本30多万字的专著，尽管有些观点的论证仍需进一步加强，书中提出的一些新见解、新理论也需要时间和实践的进一步检验，但瑕不掩瑜，这确实是一部有独立见解、创新思维的跨学科的学术著作。希望朱巍能够把学术的“传”和“习”好好做下去，发扬光大，在新闻传播和网络法学研究领域继续深耕不辍，保持谦逊、敏捷和好奇心，从而为该领域做出新的学术贡献。

是为序。

杨立新*

2024年8月6日

---

* 杨立新，中国人民大学法学院教授，中国法学会民法学研究会副会长，教育部人文社会科学重点研究基地中国人民大学民商事法律科学研究中心研究员。

自 序

这本书距离笔者上一部互联网治理方面的专著《论互联网的精神——创新、法治与反思》的出版已过去六年。这些年正是互联网技术高速迭代、网络治理集中立法和新旧产业更替的重要阶段。在此期间，笔者有幸作为学者参与了国家互联网信息办公室（以下简称国家网信办）、国家市场监督管理总局、文化和旅游部、最高人民法院等的一些涉及互联网治理的立法项目，也承担了其中一些涉网研究课题，调研过一些平台、协会和组织。此外，笔者还是某些电视栏目和报刊的访问专家和评论员，积累了很多研究素材。作为这个时期互联网治理过程中的观察者、研究者和参与者，笔者对一些热点问题、难点问题和重点问题有些许思考，并将这些思考整理出来，也就有了这本书。

自笔者进入高校任教以来，笔者就一直进行网络治理的教学和研究工作。在这个过程中，笔者明显感受到，网络治理是一个极为复杂的学科，研究者不仅需要以法学、新闻传播学、经济学和社会学为基础，还需要不间断地对实时更新的新技术、新应用尽量做到充分了解和学习。在这十几年中，几乎每一天都有新的涉网热点出现，从技术、产业、应用，到立法、修法和判例，再到传播和舆情，这些事件、信息或现象都成为网络治理的重中之重，这也是本书的源头基础。

之所以将本书命名为《互联网治理传习录——传播、治理与反思》，就是因为网络治理研究需要长期持续的学习。这里说的“学”，既包括学习新技术、新应用，也包括学习新思维、新规则。这些问题随着技术迭代和产业发展而层出不穷，导致依法治理能力受到极大的挑战，有时会出现立法时间过长，新法一经问世就可能面临再次修订的局面。在研习过程中，这些研究成果最终以新闻传播学和法学这一跨学科视角形成思考，并有所总结。此外，这些成果又需要以一定的方式进行传播，或与人交流，或转化成治理意见，或抛砖引玉供人参考，这就是本书的“传”。因此，本书命名为“传习”。当然，“录”就是记录下来的意思。

笔者非常喜爱王阳明先生的《传习录》，“知行合一”恰恰是网络治理研习之要旨，致良知也与网络素养、传播秩序密切相关。记得《传习录》中记载，一位在官府负责诉讼的官员曾向阳明先生请教，他很爱学习和理论研究，但因“簿书讼狱”之事太多，没时间专门做学问，该如何是好。阳明先生就以他自己举例，表示他从来没有因做学问而忽视日常工作，他建议该官员既然有日常处理诉讼之事，那“便从官司的事上为学”。这就是格物致知。

由上可知，做网络治理的研究不能全靠理论“立说”，不能在家闭门造车，而应对网络热点、技术和事件等都有所洞察。研究者不仅要通过浏览短视频、微博研习，还应在日常教学工作中教学相长，在处理案件、参加研讨会和学术会中深度学习。网络治理工作，既要学习，又要实践，不能先知后行，更不可不知而行。因此，将本书命名为《互联网治理传习录——传播、治理与反思》，就是想传递这种日新日学的态度。

必须说明，本书与六年前的《论互联网的精神——创新、法治与反思》是姊妹篇，虽然内容文字没有重合，但经过六年的发展，一些问题又出现新的变化。本书与之前的观点也会有变化，同时对于某些问题，六年前的治理思路与现在也有了巨大差异，这可能就是互联网行业“不变的就是变化”，只有不断修正和传习，才能适应这个变化。

本书分为八个部分，涉及网络治理中的法治、传播、竞争、权利保护、新产业治理等多方面问题，比较适合互联网行业观察者和从业者，当然也可以作为新闻传播学、网络法专业的学生的参考书目。

我的硕士研究生秦金萍从中国政法大学毕业后去了出版社做编辑，在此感谢她对本书周到又细致的编辑工作。我的研究生翟佳琦、罗慧萍、陆豪、管怡欣，以及姜卓宏、钱柳君等，都是我们科研研究团队成员，在此一并予以感谢。

朱　巍

2024 年 8 月

CONTENTS / 目录

第一编　网络产业发展与治理趋势

第二编　网络治理的创新与反思

第三编 网络技术与法治的协调

第四编 网络传播秩序治理

第五编 发展中的网民权益保护

第六编 网络直播与电商经济

第七编 网络市场竞争秩序治理

第八编　网络版权的新问题

第一编

网络产业发展与治理趋势

全球平台经济发展概况

一、全球大型数字平台企业概述

随着第五代移动通信技术（5G）、人工智能、大数据、区块链等新技术引领的科技革命和产业革命的持续纵深发展，互联网平台经济亦迅速崛起。而受2020年新冠病毒感染的影响，人们在全球范围内的购物、娱乐、医疗、教育、办公等活动进一步向线上转移，更加推动了互联网平台经济的发展。

从第四次工业革命成果的角度看，中美两国互联网产业革命的效果最为明显，获取的数字红利最大。与之前蒸汽机革命、电气革命和信息化革命的过程相比，在第四次工业革命中，中国已经成为数字产业的主要倡议者与获利者。

截至2020年年底，全球市值超100亿美元的数字平台企业共有76家，并主要分布在中美两国。其中，中国有36家，美国有28家，可见中美依旧是全球平台经济增长的主要引擎。从分布地区来看，这些企业集中分布在亚洲（41家）和北美洲（28家），而欧洲（6家）和南美洲（1家）相对较少，其他大洲则还未产生大型平台企业。①

二、中美大型数字平台市值比较

根据2020年全球大型数字平台的市值规模可知，中美两国企业占据了全球市值总量的大头，占比达96.3%。其中，美国大型数字平台企业总市值占据全球总量的71.5%，中国大型数字平台总价值占全球总量的24.8%，

① 中国信息通信研究院政策与经济研究所：《平台经济与竞争政策观察（2021年）》，第1–2页。

只有美国的1/3左右，两国仍存在较大差距（见图1－1）。①

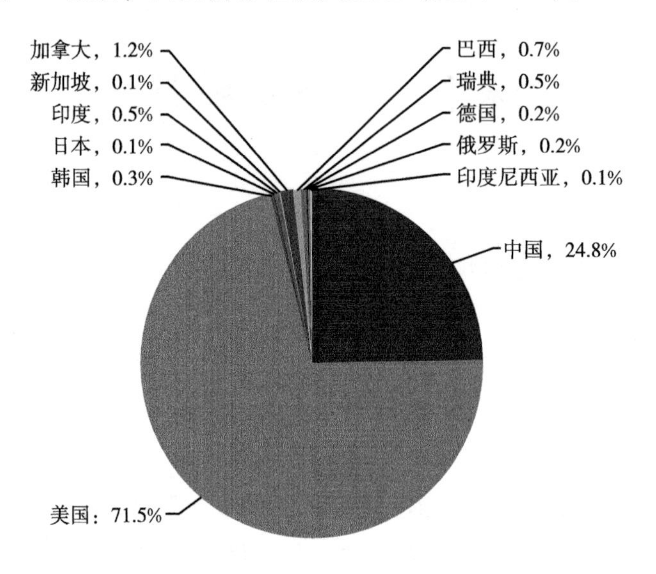

图1－1　2020年各国市值超100亿美元的数字平台市值占比

通过上述分析，我们可以了解到，虽然中国大型数字平台企业的数量超过了美国，但从这些企业的市值角度看，美国公司的市值远超中国公司的市值，②，其主要原因有以下四点。

第一，全球市场占有率的影响。从理论上讲，数字平台市场就是全球市场，数字平台应成为跨国经营平台。美国在数字平台产业中，存在先发优势、技术优势、市场优势、语言优势和政治优势，在全球市场中占有率最大。

第二，中国数字平台企业的创新能力不足。全球市值排名前10位的平台企业中，美国的苹果、微软、亚马逊、谷歌、脸书③平台既是相关领域创

① 中国信息通信研究院政策与经济研究所：《平台经济与竞争政策观察（2021年）》，第1－2页。

② 根据《平台经济与竞争政策观察（2021年）》可知，截至2020年年底，全球排名前10位的平台企业总市值已经超过10万亿美元。其中，美国占7家，总市值达9.84万亿美元；中国占3家，总市值仅有1.21万亿美元。

③ 2021年10月，脸书（Facebook）更名为元宇宙（Meta），旨在构建一种基于虚拟现实技术的新型虚实相融互联网平台。此外，为行文方便，本书涉及的一些知名企业直接以简称表述，下同。

新能力最强的企业，也是各自垂直领域开创性颠覆行业的执牛耳者。前述企业，不仅在科技上具有基础性优势，而且在科技转化市场应用方面也具有很大的创新优势。相比之下，中国的腾讯、阿里巴巴等企业，以商业行为为基础，核心技术和创新能力缺乏，基础技术支撑不足，在获取知识产权红利方面一直没有太大的起色。

第三，中国数字平台企业依靠的是建立在商业价值基础上的互联网生态，较容易形成以垂直领域为核心的互联网生态圈，以闭环的模式换取最大的生态利益。但美国数字平台企业更多的是从基础技术着手，以垂直专业角度建立生态圈，借以辐射其商业价值。从这个角度看，美国数字平台企业的创新基因更加明显，竞争集中在技术创新而非不正当竞争的基础上。

第四，中国数字平台企业的市值表现可能会有下降趋势，其根源之一就是境外资本市场政策的调整。例如，美国于 2020 年年底开始对赴美上市企业采取要求公示审计底稿等措施，这无疑会对中国的数据安全、信息安全和国家安全等方面提出挑战，国家政策性因素影响较大，资本市场受到极大地波及。加之中国相关主管部门对数字平台企业反垄断、不正当竞争的集中执法，以及《个人信息保护法》《数据安全法》等新法密集出台，可能导致建立在商业模式基础上的中国数字平台企业的市值进一步缩水。

三、中美大型数字平台垂直领域产业发展比较与展望

第一，电子商务很难成为未来产业发展的主要目标。从现有数据看，无论是中国还是美国，电子商务都是互联网经济红利中的最大红利。如同第一次工业革命中，纺织产业带动其他行业发展一样，电子商务被当作第四次工业革命的“排头兵”。但随着互联网产业变革的发展，大数据、物联网、人工智能等技术趋于成熟，将极有可能替代电子商务成为新的经济增长点。相比之下，美国数字平台产业的发展比我国要快，其金融科技、社交通信等行业的市场价值已经逐渐赶超纯粹的电子商务市场。我国则走上另一条相反的道路，目前我国绝大部分的数字平台技术、应用都围绕电子

商务展开，“万物皆电商”成为现阶段中国数字平台市场的典型代表。在这种理念背景下，我国与电商相关的产业市值超过了美国相关产业市值，资本流向电商领域，进一步扩展到包括社区团购、直播带货、短视频引流等在内的各行各业。从经济学角度看，单一电子商务对产业发展的帮助非常有限，在消费能力一定的情况下，网络消费增加势必影响线下消费能力，损害线下产业经营者和劳动者利益。相比美国多头并进的数字平台发展局面，中国以电商为王的商业生态应尽快转型。

第二，泛娱乐化产业扰乱市场秩序。中国互联网产业中，泛娱乐化行业的发展势头要更为强劲，究其原因在于资本对商业利益的短视追求。现阶段，中国的流量经济应用超过了科技创新，关注度经济、营销经济超过了技术红利。相较于需要长期科技研发投入的人工智能、物联网和大数据等技术因素，流量变现能够更快地实现商业利益。中国泛娱乐化对互联网产业产生的不利影响体现在以下两个方面：一是过度吸引资本投入，影响了以创新为主的互联网产业发展趋势，资本投入以较小投入换取更高回报，市场因素成为商业资本考虑的核心因素；二是互联网创造出新的价值观，反作用于互联网信息环境。泛娱乐化行业滋生了刷单炒信、“饭圈文化”、“水军”、虚假流量、虚假广告等严重扰乱市场秩序的现象，导致在畸形价值观影响下，互联网产业难以获得正常发展，并始终裹挟着平台商业利益与技术加持。

第三，互联网生态的影响。美国大型数字平台企业多以垂直化形态展现，苹果、微软、亚马逊、脸书和推特，无疑都是市场垂直领域的佼佼者。例如，美国的大型互联网平台主要集中在电子商务、金融科技和社交通信等领域。受苹果、微软、Adobe 及甲骨文等互联网巨头的带动，金融科技在各领域中的总市值占比最高，而电子商务在全球电商巨头亚马逊的影响下，总市值占比次之。这些互联网市场巨头，在各自垂直领域依靠技术创新进行垂直化经营，经济社会基础较为牢固。中国互联网产业则选择了一条生态闭环发展模式，我们已经很难通过某一垂直领域来判断某一平台主营领域。例如，中国的大型平台企业主要集中在电子商务、文化娱乐和金融科技等领域。其中，电子商务领域蓬勃发展，总市值占比最大，但其他领域多以生态经济形态出现，很难做出单一判断。实践中，中国互联网大多以生态圈划分，如腾讯系、阿里巴巴系、字节跳动系、百度系等，在一级市场分类之后，又转化到由资本控制的二级市场分类，二级和三级市场成为一级市场主体的附庸，很难形成与美国垂直产业发展的竞争力。在资本生态化的背景下，中国互联网追求的目标与资本追求的目的相契合，即形成排他性闭环生态体系。

相比之下，在美国更容易形成垂直化形态的垄断巨型企业，且与其他垂直企业之间不会出现太多互不兼容、相互排斥的不正当竞争行为。而中国市场更容易出现相对闭环生态的团体性企业群，且与其他生态企业之间互不兼容、相互排斥，更容易出现扼杀性并购、排他性授权、“二选一”等不正当竞争行为。也正是因为闭环生态的原因，中国互联网市场更容易形成“赢者通吃”的局面，即一家巨型企业跨行业控制关系国计民生且数量庞大的企业平台群。

从长远来看，美国垂直化产业发展模式更有利于实现互联网创新，技术不断进步将是单一垂直领域巨头发展的唯一标准。反观中国，大型数字平台过度依赖用户量，只要生态圈足够大，用户量足够多，生态就足以保障生存；只要拥有足够资本，闭环产业链内部就不会产生横向竞争，而闭环产业链外部的竞争优势也是通过资本影响市场，而非把技术作为核心竞争力。

全球互联网平台治理趋势

一、国外互联网平台治理趋势

（一）反垄断与反不正当竞争监管力度加强

1. 互联网平台反垄断监管趋严

以美国为例，2020 年对于美国互联网市场发展形态而言，是一个重要的转折点。同年 6 月，美国联邦贸易委员会和司法部发布了新的《纵向合并指南》，反映出反垄断执法机构对于纵向合并控制的审查尺度由宽松转变为审慎的整体趋势。同年 10 月，美国众议院司法委员会通过了《数字化市场竞争状况调查报告》，该报告非常明确地表示，科技巨头具有了显著的市场力量之后，会出现加剧削弱经济中的创业和创新动力、侵害公民的隐私和个人数据、破坏言论自由和言论多样性、影响政治和经济自由等负面效应。

2. 反不正当竞争行为治理趋严

2021 年开始，美国国会众议院反垄断小组委员会举行了一系列听证会，主要针对巨型平台限制竞争、恶意不兼容、相对歧视等滥用市场支配地位的行为。以本次听证会为标志，美国互联网治理工作重点转向为对巨型平台竞争秩序的规制，侧重保护中小竞争者地位，倾向于保护用户权利。

欧洲也是如此，以德国《反限制竞争法》第十次修正案为例，开创了对互联网企业涉及垄断与不正当竞争加强监管的先河，尤其是对相关企业的并购、数据审核、事先监管作出了强有力的明确规定。

3. 反垄断司法趋势偏严

从司法角度看，近年来最有代表性的当属 2021 年 1 月美国联邦贸易委员会诉脸书公司垄断案。美国联邦贸易委员会在诉状中称，脸书采取了包括2012年收购崭露头角的竞争对手Instagram、2014年收购移动消息应用程序WhatsApp在内的扼杀性并购行为，其目的在于维护自身的垄断地位。尽管法院认为美国联邦贸易委员会没有提供脸书超过60%份额的证据，但仍给予其额外举证期限。这也说明，美国反垄断从修法层面转化到司法执行层面的可能性大大增强。

相比之下，美国联邦贸易委员会对CoStar收购RentPath案的态度则更能说明美国对市场份额警惕的原因，即通过控制市场份额，维护市场活跃竞争形态，不允许一家独大的垂直公司影响市场竞争。①

（二）用户权益保护加强

1. 确保用户表达权等基本权利

2019年，欧盟议会通过《关于提高在线平台服务的公平性和透明度规则》，该文件的本质是确保用户在遵守平台管理制度的同时，要求平台应全面公开相关规则。其目的不仅在于保护用户表达权，更在于这是欧盟对美国互联网平台控制渠道采取的反制措施。

2. 对电子商务监管趋严

2022年10月，欧盟委员会正式公布了《数字服务法》（Digital Service Act），其中对电子商务经营者、交易数据、交易信息、广告识别、广告责任等方面进行了全面强化。该法特别强调了平台应履行包括实名认证、信息登记、广告审核、责任承担等在内的义务。这说明电子商务从扩张发展的上半场，将进入监管趋严的下半场。

3. 打击假冒侵权商品，设置“恶名市场”

2021年1月14日，美国贸易代表办公室发布了《2020年假冒和盗版恶名市场审查报告》，其中我国百度网盘、拼多多、淘宝、微信微店均被列入名单。② 这份报告旨在强调社交电商新业态缺乏传统电商对假货所设置的特

---

① 《美国联邦贸易委员会为何试图阻止CoStar斥资6亿美元收购RentPath》，载https：//commercialobserver. com/2020/12/rentpath - costar - ftc - lawsuit/，2023年6月28日访问。

② 《美国最新发布的恶名市场报告点名亚马逊》，载商务部官网，http：//ipr. mofcom. gov. cn/article/sjzl/gj/tsbg/202101/1959086. html，2023年6月8日访问。

别技术审核门槛标准。未来社交电商能否正常经营的核心在于，平台对商标权、著作权、专利权等问题能否严控严防，在技术和制度层面能否强化审核标准。

（三）强化对巨型平台的全方位监管

1. 加强平台配合监管的义务

欧盟《数字服务法》规定，超大平台“负有最大程度的配合监管义务”，这使以往的技术中立规则、避风港规则都将在全面监管理念下有所弱化。平台的配合监管义务已经纳入法律，配合监管部门执法、向监管部门报告、接受监管部门监督等都将作为义务纳入法律文件。

2. 落实平台对相关责任主体报告的义务

欧盟《数字服务法》规定，大平台对可能利用平台从事侵权、刑事犯罪嫌疑的行为和主体，具有法定的报告义务。考虑到苹果公司曾拒绝美国中央情报局以国家安全为名获取数据的要求，这种情形将在未来通过立法和修法途径加以解决。巨型平台不再是“法外之地”，不享受超国界的豁免权，也不得以保护用户隐私权为由进行抗辩。

3. 强化数据安全

欧盟《数字服务法》规定，对于欧盟境内月均活跃用户等于或大于4500万人的在线平台，至少每年要进行一次风险评估，并主动采取措施降低风险。这说明数据安全仅停留在《通用数据保护条例》（General Data Protection Regulation，GDPR）层面仍显不足，巨型平台对自身数据评估的要求应与其体量相适应，即越大的平台所承担的数据责任也应越大。

从长远来看，平台对数据的使用边界将严格被法律责任、社会责任和伦理责任所把控。自我评估并提交监管部门审核将作为巨型平台的日常工作任务，这也是衡量平台能否履行数据安全义务的重要标志。

二、国内互联网平台治理趋势

（一）全面进入平台经济时代

我国互联网经济经过20余年的发展，从星罗棋布的1.0时代，过渡到寡头的2.0时代，再发展到如今垂直领域多头并进的3.0时代，总体来说，互联网平台已经超越技术层面，深入社会经济生活的各个方面。特别是进入大数据经济时代之后，算法、人工智能、物联网等技术全面进入市场化运行阶段，经济社会在网络经济中进行了重组，平台作为时代的现象级产物，已经横亘于现实经济，成为我国今后相当长时间内的主要经济模式。

（二）对互联网技术提出更多挑战

算法、大数据、人工智能、虚拟现实、增强现实、物联网、5G、云计算等技术形态全面进入社会经济全流程，在信息制造与传播、电子商务、居民生活、智能出行、金融产品、办公场景、娱乐消费、工业生产等方面，对经济生活进行了全方位的覆盖。与此同时，网络安全、数据安全、交易安全、权利人权利保护等问题日益凸显，特别是舆论安全、意识形态安全、社会稳定和国家安全等问题，在很大程度上取决于互联网技术的治理。

（三）网络治理的新挑战

从平台控制的角度来看，目前我国互联网经济体中仍存在寡头效应、“赢者通吃”的问题，网络经济获利的主要渠道仍是投资收益、电子商务、广告收益等，缺乏必要的竞争环境、核心竞争力和技术变革推动力。未来相当长的时间内，网络治理的最大难点仍是破除垄断、规制不正当竞争，特别是要对算法权力、数据权力等“技术黑箱”进行全面破除。只有打破滥用技术的不正当竞争行为（如垄断行为），才有可能让我国互联网经济保持活力。

从治理角度来看，未来网络治理的重点应从对产品、服务和内容的治理，转变为对算法、数据和渠道等方面的治理。治理思路应从单一监管转化为复杂监管体系，即以技术治理为基础，以平台主体责任为抓手，推进法律数字化，使互联网初级阶段的规则即法律，转化为监管高级阶段的法律即规则。

（四）网络安全需求提升到更高位阶

平台经济的特点是生态经济，在监管领域中，应结合网络生态进行全方位监管，尤其对一些特殊领域应着重监管。

一是提升舆论动员能力。具有社会动员能力的传播平台、矩阵、多频道网络（MCN）等用“同一个声音”说话时，舆论安全往往就会受到威胁。但必须指出，这种威胁不在于传播的内容安全与否，而在于发起这种动员能力的主体是否具有可控性。

二是提升网络安全保障力。以俄乌冲突为例，其体现出国家在特殊时期对网络安全掌控力的关键在于技术控制力。在特殊时期，不仅网络传播的物质基础必须具备可靠性，而且基础网络技术不能被境外技术所替代。值得注意的是，俄乌冲突中，埃隆·马斯克第一时间运送移动终端进入乌克兰，使星链网络既能够支撑民用传输，也可以支撑军事数据；不仅能够为乌克兰提供网络技术，还能实现对俄方技术的干扰和防御。

三是治理不正当竞争。平台经济正从寡头经济逐渐转化为多极经济，鼓励竞争和鼓励创新是未来的重中之重。在此背景下，需要注意的是，巨型平台试图依靠算法黑箱、数据霸权、渠道优势、投资控制、扼杀性并购等方式，隐性地达到不正当竞争和垄断控制的目的。是以，未来的网络治理之路，仍需从技术透明、兼并审查和竞争秩序等多个维度进行综合治理。

关于应对未来技术发展与网络安全的立法建议

一、对源自境外的有害信息进行专门立法

从世界范围看，确保源自境外信息的传播安全是各国立法的趋势。

2016 年，美国颁布的《反外国宣传与造谣法案》正式生效，该法案旨在反制境外政治宣传。

2021 年，新加坡出台《防止外来干预（对应措施）法令》，赋予内政部长权力，使其有权向各类对象（如社交媒体平台、电子服务平台、互联网接入服务商以及经营网站的人）发布指示，要求所有平台都应协助当局调查和对付源自国外并针对本国的恶意宣传。

2019 年，俄罗斯通过两项法案，旨在惩罚散布俄罗斯“假新闻”和“不尊重”国家信息的个人和网络媒体，治理那些“明显不尊重社会、政府、国家象征、宪法和政府机构”的网络信息。

2018 年，法国出台了《反假新闻法》，旨在避免境外势力通过网络信息进行渗透。

除了针对境外虚假信息进行立法，不少国家和地区还成立了专门部门或网站以加强对境外虚假信息的管控。例如，包括美国国家情报局总监办公室、美国联邦调查局和美国国土安全部在内的联邦行政机构建立了旨在处理境外虚假信息问题的中心、工作队和智库。其中，在选举筹备过程中，由网络安全和基础设施安全局建立专门的机构和网站，揭露虚假选情与煽动性言论，同时内部成立“反外国影响工作组”；美国联邦调查局则成立类

似组织，旨在打击国外势力威胁，协调配合反恐、网络、犯罪部门的工作；设立“全球接触中心”，协调政府向国外通报恐怖分子事件，驳斥外国虚假信息，评估外国宣传；美国国家情报局总监办公室成立“外国恶意影响中心”，主要侧重于选举方面，整合相关恶意影响情报，汇集专业知识。2022年4月，美国国土安全部成立“虚假信息治理委员会”，目的是打击来自俄罗斯的虚假信息等。①

俄罗斯则以联邦安全局为主导，其负责对网络不良信息、涉及国家安全的信息进行监控，监测、防范和消除信息安全隐患，② 对部分网络使用者的 IP 地址、账号等进行监督。另外，2013 年俄罗斯总统普京签署《关于建立查明、预防和消除对俄罗斯信息资源计算机攻击后果的国家系统》总统令，③ 责令联邦安全局建立国家网络安全系统，监测、防范和消除计算机信息隐患。

欧盟设立战略司令部，旨在应对来自俄罗斯的虚假信息；成立针对欧盟南部和西巴尔干地区的特别工作组，旨在应对来自欧盟南部和西巴尔干地区的虚假信息。

日本于 2022 年设置“全球战略情报官”一职，旨在对外国势力通过网络散布虚假信息的行为加以监控。

相比之下，我国目前尚未存在针对境外有害信息的高位阶立法。治理源自境外的有害信息，仅仅依靠国家网信办等机构出台的低位阶行政规章显得力有不逮，缺乏制度化、法治化和强制化的约束。舆论战场和信息战场是互联网背景下国家安全和社会稳定的重要组成方面。当前，我国在治理源自境外势力、境外媒体、境外平台等的有害信息方面，立法力度明显不够，建议应尽快出台专门的“反境外有害信息法”。

---

① 乔炳新：《拜登政府成立新部门治理虚假信息，美参议员拆台：美政府才是最大虚假信息传播者》，载环球网，https：//world. huanqiu. com/article/47t0aWAUPIM，2023 年 6 月 29 日访问。

② 马建元：《俄罗斯亮剑维护网络安全》，载《世界知识》2014 年第 17 期。

③ 李彦：《俄罗斯互联网监管：立法、机构设置及启示》，载《重庆邮电大学学报（社会科学版）》2019 年第 6 期。

未来的“反境外有害信息法”应包括以下五个方面的内容：一是明确传播平台责任、组织和个人的法律责任；二是建立常态化监管制度和技术监测措施；三是建立特殊时期的应急机制；四是赋予特定机构对信息源头调查、传播主体背景、信息审查和追责的权力；五是建立辟谣、应急和反制的常态化体系。

二、加强对社交平台内容安全的治理

如今，社交平台已经成为现代社会政治、经济、军事、外交等信息传播的主要来源。受众也从传统媒体阵地转移至社交媒体阵地，融媒体时代早已到来。

自2010年以来，俄罗斯通过颁布一系列法律，如《俄罗斯保护儿童免受不良信息危害的网络审查法》（又称《网络审查法》《网络黑名单法》）、《防止青少年接触有害其健康和发展的信息法》等，要求对互联网内容进行分级，建立“黑名单登记”制度，对含有禁止在俄罗斯传播的信息的网站、网页、网址、域名进行统一登记管理，委托电信运营商通知网站所有者立即删除有关网页，如网站拒绝执行，监管部门有权通过封锁IP地址或过滤内容的方式阻止该网站继续进行信息传播。

欧盟颁布《数字市场法》《数字服务法》《视听媒体服务指令》等，这些法案主要针对谷歌等社交平台公司，要求其在6个月内按照法案要求做到合规，要求平台加强对虚假信息、恐怖主义、仇恨言论等非法内容以及假冒伪劣产品方面的审查监管责任。另外，欧盟在《数字服务法》中，还引入关于删除网上发布的非法内容的更新规则，致力于解决关于算法透明度、虚假信息和定向广告的问题，并建立“通知和行动机制”体系，确保在线服务可以采取类似的措施来删除被标记为非法的内容。

英国发布《分级、检举和责任：网络安全协议》《在线社交媒体平台行为准则》《网络危害白皮书》等，要求社交平台加强自我监督，须对平台上的不良信息负责。其中，《网络危害白皮书》首次将政府对企业的监管行为予以具体化，同时量化了惩罚措施，对肆意散播谣言的行为进行严厉打击。

德国颁布《多元媒体法》《通信媒体法》《社交媒体管理法》《电信服务法》等。其中，《多元媒体法》规定社交媒体平台需对用户在其网站上下载的内容负责；《通信媒体法》规定平台具有验证义务，即在接到投诉的情况下，平台应快速反应；《社交媒体管理法》则要求社交媒体平台应自行承担责任，清理其平台上涉及诽谤、诋毁和暴力煽动等的内容。

法国颁布《反假新闻法》，旨在强制社交网站严格把关，促进网络平台透明化。该法借鉴了美国《诚实广告法案》，将脸书和谷歌等互联网平台纳入了电视广播广告管理体系，以实现及时的监管。

澳大利亚出台了《电信传输法》《广播服务法》《数字保护法》《互联网内容法规》等，加强互联网管理。此外，澳大利亚政府为有效消除民众对网络媒体的不信任，在 2010 年设立了“国家网络安全运行中心”，敦促网络运营商签订不传播虚假信息保证书，加强对社交平台的管控。另外，为压实互联网服务提供商的责任，澳大利亚联邦政府公布了其网络空间安全计划，其中包括建立和实施一套互联网服务提供商层面的网络内容过滤系统，并明确要求互联网服务提供商应当主动承担控制和过滤互联网有害、虚假信息的义务。①

新加坡以《互联网操作规则》《互联网管理法规》为基础，颁布《防止网络虚假信息和网络操纵法案》，构建了政府部长、网络管理部门、网民、网络平台等主体协同参与的辟谣体系，授予政府部长发布谣言治理指令的权力，具体包括：要求限期更正事实（辟谣）、阻止谣言访问、封停账号（针对虚假和机器人账号）；要求以消除负面影响为主，不以删除谣言为目标；明确打击虚假或具有误导性的事实陈述，对拒不执行指令、违反法案的企业或个人，可认定为犯罪，并可判处监禁和罚款，其中对个人罚款最高可达 10 万新加坡元，对企业的罚款最高可达 100 万新加坡元。

---

① 周汉华：《论互联网法》，载《中国法学》2015 年第 3 期。

日本对社交平台规制的突出特点是，针对青少年互联网“援交”问题设定法律规制，实施《未成年人色情禁止法》和《交友类网站限制法》，明确规定利用交友网站进行以金钱为目的、与未成年人发生性行为的交易都是犯罪。

我国在社交媒体的管理上，虽然专门立法比较多，但基本上都是部门规章层级的，相比德国对社交媒体的专门立法，我国立法上的缺位是比较明显的。例如，关于社交账号IP属地显示的问题，其法律依据仅在于2022年国家网信办出台的《互联网用户账号名称信息管理规定》，其可能与《个人信息保护法》等发生冲突。笔者建议，应提高相关立法位阶，将信息安全全面纳入国家安全大范畴。

此外，对于时政类新闻的传播，国家网信办已经出台了相关部门规章，旨在限定新闻资质门槛。但在实践中，社交媒体上时政类新闻的制作、发布、传播、评论等并没有严格受到2017年《互联网新闻信息服务管理规定》的规制。对此，笔者建议，应强化时政类新闻资质的核准问题，对评论类自媒体应进行主体核准、行为监管和流量控制。

三、加强对账号非法注册、转让和处分行为的管理

美国众议院于2021年颁布《社交媒体欺诈缓解法》，禁止创设和使用虚假社交媒体账户或个人资料，以及严禁发送欺诈性电子邮件或其他电子信息。同年，美国国会提出《社交媒体责任和账户验证法案》，要求社交媒体公司从其平台上删除具有欺骗性或欺诈性的账户或个人资料，并验证据称具有欺骗性或欺诈性的账户的创建者。

经过真实身份验证的账号是网络法治建设的基础，如果账号可以转让、出租或交易，则容易使网络管理秩序全面崩溃。更重要的是，海量账号如果通过组织集中而被特定主体控制，或者通过虚假注册、养号等方式形成传播矩阵，那么网络传播秩序和舆情管理都将面临重大的挑战。对于网络账号的管理，笔者认为，应做到以下几点：第一，以立法的方式明示网络

账号不得以任何方式转让、处分和交易；第二，以复核验证的方式确立行为人与注册人系同一人；第三，严格禁止虚假注册，继续打击“水军”和传播矩阵，严惩买卖账号等产业链；第四，明确同一主体在同一平台账号持有量的上限；第五，对网红孵化中心（如MCN机构）设置专门的立法监管。

四、强化拥有巨量粉丝的文体明星账号的网络主体责任

2022年3月，在俄乌冲突期间，英国足球巨星贝克汉姆在其社交平台以视频方式公开宣布将其个人Instagram账号、Facebook账号交给乌克兰的一名产科医生使用，此时贝克汉姆的Instagram账号和Facebook账号分别拥有7166万、5612万粉丝。[①] 这种关键意见领袖（KOL）社交媒体账号的传播力巨大，使俄罗斯一时间疲于应对。值得注意的是，俄罗斯曾先后颁布《知名博主管理法案》《俄罗斯知名博主新规则法》等，要求对知名博主赋予更高的注意义务。

在资本操控下，“饭圈文化”正在蚕食网络传播秩序，拥有数千万甚至上亿粉丝的艺人、网红都已出现。这些被资本控制的“顶流”，在社交媒体上一呼万应，其粉丝以低龄为主，对偶像言听计从，产生了巨大的社会不稳定因素。事实上，这些所谓“顶流”的社会影响力，往往与其实际素养不相匹配，导致其极易被资本“绑架”，或受到境外势力的影响。对此，笔者建议，对“饭圈文化”的治理应继续持高压态势，全面监管“顶流”的网络行为，并对其背后资本进行适时的调查。

五、加强对技术安全的监管

2020年8月，美国国会发布《深度伪造与国家安全》和《人工智能与国家安全》两大报告，明确指出深度伪造已成为对手信息战的一部分，即

---

① 郭肖：《贝克汉姆将社交账号交给乌克兰医生，呼吁粉丝为当地儿童捐款》，载观察者网，https：//www. guancha. cn/internation/2022_03_21_631306. shtml，2023年6月8日访问。

对手可利用深度造假技术对抗美国及其盟国，生成虚假新闻报告，影响公开披露的信息，瓦解公众信任等。[①]

自俄乌冲突爆发以来，源自境外深度伪造技术产生的谣言信息就一直源源不断，很多经过伪造的视频被作为双方相互攻击的佐证。这就要求在技术层面上，国家需要对深度伪造技术进行全面监管，特别是要强化信息、视频、图片、声音等反向还原技术的运用；在国家安全层面，应建立基于伪造技术的及时、高效和智能的反制机制。值得关注的是，早在 2018 年，美国参议院就提出《恶意伪造禁令法案》，要求因制作深度伪造内容而引发犯罪和侵权行为的个人，以及明知内容为深度伪造还继续发布的社交媒体平台承担罚款和监禁的法律责任；如果伪造内容涉嫌煽动暴力、扰乱政府或选举，并造成严重后果的，可能面临 10 年监禁。[②]

另外，关于技术应对的立法问题，除了上述提到的《恶意伪造禁令法案》，美国众议院提出的《深度伪造责任法案》也可以作为参考。《深度伪造责任法案》要求任何创建深度伪造视频媒体文件的人，必须用“不可删除的数字水印以及文本描述”来说明该媒体文件是篡改或生成的，否则将属于犯罪行为。[③]

相比之下，我国仅在《民法典》人格权编中对深度伪造肖像、声音等行为作了明确规定，但这也仅停留在民事法律层面，并没有将其全面纳入国家安全层面。

六、应扩大虚假信息罪的适用范围

德国是较早对互联网传播不良言论进行立法监管的国家。德国《刑法典》第 126 条规定，明知其为不实，而使他人误信即将发生“足以破坏公共和平”者，处 3 年以下有期徒刑或罚金。此外，该法中还规定，散布虚

---

① 张晓玉：《深度伪造技术的发展及影响》，载《网信军民融合》2021 年第 3 期。

② 同注①。

③ 同注①。

假信息的媒介并不局限于互联网。而西班牙则注重规制网络信息及网络服务提供商的刑事责任，例如在其《刑法典》中扩大了“虚报”的含义，即包括捏造和散布两种行为。

2022 年 3 月 4 日，俄罗斯总统普京签署《俄罗斯联邦刑法典》修正案，该法案对散布有关俄罗斯军人行为的虚假消息、诋毁俄罗斯武装力量、呼吁对俄罗斯进行制裁等行为进行规制。该刑法典更新了第 207.3 条中“公开传播关于俄罗斯联邦武装部队情况的故意虚假信息”的内容。该条款规定，传播有关俄罗斯军队一般虚假信息的，将面临最高 3 年监禁或最高 150 万卢布罚款；利用“职务便利”“雇佣关系”，或出于政治意识形态、种族、民族或宗教仇恨或敌意传播虚假信息的，将被处以最高 10 年监禁或 500 万卢布罚款；因传播虚假信息导致严重后果的，会面临 10 ~ 15 年监禁。

而我国现行《刑法》中规定的虚假信息罪，仅适用于虚假的灾情、疫情、险情和警情等情形。实践中，也曾出现过因涉及社会稳定的谣言，而被以寻衅滋事罪论处的情形。同时，我国尚未出台“反煽动法”，也没有类似于德国政府出台的《社交媒体管理法》。因此，在一些特殊时期，特别是在应对关乎国家安全、政治安全与社会稳定等虚假信息时，刑事法律出现了明显的缺位。为此，笔者建议，在后续刑法修正时，应提出对虚假信息罪扩张适用的类型。

“互联网+”监管新模式的思考

在全民电商时代下，电子商务给全社会带来了消费和产业红利，同时也让各种侵害消费者合法权益、侵害知识产权等违法违规行为更易被发现、被察觉，由此亟待监管部门突破传统监管思维和理念，适应数字化时代发展需求，进行线上线下一体化监管。

在各地市场监管部门履行职责时，常因违法商家销毁证据、拒不配合、跨地域经营、证据链条断层等问题，使案件办理陷入困境，尤其在面对权限、时限、取证、口供等方面显得束手无策。互联网特有的放大效应，使违法行为易发生，也同样更容易被发现。相较于传统商业模式，电子商务具有更强的可视性，所有交易行为均留痕、可追溯。每一笔交易订单均能还原当时的情况，这为违法行为的查处带来了更多的机会和方案。

绍兴市场监管部门办理的一起销售假冒产品商标侵权案，被浙江省市场监督管理局评为2020年网络监督执法十大经典案例。这起案例源自一名违法者在线上线下同时进行售假活动，在该违法者拒不提供相关证据材料的情况下，监管部门与网络平台紧密合作，充分利用网络交易可追溯的特性，固定相关证据，以近乎“零口供”的形式对其进行定罪处罚。网络平台全程参与对售假侵权的监管和治理工作，有以下几大亮点值得推广。

首先，“数字孪生”时代的监管新模式。以互联网为依托，电子商务平台经营者可实现全流程地参与销售、物流、结算、质量保证及售后服务等。通过网络平台与执法部门的全力配合，使售假行为全流程得以还原，线上销售的“留痕”证据可直接转化为行政处罚的依据。从这个过程看，相比线下违法行为，线上行为更易被追溯和查处，“数字孪生”的形态不仅在制造领域产生了重大影响，还将在质量监督、品牌保护、执法监管、信用品控等方面起到重要作用。

其次，平台深度介入监管，让自律与他律变得“水乳交融”、有机结合。绍兴市场监管部门的这起执法案例是在《电子商务法》实施的背景下，阿里巴巴平台积极履行平台主体责任，依靠各类创新技术，突破线下网格地域执法限制，与市场监管部门相互协同完成的。这起案例的意义不仅在于取得了成功有效的执法结果，更在于平台通过全力配合执法部门，向潜在违法者宣布，平台不会保护侵害知识产权的经营者，而会与执法部门共建打击违法违规行为的防火墙。这起案例凸显了市场监管部门与平台实现社会共治的意义，有助于将互联网打造成维权高地，让违法者无所遁形。

最后，数字化、智能化与执法监管有机结合。以往我国的市场监管部门仅能查处已实证的售假行为或待售假货，若无库存或账册，则无法追溯交易，进而定性案件、裁量处罚，并由此可能发生“售假愈多、库存愈少，处罚越轻”的悖论。在这起案例中，互联网成为打击售假者的利器，市场监管部门突破了传统线下以实物为标的的办案理念，通过线上追溯严惩了所有违法行为。市场监管部门依托阿里巴巴平台的技术能力，使线上售假行为得以还原，在售假者无法自证合法进货来源的情形下，可认定为线上售假行为，在当事人拒绝提供或者无法提供相关证据予以反驳时，其应当承担拒绝举证或者不能举证的法律后果，而市场监管部门可根据平台提供的相关证据进行定性、量罚，让平台成为售假等违法分子不敢来的地方。这些经验形成的数字治理体系，都将对未来的“互联网＋监管”模式起到重要的指导作用。

《电子商务法》《网络交易监督管理办法》《食品安全法》《消费者权益保护法》等相关法律法规，都将互联网平台予以执法配合进行了明文规定。但从实践看，从法律规定到具体落实，还有相当长的路要走，这也是绍兴这起执法案例具有指导性意义的原因所在。具体来说，笔者建议，可以从以下四个方面着手落实和完善。

第一，平台发挥数字技术优势，实现技术间的适用与协同。通过技术获得的平台数据应该作为市场监管部门适用法律执法的直接证据，并予以使用。即便违法者不配合执法工作，通过平台数字技术与执法者的合作，也应依法对违法者追责。这种数字化协同的制度，应该配合相关法律进行落地推广。

第二，平台与市场监管部门应建立信用联合惩戒机制，跨平台、跨线上线下、跨区域、跨部门的信用评级、认定、查询、公示、主体限制等制度都应尽快确立下来。

第三，互联网治理是一个立体综合的过程，需要社会共治才能完成。绍兴这起案例，从执法部门到网络平台实现了通力合作，在未来治理体系中还应增加第三方评估组织、全体网民、消费者保护组织、技术部门等主体。这种以平台数字技术协助为基础的多方共治理念，一旦形成长效制度，假货也就无处藏身，违法者一处违法、处处受限，才能做到真正的“天下无假货”。

第四，监管部门与平台数据配合形成的证据链，如果已经符合证据标准，达到高度盖然性要求，就可以“零口供”办案，除非售假者能够自己举证以示清白。如果不能明确在平台配合下产生的证据链作为办案证据基础的合法性，那么在网络电商时代就会产生大量因无法取证而导致的售假“漏网之鱼”。市场监管部门应按照《电子商务法》所规定的平台配合举证责任，适应网络技术实践，最终实现网络共治。

第二编

网络治理的创新与反思

《民法典》网络适用的反思

《民法典》是新中国第一部以“法典”命名的大法。《民法典》起草之时，正值我国“互联网+”第四次工业革命勃兴之际，因此，这部法典从一开始就应被冠以“互联网+”的时代印记。

一、人格权编是网民权利的重要基础

相比百年前欧洲各国的民法典，我国《民法典》最大的亮点之一就是人格权独立成编，这对于网民的权利保障和互联网法治建设具有里程碑式的意义。

首先，人格权编脱离侵权法体系独立成编，成为网民基本权利的保障法。名誉权、姓名权、肖像权、隐私权等各项自然人的传统权利被非常详尽地加以描述，充分体现了《民法典》一切“以人民利益为中心”的立法宗旨。网络虚拟世界是自然人现实世界权利的延伸，现实世界所有人的权利在互联网环境中都应有所映射。《民法典》实施后，人格权编成为网络人格权保护最重要的请求权基础。

不过，人格权编在法典的第四编，即在总则、物权、合同等编之后，这种立法体例应用确实有不少的争议。对此，笔者认为，人格权编若置于总则之后，作为第二编，似乎更能显现出以人为本的立法宗旨。

其次，新型人格权成为网民权益保护的新发展。其一，网名被纳入姓名权保护范围，这意味着网名的商事权利与人身权利都将成为重要的法定权利。其二，声音权被纳入人格权保护范围。《民法典》规定，声音权将参照肖像权被加以保护，这是很多音频创作者和平台的佳音，意味着他们不仅能够用知识产权维权，而且可以选择更为高效的人格权作为请求权基础。

其三，信用权被纳入保护体系，权利人不仅可以依法查询自己的信用情况，还可以依法提出异议权和更改权。其四，安宁权被正式纳入隐私权保护范围，网络骚扰等情形将在民法上有法可依。其五，个人信息权从隐私权中独立出来。网民对自己信息的控制权、知情权、处分权、更改权、注销权等都可以在《民法典》中找到依据。

不过，虚拟人格权尚未得到《民法典》的确认。虚拟人格权是自然人线上人格的重要表现方式，这项权利一旦被法律正式确认，将有三大好处。其一，很多纠纷可以“线上问题、线上解决”，避免线下网民的诉累。其二，个别网络名誉权影响仅局限于线上，如果虚拟人格权没有法律承认，线下道歉等法律责任很难辐射到线上。其三，虚拟人格是未来网络经济社会的发展方向，“双重人格”属性已经是现实存在的，立法还是应跟上时代步伐。

最后，人格权编是网络传播伦理的发展和总结。在网络新闻报道领域，对姓名权、肖像权、个人信息等合理使用是没问题的，但若不合理地滥用，则属于侵权范畴。在肖像权等人格权保护中，网民协议的效力一旦有争议，法院会依法作出有利于网民个人的解释。在网络名誉权纠纷中，《民法典》也给出了判断侵权的基本标准，即既要考虑信源问题，也要参考平台或发布者的审核义务，一旦出现网络传播内容失实，则应立即删除。

二、新型规则体系更有利于互联网表达

我国立法中，有关网络侵权错误通知责任的内容，最早体现于 2006 年施行的《信息网络传播权保护条例》（2013 年修订），并在之后出台的《侵权责任法》（已失效）、《电子商务法》以及《民法典》等法律中不断发展完善。[①] 网络侵权错误通知责任的核心在于保护网络表达自由，减少因“水

① 《民法典》第 1194～1197 条中规定了网络侵权错误通知责任。整体来看，该内容基本上与《电子商务法》第 42～43 条的规定一脉相承，对《侵权责任法》《信息网络传播权保护条例》的相关规定，进行了较大幅度的调整。

军”“网络公关”等恶意举报给网络表达者造成的损害，并对滥用规则的违法者加大法律成本。

网络侵权的转通知规则,[①] 是对网络表达内容的最大保护规则。以前我国《侵权责任法》仅规定了通知删除规则，即权利人一旦依法发出侵权通知，平台就应立即采取必要措施。而在《民法典》中，加入了针对网络服务提供者的转通知规则，最大限度地平衡了表达者（网络用户）与权利人之间的关系，畅通了表达者对“举报”和“通知”申诉的渠道。

转通知规则最早源于1998年美国出台的《数字千年版权法案》，当初仅适用于网络著作权领域。这个规则有利有弊，弊端在于增加了维权者的诉累，提高了侵权扩大的风险，提高了平台运营成本，加重了线下法院和网信管理部门的工作量。一般来说，将版权法的规则移植到人身权保护领域需要冒很大的风险，现实成本与利弊还需在实践中仔细衡量。

三、反通知规则适用的讨论[②]

《民法典》中关于网络侵权责任的规定，涉及通知删除规则、红旗规则和反通知规则。[③] 其中，笔者认为，反通知规则存在较大的问题，实践中该规则可能会对互联网产业发展、网民合法权益保障和司法效率造成较大的

① 转通知规则是赋予网络服务提供者的义务，其包括两个方面的内容：一是转达权利人发出的侵权通知；二是转达网络用户发出的不侵权声明（反通知）。《民法典》第1195条第2款规定：“网络服务提供者接到通知后，应当及时将该通知转送相关网络用户……”第1196条第2款规定：“网络服务提供者接到声明后，应当将该声明转送发出通知的权利人，并告知其可以向有关部门投诉或者向人民法院提起诉讼……”

② 朱巍：《互联网反通知制度不宜写入民法典》，载《检察日报》2019年8月21日，第7版。

③ 此处三项规则对应的是《民法典》第1195～1197条规定的内容。其中，通知删除规则，又称为避风港规则，它是指权利人向网络服务提供者发出所谓侵权通知，要求网络服务提供者“采取删除、屏蔽、断开链接等必要措施”。在此规则下，“网络服务提供者接到通知后，应当及时将该通知转送相关网络用户，并根据构成侵权的初步证据和服务类型采取必要措施；未及时采取必要措施的，对损害的扩大部分与该网络用户承担连带责任”。红旗规则针对的是网络服务提供者，其是指“网络服务提供者知道或者应当知道网络用户利用其网络服务侵害他人民事权益，未采取必要措施的，与该网络用户承担连带责任”。反通知规则针对的是网络用户，其是指“网络用户接到转送的通知后，可以向网络服务提供者提交不存在侵权行为的声明”。其中，反通知规则下，网络服务提供者负有转达不侵权声明的义务以及告知权利人去投诉或起诉的义务。

冲击，因此，必须特别指出，反通知规则在网络侵害人格权案件中可能存在的问题。

第一，严重侵害权利人的合法权益。按照我国原《侵权责任法》的相关规定，互联网权利人发现自己权利被侵害后，可根据通知删除规则向平台发出通知，平台在接到有效通知后，应立即采取必要措施。到此为止，权利人的权利已经获得满足，因为如果平台没有采取必要措施，就要承担连带责任。

而《民法典》增加的反通知规则，实际上将原本一个通知能够完成的权利保障措施，变成了两个步骤。也就是说，权利人发出通知后，平台在采取措施的同时，要将侵权通知转发给网络用户，如果网络用户发一个声明，证明自己的信息没有侵权，那么皮球又踢回到了权利人脚下。此时接到平台转达的反通知后，权利人就必须在合理期限①内向法院提起诉讼或向相关部门投诉，否则平台就会恢复网络用户发布的信息。

这种比较匪夷所思的反通知模式，对权利人来说，不仅是“烧脑”般地费时费力，而且若权利人想维权，最终还得诉诸法律诉讼。这种维权大费周折，最后往往使权利人疲于应对，结果权利没有维护好，反倒诉累加身。

第二，严重浪费司法资源和行政资源。如前所述，平台一旦转达反通知，权利人就必须在合理期限内到法院起诉或向有关部门投诉，否则侵权内容就要被恢复。目前我国司法资源和行政资源不足，而网络自律组织和调解组织有很多，其目的就是促进解决网络纠纷，化解矛盾，避免线上问题过多而延续到线下。但反通知规则出台后，之前有关网络纠纷解决机制的很多努力化为泡影，也就是说，网络纠纷没有上升到诉讼或举报层面的

① 《电子商务法》第43条第2款规定：“……电子商务平台经营者在转送声明到达知识产权权利人后十五日内，未收到权利人已经投诉或者起诉通知的，应当及时终止所采取的措施。”这意味着一旦链接被通知删除，即使网络用户进行反通知且权利人没有进行起诉或投诉，网络服务提供者也只能在15日后恢复链接。值得注意的是，《民法典》在起草过程中，曾一度参考这一规定，但后来经过反复论证，在最后一稿中将等待期15日调整为“合理期限”。

话，这个事情就根本解决不了。

第三，严重阻碍互联网产业发展。平台作为网络服务提供者，在反通知规则中的角色主要有以下几种：通知接收人、转通知发出者、反通知接收人、采取措施人、审核以上程序的人和恢复数据的人。反通知规则出台之后，互联网平台会增加三个新设主体义务，使其不仅仅是网络服务提供者，而且还会转化成司法的前置性审查者。最终，通知人和被通知人之间的很多矛盾，都可能会强加于平台之上，现有的公司法务团队人数可能得再增加几倍，才能适应反通知规则所带来的诉累。最终这些增加的成本，都会直接或间接地分摊到用户身上。

反通知规则诞生于知识产权领域，在其诞生之时，自媒体、社交平台和电子商务尚未面世。在互联网产业进入下半场的时候，我国数据经济革命正值高潮期，立法必须回应经济发展问题和技术进步问题，至少不能阻碍技术和产业的发展，不能阻碍用户权益的保障，更不能将矛盾一并推向法院和政府机构。笔者认为，反通知规则或许已不合时宜，在日后《民法典》适用过程中应予以特别注意。

四、网络新型财产被写入法典

虚拟财产在《民法典》二审稿之前，曾被纳入“物权”客体之中，经征求社会意见，考虑到虚拟财产存在人身权与财产权双重属性，“一刀切”式地放在“物权”里，并非明智之举。因此，在《民法典》中，并未对虚拟财产作出明确性规定，仅表述为“法律另有规定的，依照其规定”。

在《民法典》继承编中，删除了《继承法》（已失效）对可继承财产的列举方式，而是将“合法财产”全部纳入可继承范围。从字面意义上理解，虚拟财产属于合法财产，应属于继承范围。不过，一些虚拟财产具有强烈的人身权属性，如微信账号既有支付信息和现金，也有通信等社交信息。一般认为，网络账号的人身权部分，按照《网络安全法》等相关法律的规定，应属于实名注册信息，不能随便继承账号。不过，账号中的财产权利，则属于可继承的“合法财产”范围。所以，虚拟财产并非全部都能纳入可继承财产的范围。

目前，《民法典》对虚拟财产的态度是“接纳但不明确”，至于不明确的原因可能是以待后续专门法律对此作出具体规定。不过，就我国法律体系来看，最适合写明虚拟财产性质的法律仍非《民法典》莫属。新时代下，《民法典》对虚拟财产的性质应该予以明确，区分人身权属性和财产权属性，其中人身权利部分依照国家网信办出台的相关部门规章以及《网络安全法》等相关规定予以处理，财产权部分则应按照具体性质，纳入债权或物权体系。

大数据杀熟的数据治理反思

2022年1月1日，国内数据领域首部综合性立法《深圳经济特区数据条例》正式施行。该条例对大数据杀熟行为规定了上限为“处上一年度营业额百分之五以下罚款，最高不超过五千万元”的处罚，这或将成为世界范围内对大数据杀熟处罚金额最高的法规。

大数据杀熟，是指利用大数据技术，在行为数据和消费者身份信息分析基础上，通过人工智能、个性化展示和消费能力预测，对最终末端市场进行价格差异化对待。这在经济学语境下，又被形象地称为“价格歧视”。

从表象特征看，存在大数据杀熟应有三个重要前提。其一，数据前提。差异化的基础是数据的采集与分析，既包括本平台数据，也包括通过开放应用程序编程接口等方式获取的其他平台数据。其二，技术前提。人工智能以数据分析为基础，以个性化展现、预测消费、分类引流等方式，结合消费品价格分类，进行差别化市场营销。其三，信息前提。获取最终消费者剩余是实现大数据杀熟的最大前提之一，信息获取既可能通过用户行为数据实现，也可能通过消费记录、财务状况等身份信息实现。按照大数据的数据前提、技术前提和信息前提这一逻辑分析，映射在法律层面，也相应地包括以下三大部分法律规定。

一是按照《民法典》人格权编的相关规定，用户享有对自己个人信息的自我决定权；平台等信息处理者在合理使用个人信息时，应符合合法性、正当性和必要性等基本原则，不应超范围采集、分析和使用数据。同时，《个人信息保护法》更明确了开放平台应履行对个人信息数据互通的法定义务。平台对用户数据的攫取，除法律明确规定个人信息应受到相关强制性要求和合同的约束外，对源自用户行为的非个人信息的采集行为本身就应受到商业道德与法律规定的双重束缚。更何况，平台利用这些数据对消费者本身进行非利益的损害，这种采集和利用行为，即便不涉及纯粹个人信息，也因违反了正当性和必要性原则而存在法律苛责性。

二是从技术实现角度看，任何算法和人工智能都有事先设定的既定逻辑，数字化程序的展现，改变的仅是表现模式，而非其性质要素。从法律性质角度看，个性化展现、推荐、引流、标签化等方式，都应被认定为平台的自主行为，尤其是这种技术行为的目的是获取纯粹的商业利益。目前，技术中立作为确保技术侵权的抗辩理由，在司法实践和监督执法中，实现起来已经越来越困难。由1998年美国《数字千年版权法案》确立起来的通知删除规则已经走过20余年，平台对技术的掌控力早已超过当初确定这一规则的时代。从这个角度看，以技术实现的最终效果，判断行为是否具有苛责性是完全可以在法律判断的基础上实现的。换句话说，大数据杀熟结果出现后，举证责任就应倒置，即由平台方负责举证，而非适用传统的举证责任。

三是大数据杀熟对消费者的侵害，集中体现在侵犯消费者的知情权、自主选择权、公平交易权等基本权利。其中，消费者知情权是其他几乎所有权利的基础，大数据杀熟正是建立在对消费者知情权损害的前提下。个别移动互联网应用程序（App）的数据搜集范围，往往将用户移动端安装的所有其他App类型纳入搜集范围，其主要目的就在于判断用户对相关市场数据的掌握情况以及消费者剩余。从法律角度看，除《消费者权益保护法》之外，包括《电子商务法》和《网络交易监督管理办法》（国家市场监督管理总局令第37号）在内的相关法律法规，都明确规定了平台搜集数据的范围。特别是国家网信办等四部委联合出台的《常见类型移动互联网应用程序必要个人信息范围规定》（国信办秘字〔2021〕14号），将39款常见的App以立法的方式明确了搜集信息的具体类别，从源头上杜绝了大数据杀熟的可行性。

除了以上特征，实践中，大数据杀熟还存在一个不可忽视的因素，即平台市场份额的多寡会直接影响技术的实现可行性。通常存在激烈的市场竞争的情况下，用户能比较容易地进行比较询价，除了平台间存在协议或同盟的个别情形，很难大范围地实施大数据杀熟。只有在市场存在绝对垄断或相对垄断的前提下，这种数据才会在平台间流动，利用数据进行杀熟的情况才会广泛存在。

由上可知，深圳出台的数据新规之所以能够对大数据杀熟“下狠手”，并不仅是出于维护用户权益和市场竞争秩序，而在于其对一些基础性服务平台滥用垄断地位攫取高额利润的治理，更在于对滥用数据权利、打击数据垄断行为的严惩。

必须指出的是，再大的处罚力度，也不影响消费者在受到平台大数据杀熟后，依据《消费者权益保护法》《电子商务法》和《民法典》等法律规定，提起相关民事诉讼。可见，未来对大数据杀熟平台的惩戒将是多层次的。也就是说，可能存在先由个体消费者或省级消费者保护协会提起民事诉讼，再转化成行政处罚；也可能存在先由行政机关进行处罚后，消费者随后提起群体性诉讼。这种多层次、多主体的多元化体系，很可能让大数据杀熟在深圳成为历史。希望深圳经验能够得到进一步的推广，将来有越来越多的省市，能够出台自己的数据保护条例。

社交电商平台的法律性质反思

2019 年《电子商务法》正式实施，其中的规定真正对社交电商（又称为微商）起到关键性制约门槛的不是依法纳税，也不是宣传规制，甚至不是平台责任，而是主体登记。对各类代购来说，登记制度如果能落实到位，社交电商的假货、假海淘、关税、售后等相关问题也就能迎刃而解。但在实践中，真正落实社交电商主体登记确实是很难完成的任务。

首先，社交电商平台是社交平台，并非传统电商平台，其本质应属于网络服务提供者。以微信、微博和直播平台为例，平台提供的是网络服务，既没有从用户交易中获利，也没有提供广告等服务，这导致其与传统电商出现本质区别，意味着社交平台很难按照《电子商务法》落实主体登记责任。

其次，售假社交电商实名制落实不到位。按照《网络安全法》的规定，包括社交电商在内的网络用户应该实名登记。但在实践中，落实真实身份认证制度的渠道并不是做到身份与人的一一对应，而是通过电话号码实现间接实名。手机号码实名已经完成，但由于一个身份证可以注册 5 个手机号码，手机号码的身份与使用人的对应关系仍无法完全契合，这就导致网络实名制被严重虚化。更何况，社交电商大多使用移动 IP，导致很难锁定其 IP，无法实现有效监管。

最后，很多社交电商并非专职从事电商活动，号称仅做“零星”“小额”的交易，按照《电子商务法》的规定，这些社交电商并非都需要进行主体登记。这就给了非法从业者可乘之机，做完一单，就删除一个账号，清空记录，最后若找不到消费者作证，之前的交易记录就很难查找。尽管《电子商务法》规定平台需要对交易记录等信息保存不少于 3 年，但这只是针对电商平台，而社交电商的社交平台本身不是交易平台，有的甚至只有引流功能，平台最多只能保存网络日志。对于社交平台，用户“点对点”的交流信息属于隐私，仅存放在自己的移动端中，平台也无法获取，这让监管部门很难予以有效监管。

除此之外，社交电商交易中多是“点对点”，缺乏电商平台的直接参与，这也就让现行《消费者权益保护法》第 44 条关于平台责任承担的规定有所落空，不仅缺乏平台主体参与的电商活动，而且消费者的后悔权和“三包”服务也无从谈起。

社交电商代购领域更是如此，即使其代购商品为真货，但因终端消费者与商家存在时空分离，消费者无法按照我国《消费者权益保护法》维护自身的权利。更何况，有的商品仅在线上销售，并不存在相应的线下实体店，消费者既没有办法进行商品验真，也没有办法比照价格，所有信息均来自社交电商代购者。这样一来，巨大的信息鸿沟导致消费者的合法权益极易受到严重损害。一方面，国外商品打折季会有巨大折扣，社交电商通过事先囤货、事后作伪等方式获取巨大利润。另一方面，假海淘、虚假订单、虚假发货等各类严重侵害消费者合法权益的套路，更是层出不穷。

从产品质量标准和安全角度看，社交电商代购商品也很难实现有效监管。因为代购商品基本上来自国外，产品的相关标准与国内不相符，连说明书都缺乏中文标记，至于商品是否过期、是否符合安全标准、是否有人身安全隐患等都无法保证。若是按照国内监管制度，即便发现问题，代购者只要能证明其拿货渠道，在很大程度上就能规避责任，而最终责任承担者因在境外，导致责任追究最后也就不了了之。可见，社交电商代购流弊已久，不能仅靠《电子商务法》对其进行治理。接下来，必须对社交电商形态制定特殊性法律规定，从强调社交电商经营者主体登记制度、强化社交平台责任、建立信用评级制度、加大处罚力度、健全行业标准等方面进行全面规范。

一、社交电商经营者的法律定位

社交电商，指的是通过网络社交工具进行电子商务经营的活动。实践中，其体现为通过微信、微博、微头条、互联网直播、百度贴吧等平台发布商业信息，进行电商交易并使用电子转账和物流等方式进行结算送货等活动。之所以社交电商又被形象地称为“微商”，其原因主要在于经营者多使用微信、微博进行销售活动，多以“散户”“零星”“小额”交易为主，长期缺乏监管等。

社交电商与传统电商有着很大的区别，并主要体现为以下三点。第一，社交电商平台并非电子商务平台。社交电商活动所使用的多为微信、微博等社交平台，这些平台并非传统意义上的电商平台，它们不以电商活动为主要经营目的，并不会对在平台上产生的交易进行提成。第二，社交电商平台不会对电商交易行为提供直接辅助性服务，如提供物流选择、购买服务、业务投诉和咨询、针对性广告、消费保障性承诺等。第三，社交平台不会对用户发布的商业信息进行广告性审核。例如，朋友圈里发布的信息属于用户表达范围，即便存在夸大宣传等问题，也会因为微信平台并非电商，而没有权利对用户发布的内容进行事先审核，除了违反法律强制性内容管理规定的，社交平台对用户发布信息的审核一般不会适用广告审核标准。

正是因为社交平台与传统电商平台的区别，利用社交平台从事电商活动的行为，在法律适用层面存在很多问题。究其原因，主要在于社交电商与传统电商相比，多了一个新主体——网络服务提供者。以通过微信朋友圈销售的微商为例，这类微商实际上是通过微信提供的网络服务进行宣传。当消费者有购买意愿时，购买的方式又分为三大类：一是通过微信转账，借助物流发货；二是通过链接购买，微商以特殊链接提供销售服务，并获得提成；三是通过第三方平台（如淘宝）进行购买。可见，第一大类的交易过程去掉了传统电商平台，直接通过互联网技术和服务达成了交易目标。

后两类则是通过微商引流，回归传统销售模式。后两类行为的最终交易平台仍是传统电商平台，应受到《电子商务法》的约束。但是，相比之下，第一类交易模式比较特殊，微信平台不是电商平台，实践中也无法履行《电子商务法》所要求的平台责任，这就是微商平台归责的难点所在。

二、社交电商平台在《电子商务法》中的局限性

《电子商务法》第 9 条将电子商务经营者主体扩大到“通过其他网络服务销售商品或服务的电子商务经营者”，明确将社交电商经营者涵盖于电子商务经营者主体范畴之内。这样的规定是符合我国电子商务发展实践的，将数千万社交电商经营活动纳入法律监管体系，对于保障消费者合法权益，促进电商合法有序地发展，起到了非常重要的作用。

然而，社交电商与其他电子商务平台经营一样，都需要通过平台经营者所提供的网络服务进行，前者的平台性质与传统电商存在明显差别，但《电子商务法》对二者之间的差别并没有作出明确规定，可能导致法律适用错误。

如前所述，社交电商平台的性质与传统电商平台不同，社交电商平台既没有对电商活动进行抽成或因此获利，也没有提供涉及结算、交易、物流、商议、广告等的渠道。社交电商平台所提供的服务系网络技术，具有存储服务性质，这一点不同于传统电商平台所具备的提供网络交易的性质。社交电商平台所提供的网络服务具有中立性，所有使用者均为用户，属于去中心化的网络运营模式。传统电商平台则以提供交易机会和渠道为主要目的，相关服务均围绕电子商务本身。《电子商务法》第二章第二节中有多达 20 个条文对电商平台责任进行明确规定，其前提都是将平台视作电子商务平台，而缺乏对社交平台电商行为的特殊性规定。

因此，在适用《电子商务法》解决社交电商平台责任的问题时，应特别考虑网络服务提供者这一特殊主体。社交电商中的网络服务提供者，是指未实际参与电子商务活动，仅对社交电商活动提供互联网技术信息服务

和结算服务的经营者。从理论上讲，社交电商中的网络服务提供者并非电商平台，其不属于《电子商务法》第二章所规定的电商平台责任体系。但是，实践中存在将二者逐渐混同的趋势。

以直播平台为例，互联网直播内容管理应受《网络安全法》《互联网直播服务管理规定》等法律法规的约束，一般不属于《电子商务法》的管理范畴。《电子商务法》第 2 条规定将音视频节目等排除在适用范围之外，但这种规定仅限于节目内容管理方面，若直播活动涉及电子商务活动，当然应纳入《电子商务法》的管理范畴。

主播通过直播售卖相关产品是近期互联网直播走向电子商务的大趋势，“直播 + 销售”模式会出现三类交易效果：一是通过直播引流到传统电商平台；二是通过直播引流到微信等社交电商平台，再通过微信支付和物流等方式进行交易；三是在直播平台直接开设交易端口。可见，前两类社交电商模式中，直播平台仅提供了网络技术服务，并不是传统意义上的社交电商平台；而第三类模式则截然不同，直播平台自己开设交易渠道，或者通过渠道以“深度链接”等方式直接引流，或者通过自营的方式进行经营，这种模式实际上已经将网络服务提供者身份转化成电子商务平台身份，因而需要全面适用《电子商务法》的相关规定。

总而言之，社交电商平台的性质并非一成不变，需要结合其在社交电商活动中所提供的服务类别逐一分析。从实践看，网络服务提供者身份转变为电子商务平台性质的情形有三种：一是平台为销售者提供特殊电商渠道的；二是实际参与电子商务活动分成的；三是为社交电商活动实际提供交易撮合机会、信息发布服务和交易方式的。

三、网络服务提供者承担责任的类型

在社交电商活动中，不实际参与电子商务经营活动，仅为网络消费提供互联网信息服务、支付渠道、数据支持的网络服务提供者，并非在任何情况下都不承担电商交易责任，而应按照《电子商务法》《消费者权益保护法》等相关法律法规，当网络服务提供者存在以下情形时，须依法承担相应的责任。

第一，明知或应知他人利用技术服务，从事违法违规或侵害消费者权益的网络交易行为的情形。《电子商务法》《消费者权益保护法》和《民法典》都将平台明知或应知他人利用服务从事违法或侵权的情况，规定为承担连带责任的情形。明知或应知的理解和法律适用范围，不仅应包括《网络安全法》《民法典》《消费者权益保护法》所规定的平台安全保障义务，还应涉及平台技术保障措施、安全制度、投诉渠道等方面。

第二，未设置合理举报投诉渠道，或经消费者举报投诉后未及时采取必要措施的情形。实践中，在利用社交电商平台从事侵权或违法行为的大规模群体性事件发生之前，社交平台通常都曾收到过大量举报或投诉，正是因为平台怠于采取必要措施，才导致更多的受害者出现。所以，保障消费者举报投诉和推动平台设置便捷高效的渠道，应成为避免社交电商沦为损害消费者权益重灾区的重要手段。

第三，用户多次利用平台的网络服务从事违法违规或侵害消费者权益的活动，平台仍为其提供服务的情形。一般来说，按照社交电商网民协议的规定，用户的轻微违规行为并不一定导致封号或取消服务。但多次违规后，平台对“累犯”的监管应该加强，没有尽到合理注意义务的，根据《民法典》相关司法解释的规定，应认定为平台“应知”损害行为的发生，应承担连带责任。

第四，无法提供社交电商经营者真实身份信息或相关数据信息的情形。根据我国《网络安全法》的规定，网络实名制是所有用户享受网络服务的前提，也是履行网络平台安全保障义务的前提。根据《消费者权益保护法》第 44 条规定，平台无法提供经营者真实有效身份信息的，应承担相应的责任。所以，不论社交平台是否属于电商平台，都需要依法履行经营者和用户真实身份认证制度。

第五，对网络交易活动进行抽成或发布相关商业信息，或进行算法推荐的情形。如果社交平台对交易活动进行抽成，就将网络服务提供者身份转换为电商平台经营者，这本身就要承担电商平台的责任。平台发布相关商业信息属于广告行为，应按照《广告法》的相关规定进行约束。不过，社交电商平台责任中所说的商业信息，是指通过社交平台发布广告，用户可以直接通过该平台购买商品或服务的行为。一般来说，广告发布者与电商经营者身份是分离的，在社交电商背景下，这二者身份可以通过互联网技术结合起来，一旦成为一体，社交平台性质就会转变为实际从事电子商务业务的平台，当然应承担电商平台责任。算法本身具有一定的中立性，但算法推荐也是商业广告模式的一种，在算法推荐与商业信息结合的时候，若再通过平台达到电子商务平台购买的效果，此时的算法推荐就成为平台认可的结果，平台的附随审核义务就应运而生，商品或服务一旦出现问题，社交电商平台就需要依法承担责任。

网络投诉禁令的反思

投诉禁令，又称为反向保全，一般认为其源自竞争法律基础，是法院基于诉前对实体事实判断后，作出的体现利益平衡的司法行为。近年来，投诉禁令在我国各地法院集中出现，其主要原因有以下三点。

第一，《电子商务法》与知识产权相关法律法规中关于通知删除的规则，很容易被滥用。通知删除规则本来是保护权利人合法权益的，但在电商领域，特别是直播带货经济等竞争激烈的行业中，通知删除规则无法有效平衡权利人和网络用户（被诉侵权人）之间的权利。从目前的法律规定看，滥用通知删除规则的法律结果只有“错误通知”这一侵权责任，这种责任的法律后果较为轻微，不足以弥补错误通知导致的损害。

第二，恶意投诉人已形成黑产业链。从现有互联网生态产业结构看，至少在直播经济、“饭圈文化”、短视频、App 商店等领域，广泛存在以获取非法利益为目标、以合法手段掩盖非法目的、以敲诈勒索与网络暴力为重要手段的恶意投诉人群体。这些群体的构成比较复杂，既包括竞争对手及其代理人，也包括“饭圈文化”“老铁文化”中的普通网民，还包括职业勒索人等众多群体。

第三，现行法律存在模糊地带。通知删除规则最早出现在 1998 年美国出台的《数字千年版权法案》中，这一规则在我国知识产权法、侵权责任法以及近几年出台的《电子商务法》中均有所体现，如今我国在《民法典》中也明确规定了通知删除规则。同时，为平衡各方利益，相关法律又引入了转通知和反通知规则。一般来说，从长远看，转通知和反通知规则能够保障权利人的合法权益，但无法在短期内避免恶意投诉者的骚扰，无法对抗平台设置的服务协议“游戏规则”。特别是在“双十一”等大型促销活动中，很多电商经营者一年的营业额都主要靠这几次活动完成，一旦遇到恶意投诉者，其损失并不是简单的“错误通知”侵权责任就能够挽回的。尤其是在我国法院判决并不太支持“预期利益”损害的情况下，很多被恶意投诉者通常会无奈“低头”，以赔钱、付费和带人卖货等方式妥协。

因此，投诉禁令制度就成为解决恶意投诉、维护正常网络生态制度的重要手段。不过，该项制度仍存在一定的适用问题，在未来平台规则设计和进一步修法时，应充分予以考虑。

首先，投诉禁令制度只能通过法院提起。这项规则较为复杂，需要专业律师团队以及明法晓理的法官才能充分支持。这样一来，投诉禁令提起的成本较高，有的时候，时间紧迫性也比较强，缺乏制度性保障。

其次，投诉禁令制度难以应对“饭圈文化”“老铁文化”中的“黑粉”等集体性举报等事件。投诉禁令必须与互联网生态治理相结合，平台需要以网络服务协议等方式将此类事件的解决办法予以明确，如建立信用体系，明确滥用投诉权的处罚、实名制等。

最后，投诉禁令制度没有与反通知制度形成有效衔接。《民法典》《电子商务法》等法律规定的反通知制度，实际是在赋予被诉侵权人申辩权的基础上，让权利人走诉讼程序。与此相反，投诉禁令旨在让被诉侵权人采取司法手段。这种立法上的“天堑”，让两种制度很难“和谐共处”，势必取一毁二，容易造成司法资源浪费，甚至出现同案不同判的情况。因此，最终解决渠道仍应依靠进一步修法，完善两种制度之间的关系，才能最大限度地平衡网络生态。

全生态治理自媒体乱象的反思

严格意义上讲，自媒体并非媒体。从传播学角度看，自媒体更侧重于个体表达类别，特别是自媒体大部分运营主体系个体设立的网络账号，传播途径多以网络社交多重传播为主。

从现有自媒体变现角度看，并非所有个体账号都有变现意图，绝大部分的个体账号仍以记录生活和分享信息为主。随着互联网生态经济的发展，引流广告、公众关系与电子商务的关系更加紧密，使自媒体存在巨大的变现可能。一般来说，自媒体变现渠道主要有三大类：一是引流等广告类；二是电子商务，特别是社交电商类；三是公关稿。

对于前两类来说，自媒体变现的主要渠道是流量变现，即变现前提是具备巨大的流量。所以，流量获取就成为自媒体乱象出现的重要原因之一，有强烈变现需求的自媒体会不择手段地获得流量。实践中，获取流量主要有以下四种方式：其一，炒热点、傍焦点，不顾传播伦理和法律规定，只要能抢到流量就可以不择手段；其二，炮制和传播谣言信息；其三，传播低俗等违法或不良信息；其四，通过洗稿等方式剽窃、堆砌他人稿件，再加以耸人听闻的标题吸引流量。

因此，从互联网生态的角度来看待自媒体乱象，就会明白为何很多自媒体账号喜欢传播谣言信息，愿意发布低俗信息，偏好极端言论。自媒体乱象的根本目的是获取更多的流量，从而实现“带货变现”、增加广告收入和引流。

对于自媒体来说，公关稿越来越多地成为其主要收入来源。通常情况下，一篇爆款稿可遇不可求，依靠爆款获取流量对从业人员而言，具有非常高的技术要求。然而，公关稿则不同，只要按照委托人的思路，或戳中创作目的，或引发社会关注，或打击抹黑竞争对手，或策应委托人意图，就能轻松地实现委托人的目标。而这些公关稿基本上都不需要经过传统媒体的审核程序，也不需要有更高的媒介素养和技术要求，甚至不需要有特殊流量。

公关稿所带来的酬劳往往远超稿费收入和广告获利，并逐渐成为很多自媒体的主要收入来源之一。由此，公关稿的自媒体乱象又分为以下三大类别。

第一大类属于打击和抹黑竞争对手型。此类公关稿对社会的影响是最大的。以往商家的市场份额是通过多年品质和口碑努力得来的，但对一些存在激烈竞争的市场，这种市场份额就是“此消彼长”，竞争对手被抹黑和打击了，自己的份额也就相应提升。此类损人利己的做法，虽然已经被明文规定在《反不正当竞争法》中，但该法制约的主体是具有竞争关系的商事主体之间，而自媒体“黑稿”并非出自直接竞争对手，无法具体适用《反不正当竞争法》。若要查找自媒体背后的委托人，在证据采集上又难上加难。实践中，当此类“黑稿”成为不正当竞争的主要手段时，法律对此的约束往往是比较苍白无力的。

第二大类属于“洗地型”。此类公关稿又细分为两个类别：一是公司公关委托自媒体针对某一舆情事件或作品进行宣传；二是当竞争对手利用自媒体“黑稿”打击他人时，他人被迫找自媒体澄清事实。相较于直接打击对手的“黑稿”来说，此类公关稿的社会危害较小。不过，在一些社会舆情重大事件中，若几大类别的公关稿纷纷“站队”，则很容易引起舆情问题，进而危害社会稳定。

第三大类属于“碰瓷型”。最近几年，自媒体“碰瓷”现象屡见不鲜，既包括职业勒索人利用自媒体传播矩阵进行勒索，也包括没有委托者的自媒体肆意捏造事实抹黑企业。这两类“黑稿”的共同特征是为了获取非法利益。

从法律角度看，我国针对自媒体乱象的立法是比较完备的，但在实际适用上还存在很大的问题，具体如下所述。

首先，自媒体广告早在2016年就已经被国家市场监督管理总局通过立法的方式纳入互联网广告监管范围。不过，当时的立法并没有明确自媒体的具体类别，导致互联网直播带货中的广告、软文广告、朋友圈广告以及通过社交产品发布的广告等很难得到有效监管。之所以自媒体广告较难监管，其主要原因是理论认知上存在争议。传统观点认为，自媒体在公众自由表达的范围之内，公权力对商业广告的监管标准能否适用于自媒体是一个难点。同时，在技术上，对每天数以亿计的自媒体广告确实难以实现有效监管。

鉴于自媒体表达中的广告类内容属于商业表达，其理应被纳入广告法监管范畴。至于技术层面的问题，还需要和网络实名制以及信用制度结合起来，加强事中监管和事后惩戒，再配合信用联合惩戒制度，是完全可以解决的。

其次，社交电商问题本应在《电子商务法》范围内解决，但该法并没有明文将电商作出类别化规定，这直接导致该法无法适用于直播带货、信息流广告、社交电商等诸多领域。对此，需要市场监管部门进一步出台相关实施细则或尽快出台有关《电子商务法》的司法解释及其他规范性文件。

最后，"黑稿"等自媒体乱象是扰乱网络舆论、影响营商环境、妨碍市场正常秩序的重要因素。我国法律对自媒体"黑稿"的规定分为两个层次。第一个层次是刑事法律。我国《刑法》对自媒体"黑稿"等行为作出了非常具体的规定，包括损害商业信誉、商品声誉罪，诽谤罪，传播虚假信息罪，非法经营罪，寻衅滋事罪，敲诈勒索罪等罪名。不过，这些法律规定在适用的时候是非常困难的。一方面，涉事企业一旦通过报案等方式将"黑稿"自媒体推向司法机关，往往会引起公众的普遍反感，认为这属于"店大欺人"，所以很多涉事企业不会直接进行刑事举报。另一方面，在刑事定罪量刑方面，除了敲诈勒索罪比较容易做出判断，其余罪名即便有司法解释，但也都普遍存在诸如表达自由、公众人物、批评监督权等抗辩理由。同时，公诉机关和审判机构对此也多有顾虑。

第二个层次是民事法律及其他法律。我国《民法典》《反不正当竞争法》《电子商务法》等相关法律都明确将企业名誉权规定在内。自媒体“黑稿”的性质不仅是侵权行为，有时候还会上升成为不正当竞争。司法实践中，很多受害企业（特别是民营企业）宁可花钱去解决，也不愿意选择法律维权，究其原因有以下三点：一是维权本身效果不好，时间成本耗费太多，一个案子经过一审二审，最终拖一两年都是有可能的，赔偿数额往往都不及律师费用；二是维权可能会招致舆论的二次炒作，会将损害后果进一步扩大；三是这些自媒体最终都是为了获取利益，花钱消灾，效果立竿见影。

企业的维权担忧，加上我国司法维权的漫长过程，直接导致黑色产业链滋生和壮大。例如，“黑公关”“水军”“黑稿”举证等交织在一起，使民营企业不堪其扰。实践中，很多民企甚至将所谓的“自媒体好处费”纳入每年预算，将“交保护费”作为维权的基本手段。

归根结底，自媒体乱象的治理属于综合性治理范围，必须从互联网生态治理入手。在立法上，应针对自媒体生态特点细化法律规定，明确法律适用的主体和事由，尽量作出类型化的规定。在司法上，应简化程序，将“先予执行”融入互联网生态治理中，降低权利人的维权成本，加大违法成本。在平台治理方面，平台应落实主体责任，将自媒体行为纳入网络信用体系，结合线下信用制度，实现黑名单的信用联合惩戒，加大违法成本。同时，平台也应履行社会责任，加快辟谣系统和在线维权系统的上线进程。而权利人在遇到此类问题时，应坚定立场，不要妥协，要明白太过软弱只能招来更多的勒索，更不能求助“黑公关”等非法机构，而应该学法懂法、依法维权。

“网络水军”乱象治理

一、“网络水军”乱象的表现类型

近年来，在互联网飞速发展的背景下，滋生了很多“网络水军”乱象，并主要体现为以下三种类型。

（一）流量造假系列——刷好评、刷粉丝数

此类乱象最常见于电视剧、电影、商家购买“网络水军”刷好评。例如，电视剧《风起洛阳》和《谁是凶手》被传有“水军控评”。《风起洛阳》原定晚8点开播，在正式开播时间比原来“官宣”晚了近一个小时的情况下，晚8点之后的一个小时内，豆瓣网出现了大量关于该影视剧的评分及短评内容。[①]《谁是凶手》则是在女主都没出场的情况下，出现大量质疑演员演技、台词的论调和一星的低分短评。[②] 此外，生活中也常常出现电视剧、电影好评如潮但是并不好看的情况，看直播时也经常会飘过大批相同的弹幕，网络购物时也会发现短时间内出现的许多评价总是出人意料的一致。

另外，明星等在社交平台上十分活跃且有大量粉丝的“公众人物”（又称为大V）为打造“高流量”人设而购买“水军”刷粉、刷评论、刷转发量的情况也不在少数。之前，四川省南充市市场监督管理局查处了一家刷

---

① 《豆瓣公布〈风起洛阳〉〈谁是凶手〉“水军控评”调查结果》，载 https：//m. gmw. cn/2021 -12/15/content_1302721776. htm?source = sohu?source = sohu，2023 年 6 月 7 日访问。

② 头号电影院董小姐：《悬疑剧〈谁是凶手〉7.1 分，赵丽颖没出场就被打一星，真这么差吗》，载搜狐网，https：//www. sohu. com/a/507194180_120099884，2023 年 6 月 8 日访问。

粉刷量的造假“网络水军”公司，该公司的主要任务就是为主播刷粉、点赞，打造人气主播。

（二）煽动舆情系列——信息战

澳大利亚昆士兰科技大学研究人员发布题为《像病毒一样——新冠病毒假消息的协同散播》的研究报告显示，一些账户协同推广主要内容为“新冠病毒为中国的生化武器”的帖子，[①] 这些帖子在短时间内被转发18 498次，这些转发中大多为一秒内完成的“秒转”。如此大范围的快速转发显然系机器操作，或由人工操作的机器转发，不可能是社交媒体上的有效用户所为。此外，关于俄乌战争的大量不实信息被广泛传播，甚至有来源不明的网民虚假显示其地理位置在乌克兰并发布大量网络谣言，引起网络舆论。还有个别网友以调侃戏谑的语调发布恶俗言论，这些言论被反华媒体炒作进乌克兰舆论场，将矛头指向中国网友，在国际社会上造成了较大的负面影响。

（三）“黑公关”系列——对竞品进行抹黑攻击

网络“黑公关”一般分为两大类：一类是在自媒体发表负面文章，以此上门谈合作进行敲诈勒索；另一类是按照客户指令，密集发帖，诋毁竞争对手。此处涉及的是第二类“黑公关”。例如，关于美团或其创始人王兴的黑稿价目表曾流入网络，其内容显示“一篇黑稿报价 200 元，转一篇 50 元”。[②] 又如，我国车企“黑公关”事件，前有吉利汽车攻击长城汽车事件，后有长安汽车攻击长城汽车。“黑公关”的运营特点是一般选取贴近社会生活的热点话题，传播渠道灵活多变，并在微博、微信、抖音等多个平台同步发布，尽可能实现攻击效果的最大化。可见“黑公关”“黑媒体”已经形成了有组织、有利益分工的黑色链条。

---

① 张玉琪、郭斌、丁亚三等：《社交网络假消息辟谣作用机理》，载《浙江大学学报（工学版）》2021 年第 4 期。

② 《黑公关发王兴黑稿 200 元一篇？美团：已联手警方抓获十余人》，载澎湃新闻网，https://www.thepaper.cn/newsDetail_forward_4295901，2023 年 6 月 8 日访问。

二、“网络水军”的发展特征

（一）多样化、技术化：技术不断更新，“网络水军”借势发展

随着互联网的发展和科技的普及，“网络水军”的种类和方式逐渐多样化，其使用的方式逐步技术化。早期的“水军”一般是以“灌水”为主，现阶段的“水军”主要以运营自媒体、大V的KOL业务为主，呈现多样化趋势。芝加哥大学研究人员发布的《在线点评系统中的自动众包攻击和防御》[①] 论文中表明，人工智能将有能力生成大量虚假复杂的点评信息，甚至机器和读者都无法检测和分辨其真伪。这说明随着科技的发展，“AI水军”通过循环神经网络的深度学习已可以实现自动编写虚假点评。这在一定程度上可以降低人工成本，扩大市场需求，对“水军”而言，利润也会更高。

（二）专业化、政治化：分工不断细化，政治因素不断糅合

“网络水军”的分工逐渐专业化，甚至形成了“网络水军”行业的生态链、产业链和利益链。“网络水军”不仅在每一板块的业务中有上、中、下游的区分，而且在人员构成上也有所区分，并主要包括三部分：①核心人员，即网络公关公司；②上游人员，即“网络水军”业务的需求者，如广告商、委托人等；③下游人员，即“网络水军”业务的实施者，主要是专业推手、网站运营者等。此外，“网络水军”的政治化趋势不断凸显，并逐步成为各国“舆论战”的角逐地。从美国大量传播俄罗斯虚假信息并与乌克兰四处“声讨”俄罗斯形成里应外合的舆论场，以及欧洲多国罕见升格对俄制裁来看，美国的舆论战是成功的。俄罗斯副外长里亚布科夫曾指出，西方通过散播谣言、网络攻击等方式，对俄罗斯及其他国家实施了“混合战争”。[②]

（三）国际化、低龄化：跨国、跨地域、年轻型

“网络水军”国际化趋势是互联网发展和政治化的必然结果。现阶段，

---

① 郑海仲：《点评类社交网络中的水军检测》，上海交通大学2018年硕士学位论文。

② 《信息战、认知战……俄乌冲突网络战带给我们的启示》，载华夏经纬网，https://www.huaxia.com/c/2022/03/07/1040092.shtml，2023年6月8日访问。

"网络水军"团队整体呈现国内、国外相结合，国内、国外社交媒体"双开花"，对社会舆论形成内外包裹之势。同时，"网络水军"成员整体呈现低龄化趋势，一方面，追星族等的低龄化，对舆论生态造成了破坏；另一方面，设备成本低、技术操作简单，进一步降低了"网络水军"的门槛。

（四）隐蔽化、恶意化：IP 属地公示后，或引起地域对立

IP 属地政策新规出台，既有利于治理"网络水军"，也为"水军"发展提供了新思路。其一，利用非法 IP 代理实现 IP 属地的变更，"网络水军"可能呈现更为隐蔽的形式。原本平台通过后台检测，若发现同一个 IP 发出多条类似或相同的内容，则可判定其为"水军"，但修改 IP 后，实际上对平台监测技术提出了更高的要求。其二，"网络水军"利用非法 IP 代理，恶意挑拨城市、国家之间的对立和矛盾，极易出现"地域黑"、加深民族矛盾等问题，可能引发更大的舆情事件。例如，在某个舆论焦点地区，若"网络水军"将 IP 属地都修改为该地区并散播大量谣言，将极易严重降低政府公信力，对城市形象造成破坏。

三、"网络水军"乱象治理思路

（一）政府部门加强打击力度，提高违法成本

一方面，监管部门要督促网络平台履行好管理责任，对"网络水军"产业链加大打击力度，对违法犯罪行为追究到底。同时，应完善相关法律法规，提高对"网络水军"治理的法律位阶。近年来，国家网信办针对"网络水军"的刷帖控评行为作出较为细化的规制，如《网络信息内容生态治理规定》（国家互联网信息办公室令第 5 号）、《互联网用户公众账号信息服务管理规定》（2021 年修订）、《互联网跟帖评论服务管理规定》（2022 年修订）等。另一方面，监管部门还应畅通维权渠道，通过建立线上信访机制，建立网络警察和网络部队，专门负责打假、反腐、接受上访等工作，有助于降低维权成本，激发网友们的监督热情，构建网络和谐社会，维护良好的网络环境。

（二）加强对社交媒体的监管，增强社交媒体上线 IP 属地公示功能

通过对国外治理虚假信息和规范信息传播秩序的研究发现，加强对社交媒体的监管是全世界的发展趋势。例如，美国众议院颁布的《社交媒体欺诈缓解法》以及美国国会提出的《社交媒体责任和账户验证法》等要求社交媒体公司删除具有欺诈性的账号；俄罗斯颁布了《俄罗斯知名博主新规则法》，并且构建起从中央到地方的监管体系，以加强机构对网络使用者的限制；德国颁布《多元媒体法》《通信媒体法》和《社交媒体管理法》等法律，对网络空间行为进行规范。因此，综合来看，我国通过“公示 IP 属地”方式加强对社交媒体的监管，符合国际趋势。并且，我国的做法无论是根据《民法典》的规定，还是根据《最高人民法院、最高人民检察院关于办理侵犯公民个人信息刑事案件适用法律若干问题的解释》（法释〔2017〕10 号）的规定，都具有合法性，没有侵犯个人信息和隐私权。同时，该项措施有利于加强对网络暴力、虚假信息、“网络水军”等一系列网络问题的治理。

（三）强化平台责任，加大监管力度

平台需强化日常管理，加大监管力度。一是落实好用户实名制和 IP 属地公示制度，防范批量注册或非法买卖账号的行为。二是要对用户建立涉“网络水军”、流量造假、“黑公关”的信息和账号负面清单，对 IP 属地出现异常变动、判断为“水军”的账号进行禁言、封号和加入黑名单等处理。三是建立“黑灰产”知识库，收集整理网络信息内容特征，通过知识库开展“黑灰产”舆情的分析和应用，提高平台对“黑灰产”的应对能力。四是对网站编辑、贴吧吧主、超话主持人、粉丝团团长等用户重点关注，防止人为操作，出现流量造假和“黑公关”等问题。

（四）完善行业标准，形成“反网络水军联盟”

一方面，应完善行业标准、制定自律公约，主动鼓励媒体传播积极信息，禁止媒体用户开展恶意营销、撰写“黑稿”、刷热度等违法违规行为，倡导遵守互联网用户公约。另一方面，互联网行业与自媒体行业可建立“反网络水军联盟”，同时由联盟主动牵线引入技术团队、高校、专家和科研机构等，为斩断治理“网络水军”产业的生态链、产业链、利润链提供理论支撑。

涉企业“黑公关”治理问题

一、主要类别与特征

涉企业“黑公关”是一个严重扰乱企业正常发展的“毒瘤”，在实践中，其主要表现为以下两大类别，具体如下所述。

（一）涉企业治理类

涉企业治理类的“黑公关”是最为常见的类型之一，其主要体现为以下三点特征。

1. 歪曲捏造信息传播

“黑公关”事件逐步向企业领域蔓延，集中体现为企业在发展关键阶段被捏造不实信息，对企业的形象和发展造成不可挽回的损失。例如，在新能源汽车领域，特斯拉被多次曝出“刹车失灵”事件。还有长城汽车和吉利汽车的“口水战”事件，在“吉利汽车公关分群”中，要求网络账号对长城汽车进行恶意攻击和抹黑，此等行为可能构成商业诋毁等不正当竞争行为。在威科先行中以“商业诋毁”为关键词进行检索，约95.96%的案由集中在知识产权与竞争纠纷的“不正当竞争”中（见图2－1），或将违犯《反不正当竞争法》第2条、第11条、第14条和第20条规定。

2. 谣言损害商誉

主观臆断和歪曲解读企业的事件主要发生在企业公布财报、股权变动以及资产变动期间。例如，“牙茅”通策医疗在第三季报披露期连续两天跌停，便有谣言宣称，这与公司第三季报提前流出相关，违背上海证券交易所信息披露规则。某财经媒体曾发布《宝能系资产奇幻漂流：层层转让后

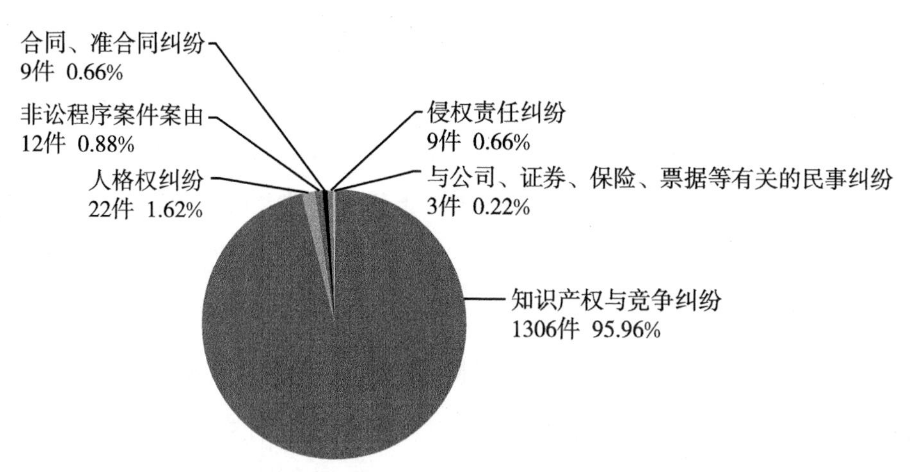

图2－1 威科先行中以“商业诋毁”为关键词的检索结果

流入》① 的报道，将深业物流相关公司正常股权变动，臆造为深业物流中心、笋岗工艺品城等深业物流核心资产被转让、众多资产从体内转出等结论。自媒体通过故意选用片面且有利害关系的信息来源，充斥大量脱离事实、主观臆断、刻意抹黑企业的内容，故意误导公众，恶意干扰市场秩序，严重侵害企业商业信誉。在威科先行中，以“主观臆断＋商业信誉”为关键词进行检索，亦发现此类案件涉嫌名誉权纠纷或商业诋毁纠纷。

3. 煽动性污名化企业

在当下舆论场中，资本的污名化氛围业已形成，贬低、戏谑资本已经成为一种体系，部分网民对企业家所谓的“发家史”以讹传讹，成为理解资本贬抑的线索，并与其早期历史结合进行炒作，资本成为原罪。

（二）涉企业家主体类

涉企业家主体类的“黑稿”无疑也是一种常见的“黑公关”形式，其具体表现为以下四点特征。

1. 肖像权等被侵害

肖像权是自然人人格权的基本内容，不可乱用他人肖像。新技术发展

① 《宝能系资产奇幻漂流：层层转让后流入》，载东方财富网，https：//caifuhao. eastmoney. com/news/20220916135928260919850，2023 年 6 月 1 日访问。

背景下，滋生了网络环境中侵害肖像权的新方式，如用PS、AI换脸等技术手段伪造、恶搞他人肖像等。例如，沈阳一高管因PS艳照被连续敲诈。对企业家形象进行污名化，侵犯企业家的隐私权、肖像权等人格权，多出于营利或蹭热度、博取关注等目的，情节严重的，会涉及敲诈勒索罪。

2. 诋毁、侮辱、谩骂企业家

对企业家进行诋毁、侮辱、谩骂主要有以下两种方式。一种是企业家莫名被"死亡"。前有创业老人褚时健于2017年9月13日逝世的虚假消息刷屏网络，[①] 后有王健林去世的谣言被广泛传播，[②] 好好的企业家被"死亡"，导致企业和企业家需花费大量精力进行辟谣和维权。另一种是制造对立，煽动社会不满情绪。此类诋毁、侮辱、谩骂等行为或将侵犯企业家的名誉权，也严重影响我国民营经济的信心，给我国社会经济发展制造障碍。

3. 虚构私生活等敏感话题

自媒体通过社交媒体对企业家的私生活进行捏造和扭曲，以此博人眼球、赚取流量。例如，2023年2月，自媒体大V龚某祥在其个人账号上连发多条动态，宣称"格力董明珠找了个小鲜肉男朋友""董姐的男朋友王自如现在是格力的副总裁"[③] 等内容，引发社交媒体的跟进和热议，对董明珠的个人形象造成不良影响。又如，因一张田朴珺为万科总裁王石系鞋带的照片，网友便对两人私下相处模式方式进行无端猜测，认为王石不尊重女性，一时间各种流言满天飞。[④] 根据《民法典》第四编人格权的有关规定，自然人享有名誉权、隐私权等人格权，人格权受到侵害的，受害人可依法

---

① 姚晓岚：《对话褚时健之子褚一斌：老爷子状态很好，每天看新闻联播》，载澎湃新闻网，https：//www. thepaper. cn/newsDetail_forward_1793514，2023年6月8日访问。

② 《万达董事长王健林被"去世"这种谣言为啥能四处流传》，载凤凰网，https：//finance. ifeng. com/c/8BC5xtt8XSx，2023年6月8日访问。

③ 伍素文：《董明珠辟谣"找了个小鲜肉男朋友"：该传闻"低级、下流、无聊"》，载腾讯网，https：//new. qq. com/rain/a/20230227A05ZXO00?no-redirect=1，2023年6月8日访问。

④ 《王石摊上事了？与田朴珺风波刚过，又被大兵怼上风口浪尖》，载网易网，https：//www. 163. com/dy/article/GJN8F2820552A7JD. html，2023年6月8日访问。

请求行为人承担民事责任。

4. 关联炒作负面新闻

对企业家的形象污名化通常通过购买“负面新闻”词条，将企业家与负面新闻进行关联，由此达到抹黑企业家和企业形象的目的。此类相关信息若系虚假信息或明知虚假仍肆意传播，造成严重后果的，相关主体可能需依法承担包括寻衅滋事罪、诽谤罪在内的刑事责任。

二、“水军”生态分析

目前来看，“水军”生态呈现复杂化的发展趋势，以下六点内容尤其值得重视。

（一）“水军”黑产业链化

2023年年初，公安部网络安全保卫局发布公告，显示截至2022年12月底，全国公安网安部门共侦办“网络水军”相关案件550余起，关闭“网络水军”账号537万个，关停“网络水军”非法网站530余个，清理网上违法有害信息56.4万余条。[①] 所侦办的“网络水军”相关案件中，“网络水军”造谣引流相关案件110起、“网络水军”舆情敲诈相关案件110余起、“网络水军”刷量控评相关案件250余起、“网络水军”有偿删帖相关案件70余起。[②]

其中，“水军”产业化现象凸显，技术不断迭代，分工专业化不断加强，其主要构成人员包括以下三部分：①核心人员，即网络公关公司；②上游人员，即“网络水军”业务的需求者，如广告商、委托人等；③下游人员，即“网络水军”业务的实施者，主要是专业推手、网站运营者等。

---

① 《公安机关“净网2022”专项行动成效显著》，载中国政府网，https：//www. gov. cn/xinwen/2023 -01/10/content_5736093. htm#：~：text =% E2% 80% 94% E2% 80% 94% E7% A7% AF% E6% 9E% 81% E5% 9B% 9E% E5% BA% 94% E7% A4% BE% E4% BC% 9A，% E5% 87% 80% E5% 8C% 96% E4% BA% 86% E7% BD% 91% E7% BB% 9C% E7% 8E% AF% E5% A2% 83% E3% 80% 82，2023年6月8日访问。

② 同注①。

（二）自媒体“黑公关”敲诈非法牟利

网络“黑公关”一般分为两大类：一类是自媒体发表负面文章，以此上门谈合作进行敲诈勒索；另一类是按照客户指令，密集发帖，诋毁竞争对手，类似产业可产生高额利润。

其中，第一类“黑公关”中，部分主体体现为有组织、有目的性的犯罪。此类情形中，公司在明知对方敲诈勒索的前提下，仍然可能因为辟谣滞后带来的外部性影响而选择“息事宁人”，导致此类黑色产业因有利可图而屡禁不止。

第二类“黑公关”表现出较强的工具属性，通常体现为公关公司在网络上发布广告信息来吸引“客户”，与客户进行需求沟通，根据炒作点进行“黑稿”策划，再联系网络写手，成稿后通过自建网站或网络大V发表、扩散，进而制造话题，最终形成舆论攻击目标。

根据我国《刑法》等相关法律规定，通过信息网络有偿提供删除信息服务，或者明知是虚假信息而依旧提供有偿发布服务，情节严重的行为，以非法经营罪论处；如果通过自己搭建的小型网站等渠道发布虚假信息，再向公司进行敲诈勒索，则构成敲诈勒索罪。

（三）竞品公司商业诋毁形式多样

以新能源汽车、电子产品、数码产品为代表的部分行业中，竞品产品关系明显，消费者购物决策往往产生于在性能、质量、价格等方面相似的几款产品。此类业态中的商业诋毁现象较为严重，通常表现为利用公众号，或通过KOL测评，或指使员工统一口径，在相关产业论坛或直播中，通过对比竞品数据等形式对竞品公司进行打压。

根据《互联网广告管理办法》（国家市场监督管理总局令第72号）第13条规定，广告不得贬低其他生产经营者的商品或者服务。根据相关行政处罚规定，违反上述规定将被责令其停止发布、消除影响。根据《反不正当竞争法》第23条规定，经营者违法损害竞争对手商业信誉、商品声誉的，由监督检查部门责令停止违法行为、消除影响，处10万元以上50万元以下的罚款；情节严重的，处50万元以上300万元以下的罚款。在此类典型案例中，以吉利汽车为例，2022年5月12日，吉利汽车作为广告主，在公司官方微信公众号“吉利汽车”上发布的推文《“混”战之王，试过的人都说好》中，利用图表、视频、文字以及媒体人口头介绍等形式，用吉利汽车（星越L雷神Hi－X油电混动版汽车）与日系“两田”（日系的“本田”“丰田”混动系列）系列汽车作对比。推文显示的媒体人点评中，有人将星越L雷神Hi－X油电混动版的车机系统比作PS5（索尼公司当时最新款游戏机），并表示“其他混动车型呢，就是红白游戏机，差距一目了然”。针对该公众号文章，浙江省杭州市高新区（滨江）市场监督管理局于2022年8月1日对浙江吉利控股集团汽车销售有限公司作出处罚，责令其停止发布广告，消除影响，并罚款人民币1万元。[①]

（四）消费者集群效应凸显舆情压力

消费者维权意识、法律意识不断增强，对于产品质量、服务的诉求也随之提升，在商家产品出现瑕疵或商家降价等举动引发消费者舆情后，相关主体往往会迅速在小红书、微博等平台上形成集群效应，对商家或平台进行某种意义上的舆情绑架，将商业问题转换为道德风险，并以其消费者身份获取舆论支持。例如，近年来，新能源车降价事件发生后，大量车主在线上线下聚集，认为自身利益遭到损害，要求商家给予赔偿，而实际上商家在未与消费者签订保价协议的前提下，其价格调整属于商业经营自由，并没有侵犯消费者权益，但由于消费者形成集群效应，可能对其品牌公关产生较大的风险。

同时，《消费者权益保护法》等相关法律中，存在因欺诈可能导致“退一赔三”等本意为保护消费者的法律条款。部分消费者出于牟利的目的，在购买商品系大宗物品（如汽车、电器等），有时确实能够收获较大的经济

① 王帅国：《因混动产品广告贬低丰田本田，吉利汽车被罚1万》，载经济观察网，http：//www. eeo. com. cn/2022/0808/547472. shtml，2023年6月8日访问。

利益的考虑下，会更有动力在互联网上进行发帖，并寻找“同盟者”，引发针对品牌的集体性舆情事件。

当代中国处于社会转型期，社会各阶层、群体利益调整与重构冲击了原有的价值体系，在网民价值观念逐渐趋于多元化的同时，网民行为模式或呈现矛盾性，心理结构失衡，不满情绪、仇富情绪凸显。因此，对于国内问题的关注主要聚焦于负面情绪上，一旦此类事件出现，将引发针对企业家的群体非理性攻击。

（五）意见领袖舆情设置效应凸显

传统媒介主要聚焦于媒体的议程设置作用。然而，在社交媒体时代，“草根”崛起，一些具有相当影响力的意见领袖的情感表达对于受众的情感状态和变化可以起到深刻的影响，如部分资深媒体玩家，善于使用具有情绪煽动性的表达进行输出，不仅在情绪上对舆论情绪及网民情感进行带动，还通过煽动民意收割流量，与平台形成合谋，助推事件热度上行。

（六）个别极端民粹主义情绪上升

网络民粹主义具有极端平民化倾向，高度推崇社会底层大众的作用和价值，将精英阶层视为腐化堕落的特权阶层并加以彻底否定，人为地制造阶层对立,[①] 将当下贫富不均差距动辄归咎于精英阶层的存在，拒绝承认精英阶层的作用，强行隔断大众阶层与其他社会阶层的对话交流。因此，针对大企业（尤其是企业家）的个人阴谋论具有广泛的受众基础。网民在现实社会中多属于“沉默的大多数”，在现实社会中的有限话语权使其自认为是“弱势群体”，继而在网络上的跟风网暴中，对涉精英阶层的热点事件会产生条件反射式的激烈情绪，同时放大、编造虚假言论，混淆民众视听，有意识地夸大阶级对立，消除中间阶层在意识形态领域的缓冲作用，以极端化撕裂社会。与“道德破产”的精英相比，草根阶层成为天然具有道德优势的一方，倾向于放大社会冲突，塑造和强化阶级压迫。

① 陶鹏：《对网络民粹主义的审视与治理思考》，载《理论导刊》2013 年第 9 期。

网络民粹主义对社会事物的判断往往遵从道德和情感的需要，存在底层叙事的道德倾向，“道德治理”成为民粹主义的一种模式，并往往在以下三个层面指向明晰：一是针对执掌权力的主体，常为官员或老板；二是所关注事件的客体，常关乎社会风气、有违民众认知的公序良俗；三是整体性彰显民众“道德治理”本身的正义性，将不受限制的集体道德裁决等同于社会正义本身，[①] 增强集体行动的合法性。在非理性极端化情绪下，网络民粹主义者的意见表达超越法律制度、价值取向等理性准则。由于普通民众对经济问题缺乏理性系统的认知，更多时候仅从发声者的“站位”判定其言语的可信度，对于企业方公关失去信任，容易使官方舆论努力陷入“修昔底德陷阱”。[②]

三、“黑公关”治理的反思

通过上述内容的梳理，可以发现“黑公关”治理势在必行。笔者认为，对于“黑公关”的治理，可以从以下九个方面着手。

（一）通过技术能力提升，将滞后维权转化为前置风险以研判处理

通过大数据信息研判风险，将“黑公关”纳入分级分类治理体系，建立群体性、大规模和突发性侵权的数据研判系统。通过与平台合作的区块链技术固定证据，形成与司法机关互认的证据系统。其中，证据固定应既包括权利人自己搜集的证据，也包括平台依法留存和保存的证据，还包括通过第三方技术手段获取的电子证据。另外，建立各级举报中心的数据共享机制，形成上下联动，定期发布举报数据，并以大数据的方式对舆情安全进行预警提示。

（二）正确理解发展中的人格权益

网民权益包括两大部分：一是权利，即以《民法典》为基础的民事权

① 孟威：《民粹主义的网络喧嚣》，载《人民论坛》2016年第3期；赵勇、倪向阳：《民粹主义对高校立德树人的影响及其治理》，载《思想政治课研究》2018年第1期。

② 孟威：《民粹主义的网络喧嚣》，载《人民论坛》2016年第3期。

利；二是利益，即法律虽然没有明文规定，但应当予以保护的人格利益。人格利益应予以扩张解释，包括死者人格利益、数据利益、表达利益，以及妇女、儿童、残障人士、老年人等需要在网络上获得的利益诉求等。人格权益是一个不断发展的概念，所以在学术上多统称为“发展中的人格权益”。随着网络技术的不断发展，在维护网民权益过程中，应充分考虑人格权利和利益的发展问题，一切以保障网民合法权益为出发点，不断丰富新时期网民权利和利益的发展内涵。

（三）提升网民依法举报能力

统筹网络举报矩阵制度，构建多领域、全覆盖的举报矩阵。优化举报入口，减轻网民举报压力，优化信息证据链条，提高举报效率。通过普法培训和法治宣传教育工作，向全社会普及网络维权的基本程序、渠道和手段，以提高全民网络素养为基础，全面提升维权工作效率。

（四）进一步压实平台主体责任

建立网民举报投诉满意评价制度，定期更新，倒逼平台提升其举报处理能力。约谈并公布不履行平台主体责任的网站，移交相关部门依法对其进行处罚。建立数据共享、信用共享和处罚结果共享制度，完善信用联合惩戒机制，从而达到治标治本的效果。

（五）进一步强化对知名品牌和上市公司商誉权的保护

从目前网络发展实践看，以诋毁他人商誉、损害他人合法权益为主要手段的黑色产业，通过“水军”、网络非法动员、虚假信息、谣言信息等手段，歪曲、捏造或以信息技术伪造、文案引导等违法方式损害竞争对手市场信誉的情况有很多，已经形成了“黑灰产”链条。在这个链上，信息发布者、话题创建者、转发者、意见领袖和网红传播者都可能成为侵权和违法行为的主体。在可能引发“社会性死亡”的情况下，企业事后维权好似亡羊补牢，不可能达到完美的维权效果，对企业的市值和名誉影响很大，极可能造成市场的混乱和无序。因此，举报中心应建立对知名品牌、上市公司以及相关人员的快捷举报的受理、处理渠道，最大限度地避免因网络

“灰黑产”造成的损害。

（六）建立针对知名品牌、上市公司商誉维权的第三方研判制度

维权举报工作的难点之一，就是权利人无法在第一时间完善相关维权证据。以商誉权损害为例，诋毁和造谣成本极低，一个视频或一段文字引发的社会舆论就极有可能造成涉事企业的“社会性死亡”。但涉事企业进行维权的成本极高，其原因主要是无法证明自己没有做过的事情，或者无法证明侵权人捏造的事件真伪。若要等到司法机关或公安机关进行裁判或调查，时间间隔会很长，维权也就没有效果。因此，建议在举报中心指导下，成立由行业协会、律师、法律专家、技术专家组成的第三方研判机构，在企业商誉权等权利受到损害时，可先行由该机构组织论证研判，研判结果作为举报维权工作的可信证据。为避免研判结果可能出现错误，可由维权企业先行提供一定的担保。

这种第三方研判作为维权辅助证据的做法，在司法体系中也有类似情形。例如，在司法程序前，原告可以向法院提供担保，对被告财产、行为进行保全，一旦保全行为有错误，那么企业的担保将作为错误行为的补偿。又如，按照《民法典》人格权禁令的最新规定，当权利人发现自己权利有可能被侵害或已经被侵害，如不及时阻止将造成无法弥补的损害时，可以向法院申请行为保全，即在审判程序前禁止侵权人实施某些行为。因此，针对企业维权，特别是知名品牌和上市公司的维权，举报中心可以引入此类举措，保证最大限度地保护企业的合法权益。

（七）建立举报信用制度

举报信用制度应分为以下三个层面。一是建立对网络平台的信用评价体系，原则上对怠于履行法律责任和社会责任的平台，应纳入信用考评体系并定期向社会公布。二是建立对被举报账号的信用评价制度，将发布违法和不良信息的账号主体，以及背后的实际注册人、管理人、所有人和MCN 机构等纳入信用评价体系并予以公布和共享，推动网络平台实现共享共治。三是建立对滥用举报权利的账号的黑名单制度，对涉及“饭圈”乱

象、职业打假人、网络敲诈、不正当竞争、“网络水军”等滥用网络举报权利的账号及其背后的实际注册人、管理人、所有人和 MCN 机构，实施信用监管，必要时应将其纳入黑名单并与网络平台共享，向社会公开。

（八）网络技术与数据库支撑

在网络行为取证、追溯、行为记录、信息源固定、身份识别、传播链条和侵权信息查询等问题上，有关举报工作全过程需要固定相关链条信息，可以考虑引入区块链技术来协同举报人与权利人的维权程序。有关举报工作实践，可以参考各地互联网法院引入的诸如“天平链”等区块链，相关数据信息均可与后续司法、公安系统进行对接。对于辟谣信息的溯源和比对研判，参照联合辟谣平台数据库与第三方数据库，做好数据大协同与违法不良信息及可疑信息的标记共享。实践中，应提高辟谣信息、权威信息和司法信息传播的到达率，通过大数据匹配，确保辟谣信息全部覆盖谣言和侵权信息传播范畴。

（九）充分借鉴人格权禁令效果

传统举报工作限定于侵权信息出现后的事后处理。考虑到网络信息传播的速度和伤害性，《民法典》增加了对人格权的禁令制度，即经当事人申请，法院裁定对可能造成人格权侵害的信息提前采取必要措施。实践中，应做好事前预防工作，充分考虑侵权信息、舆情信息和谣言信息对权利人可能造成的不可估量的后果。

对此，建议引入具有公信力的第三方组织对涉案信息进行研判，对可能造成权利人重大合法权益损害的信息，通过一定程序引入“禁令制度”，在侵权信息发布传播前，从源头上切断传播路径，以达到更好地保护网民权益的效果，这也是未来举报工作的制度创新亮点之一。

虚拟财产处分案例的反思

我国第一起年收入超300万元的微信公众号因“拆伙”经法院判决进行分配的案件，受到社会广泛关注。[①] 虚拟财产的法律和财产属性问题是不是该写入法律，该如何写？应该引起相关部门和学者专家的特别重视。

一、虚拟财产能否定性为物权

早在《民法总则》（已失效）以及《民法典》的起草过程中，草案中曾一度将虚拟财产作为物权客体加以规定，这算得上是虚拟财产最早出现在民事法律体系中。不过，笔者认为，将虚拟财产定性为物权的法律认识是错误的，主要有以下三个原因。

第一，虚拟财产具有高度的人身权益属性，不能简单地将其划归为物权客体。例如，微信账号等网络账号中储存了用户的大量隐私。以账号形式存在的虚拟财产，一旦被纳入物权客体，财产处理就要按照相关规定进行，包括法定继承、离婚分配、抵押处分等，这些都会因物权特有的财产处理方式而影响权利人隐私权、人格尊严和人身自由权利的行使。

第二，虚拟财产的所属账号应遵循真实身份认证制度。我国《网络安全法》等法律法规明文规定，互联网账号不能转让，更不能交易。一旦将虚拟财产挂上物权外衣，这些处分都将依据《民法典》物权编等相关规定作出，进而使网络实名制被“悬空”，《刑法》中关于账号非法交易的相关罪名也就无法适用，这必然会在相当程度上引发账号买卖、促成电信诈骗

---

① 《创始人拆伙，年入超300万元的微信公众号咋分?》，载澎湃新闻网，https：//www.thepaper.cn/newsDetail_forward_5120890，2023年6月8日访问。

等非法行为。[①]

第三，从网络平台与用户之间签订的网民协议看，账号的所有权归于平台，用户只享有使用权。众所周知，所有权是物权的核心权利，如果连所有权都没有，其他物权也就成为空谈。

正是因为以上原因，在《民法总则》以及《民法典》的草案向社会公布后，笔者曾撰写了数篇文章呼吁应将虚拟财产从物权客体中去掉。后来，《民法总则》正式文本中将虚拟财产从物权客体中去掉，仅在其第127条作了笼统性规定，即针对虚拟财产，其他法律法规有规定的，从其规定。如今，《民法典》在其第127条中，也延续了之前的规定。

二、虚拟财产问题该如何解决

那么问题来了，现行《民法典》对虚拟财产没有作出切实可行的规定，将这个问题留置下来，未来该如何解决呢?

一方面，从司法实践角度看，一般会将虚拟财产的财产属性和人身属性分开。具有财产属性的，可以按照一般法律进行分配，如继承问题、拆伙纠纷、离婚分配等。具有人身属性的，按照账号注册信息进行分配，如果账号财产所有权存在多人的，可由其中一人获得所有权后，对其他账号注册者给予相关补偿。

另一方面，纯粹社交账号继承等问题比较复杂，在国际上一直也没有统一结论。[②] 美国曾有过父亲起诉雅虎要求继承儿子账号的案件，尽管法院判决账号应由死者父亲继承，但雅虎也仅是将账号中的父子通信信息和照片用光盘拷贝后给了该父亲，而并没有将账号密码交给他。我国互联网平台和国外网络企业的做法大致一样，除非当事人明示，否则一般不会将账号作为遗产的法定继承范围。网络平台的理由有两点：一是用户隐私权保

① 崔晓丽：《虚拟财产继承，法律不能留白》，载《检察日报》2019年12月11日，第5版。

② 朱巍：《公号创业合伙人“拆伙”，虚拟财产分割宜有法可依》，载《新京报》2019年12月3日，第A04版。

护问题；二是账号所有权不属于用户。[1]

此外，从前述微信公众号分割第一案看，有以下三点内容特别要引起我们的注意。

第一，所涉账号是个人账号，而非公司账号。注册人会被微信推定为所有权人，涉及财产分割等问题时，依法将转化成债权债务关系。如果该案注册主体为法人的话，所有权归属可能就会出现其他结果了。

第二，微信公众号等虚拟财产具有经济价值，财产属性非常强。对于年收入300万元人民币的公众号，其相关收入应该由广告和打赏等商业利益构成。法院考虑的不应仅限于公众号当下的实际收入，还应考虑到这是合伙创业项目，须将账号的预期利益考虑在内。因此，在确定账号归属权之后，完全可以将账号预期收益，通过收益分成合同的方式进一步明确。但在这个判例中，并没有见到预期利益分配，这可能是法院考虑到合伙人之间的关系闹僵且无法挽回，一次性分配可能更有利于该公众号继续经营；若真是如此，法院应对其他合伙人予以更高的补偿。

第三，基于公众号、直播号、网红号等的创业团队，最好将账号注册信息确定为法人。如果不能确定为法人的，应另行签订收益分成、劳务、演艺或著作权合同，即便后续合作出现问题，账号可能保不住，但收益仍可以按照合同约定继续获得。

---

① 崔晓丽：《虚拟财产继承，法律不能留白》，载《检察日报》2019年12月11日，第5版。

直播数据造假现象反思

直播数据主要包括五个方面：①观看人数；②在线人数；③评论；④带货量；⑤打赏数量。这些数据相互关联，构成了直播的整体数据。一般分析直播数据，也会从以上五个方面来整体考量，当然也会结合时间段、地域、主播、产品和推送等进行综合考量。

一、直播数据为何重要

直播数据之所以重要，主要有以下三个原因。

第一，在线人数决定直播商业价值。直播生态中，起决定作用的就是在线人数，其决定着：①为获得关注度而打赏的行为；②为引流量而付费的行为；③为引流、宣传和带货所支付的“坑位费”行为。一般来说，在线人数多少与打赏数量、坑位费、带货数量、关注数量和引流效果成正比。

第二，打赏数量与互动量是衡量直播算法推荐程度的重要指标。打赏量能够直接影响算法推荐，两者成正比关系，越多的打赏，直播被推荐的位置也就越靠前。同样地，点赞、评论和转发的数量越大，直播间也就会被更多的人看到。

第三，直播出货量影响品牌和消费者购买期望。出货量一般是即时性的，消费者能够通过站内数据形成直观感受。几乎所有的直播带货，其带货量都是有限定的。这种数量限定，既是以线下存单为上限，也是主播自己设定的。主播自己设定的目的，主要是凸显货品的紧俏程度。销售速度越快的商品，消费者的购买欲望越大，直播间误导消费的可能性也就越高。

二、直播数据造假有何危害

在直播中，数据一旦存在造假，受损害的群体就会有很多。

首先，消费者权益受到损害。消费者通过直播购买商品与其他直接购物方式不同，前者是将社交活动转化为购物活动，后者则是有直接消费目的的行为。因此，前者在将用户转化为消费者的过程中，通过编造数据误导消费，导致消费者的知情权、自由选择权和公平交易权受到损害。

其次，商家受到损害。商家的损害是最直接的，体现在以下三点：其一，在线人数虚高，转化率畸低；其二，与在线人数和粉丝数量挂钩的"坑位费"虚高，销售量畸低；其三，观看人数与宣传效果不成正比。司法实践中，已经出现多个商家与主播之间关于直播带货、引流、宣传方面的"坑位费"、转化率和宣传效果等纠纷的案件。

再次，平台利益受损。主播往往通过网络插件、系统软件、线下交易等方式进行数据造假，这些在实践中甚至已经形成"黑灰产"链条。对直播平台来说，第三方软件、插件危害网络平台安全，数据造假侵害平台信誉，虚构交易和站外交易影响平台收入，虚构人数更会导致平台日活量减少，用户黏度下降，最终必将影响平台市场份额。

最后，数据造假破坏市场经营秩序。从现有法律体系看，为打击数据告假行为，我国《电子商务法》《反不正当竞争法》等直接明确规定数据造假属于扰乱市场经营秩序的行为，《刑法》也将其纳入非法经营罪等相关罪名的范畴，国家网信办更是将互联网生态法治化作为重中之重，近年来相继出台了一系列专门性规定。

三、直播数据造假为何屡禁不止

为何直播数据造假的危害这么大，还是屡禁不止呢？笔者认为，其原因有以下四点。

第一，主播素质通常相对较低，无法支撑现有生态正常运转。从过往实践来看，直播平台的头部主播，平均学历较低，能够在直播间展现的内容存在很大的局限性。特别是在网信管理等部门对直播内容进行严肃整治的背景下，低俗表现的内容往往更容易获得流量的支持。这些头部主播，在禁止恶俗、炫富、炒作、谩骂等严规之下，能够继续获取流量的空间很小，于是会倾向于铤而走险，通过虚构流量的方式获取不正当利益。

第二，由于“老铁经济”的原因，作为后起之秀的真正有直播内容的直播间却缺乏流量，只能从之前已经形成“老铁流量”的直播间流量池里，通过打赏、点关注等方式获取关注。这样一来，老主播们需要虚构流量，新主播们也需要购买流量获客。直播生态的市场需求本末倒置，导致灰色产业链一直存在。

第三，头部以下的直播平台，需要虚构流量，伪造直播人气以留住主播和用户。近年来，我国直播市场格局“多点开花”，个别直播平台面临用户、MCN 机构、主播等跳槽的风险。在此背景下，也许直播人气造假会减缓这个过程。

第四，个别商家参与造假活动。商家造假的原因有很多，既有可能是为了宣传效果，用浮夸的方式做广告，也有可能是通过压低价、伪造交易来扰乱市场，以进一步打击竞争对手，还有可能是与个别主播共同伪造数据来欺骗消费者。

App过度索权的治理模式

2021年3月，国家网信办等部门联合制定发布了《常见类型移动互联网应用程序必要个人信息范围的规定》（本文以下简称《应用程序个人信息规定》），对39款常见App在用户使用过程中对必要个人信息采集的类型作出了具体规定，[①] 其出台背景有以下三个方面的内容。

第一，我国以《个人信息保护》《网络安全法》《民法典》《刑法》及相关司法解释为核心的个人信息保护体系已经建立。不过，这些立法条文相对抽象，落实在具体特定的App中尚存在一定的距离。相比之下，《应用程序个人信息规定》通过类型化的方式，将具体应用与抽象规定相结合，对个人信息保护起到了重要的抓手作用。

第二，互联网实践中，利用App对消费者个人信息过度索权的情况非常普遍。具体而言，一是通过网民协议格式条款，强制消费者"同意"App对自己的个人信息进行无限制索取；二是通过技术手段、技术迭代、"大数据幌子"等方式，掩盖过度获取个人信息的真实目的，违法成本较低，而消费者维权成本很高；三是大量不法App通过过度索权，形成了个人信息黑色产业，导致用户个人信息被不法分子利用，精准诈骗、撞库窃取、"人肉搜索"等互联网犯罪行为屡见不鲜。

第三，个别App平台忽视自身主体责任，导致"谁采集，谁负责"的法律责任体系没有被好好落实，个人信息在采集层面、使用层面、保护层面和处分层面都存在巨大的安全隐患。以往执法实践更重视个人信息的使

① 钱景童：《清楚了！四部门明确39类APP必要个人信息范围》，载央视网，https://news.cctv.com/2021/03/22/ARTInwO62cQymSkrA2Wei3oi210322.shtml，2023年6月8日访问。

用、保护、处分和事后处罚，忽视了有关个人信息违法采集的前期责任。其实，从治理成本、执法效率角度看，在个人信息采集治理层面，下的功夫越大，后续风险就会变得越小。因此，《应用程序个人信息规定》将执法层面前移，从采集个人信息范围角度加大治理力度，有助于对个人信息保护做到未雨绸缪。

特别值得注意的是，个人信息安全的治理工作不能过度依靠平台自律和事后执法处罚。平台自律应以法律法规为基础，只有在足够具体、有效和针对性的规则面前，自律才会在个人信息保护中发挥出应有的效果。《应用程序个人信息规定》把实践中常用的39款App的个人信息索权类别，以非常简练、具体、明确的方式作出了规定，旨在督促平台尽到依法、依约采集个人信息的责任，即强化平台作为信息采集者的主体责任，进而切实保护消费者个人信息的安全。

各部门在对个人信息保护的监管工作中，很难判断某款App采集个人信息范围的必要性、正当性和合法性的具体边界。执法和司法实践中，都面临对个人信息采集类型、范围、边界判断困难的情况，这就导致对个人信息保护工作多集中在事后追责，缺乏技术监管的预判。

《应用程序个人信息规定》出台的目的就是要进行“穿透式”监管，即从个人信息采集源头抓起。这就需要App设计者、开发者、经营者、所有者与使用者都必须严格按照规定，落实采集类型和责任范围，明确采集的必要性、正当性，只有达到该规定的具体标准，才能符合合法性这一基本原则。换言之，如果平台没有履行《应用程序个人信息规定》的相关标准，即便采集的信息事先“取得”了消费者同意，或没有对采集的个人信息进行滥用，也不能以此进行抗辩。

值得注意的是，《应用程序个人信息规定》不仅列明了各款App个人信息采集类别，还明确规定任何组织和个人都有权向相关部门进行举报。这就畅通了公众对个人信息安全监督的渠道，拓展了相关部门对保障个人信息安全的治理渠道，更加强化了互联网平台积极履行主体责任的必要性。

App 的治理新模式

2022 年 8 月，国家网信办发布《移动互联网应用程序信息服务管理规定》，这是自 2016 年发布该规定以来的第一次修订。新旧规定[①]出台时隔五年多，此次修订的立法背景和互联网治理进程都有相应变化，指明了未来一段时间内 App 的治理之路。

一、新规立法依据更为充分立体

2016 年旧规的法律渊源主要是 2012 年通过的《全国人民代表大会常务委员会关于加强网络信息保护的决定》（以下简称《关于加强网络信息保护的决定》）。如今 2022 年新规的立法依据则是近年新出台或重修订的《网络安全法》《个人信息保护法》《数据安全法》《未成年人保护法》，以及国家网信办出台的《互联网信息服务管理办法》《互联网新闻信息服务管理规定》《网络信息内容生态治理规定》等。

近几年是我国互联网治理立法的高峰期，以《网络安全法》《数据安全法》和《个人信息保护法》为基础的网络安全体系已经基本构建完毕。其他诸如《民法典》《未成年人保护法》《消费者权益保护法》《电子商务法》《反不正当竞争法》等法律法规，也相继完成了涉及互联网治理方面的法规制定或修订，这些新规与时俱进，推动我国基本完成互联网法律治理综合体系的构建。

App 作为向用户提供基本网络服务的类别，具体常用数量已达数百万

---

① 本文以“2022 年新规”和“2016 年旧规”代指《移动互联网应用程序信息服务管理规定》的新旧两个版本。

个，横跨即时通信、新闻资讯、知识问答、社区论坛、直播、游戏、电子商务、音视频和生活服务等各个领域。随着5G、人工智能、大数据、云计算等新技术的广泛商业化，App已经成为用户使用网络的最重要渠道。这些App的开发成本进一步降低，在给用户带来便捷高效的体验的同时，违法违规行为、诈骗谣言行为、侵权行为和不正当竞争行为等也不断涌现，其中很多行为涉及危害国家安全、扰乱社会秩序、侵害他人合法权利等。仅依靠某一部法律文件，很难对App这种庞杂的涉及众多细分领域和分发的行为进行有效的治理，因此，2022年新规以相关法律法规为基础，结合互联网实践，对App作出了具有针对性的系统规定。特别是近年来，通过App进行虚假宣传、捆绑营销、刷榜刷量、发布低俗信息并诱导下载、买卖好评差评等侵害用户知情权、扰乱市场竞争秩序的情况屡见不鲜，相关黑灰产业链已形成相当规模。2022年新规在App提供者责任、分发平台责任中都进行了明确规定，对夯实网络市场有序竞争、强化主体责任起到非常重要的作用。

二、新规适用范围更为广泛

2016年旧规的适用范围，包括提供应用信息服务和应用商店服务两大类别。2022年新规在2016年旧规的基础上，以列举的方式，将通过App提供信息服务的全过程、全类别纳入管理范围。具体而言，从形式上看，包括文字、图片、音视频等；从行为上看，包括信息制作、复制、发布和传播等；从类别上看，包括即时通信、新闻资讯、知识问答、社区论坛、网络直播、电子商务、音视频和生活服务等。

在2016年旧规中，应用商店服务是与应用信息服务相并列的适用类别。而在2022年新规中，应用商店服务仅是作为应用程序分发类别的一种，新增了诸如小程序、快应用等提供应用程序分发的新渠道。

明确应用信息服务和分发服务类别，是夯实平台主体责任的前提，以类型化的方式代替抽象的规定，更有利于治理的落实。特别是2022年新规扩大了分发服务类别，将规制重心从分发主体更改为分发行为，重点倾向于对分发服务的监管，这一治理侧重的变化适应了互联网实践的发展。

三、明确 App 服务主体责任原则

2022 年新规对信息服务与分发服务平台的主体责任进行了非常详细的规定。在落实平台主体责任原则方面，2016 年旧规仅写明了禁止性规定，如不得危害国家安全、扰乱社会秩序、侵害他人合法权利等。2022 年新规则增加了促进型条款，除了遵守法律法规，还将公序良俗、社会责任、弘扬社会主义核心价值观等重要原则列明，将坚持正确政治方向、舆论导向和价值取向等意识形态安全领域责任全面纳入平台主体责任范畴。

意识形态安全同样是网络信息安全的重要基础，也是我国法律在网络传播、技术应用和服务提供等方面的重要保障。网络信息传播者承担的是网络安全体系性责任，既包括技术安全和数据安全，也包含国家安全、意识形态安全与文化安全。

App 作为网络信息的重要载体，承担和履行信息内容管理主体责任是应有之义。2022 年新规在总则部分将主体责任进一步予以类型化列举，包括信息内容安全管理、生态治理、数据安全、个人信息保护、未成年人权益保护和用户权益保护等多方面责任。在主体责任方面，2022 年新规与《个人信息保护法》《网络安全法》《数据安全法》相互衔接，构建出应用程序服务的主体责任体系。

四、进一步落实真实身份认证制度和平台资质认证制度

2016 年旧规对真实身份认证制度作出了“前台自愿，后台实名”的要求，在 2017 年《网络安全法》正式实施之后，网络实名认证制度成为用户使用账号的必经途径。2022 年新规将真实身份认证制度，按照用户与应用程序提供者，分为两大类别。

2022 年新规规定，用户应基于手机号码、身份证号或社会信用代码等

方式进行真实身份认证。鉴于我国移动手机号实名制已经完成，所以基于手机号认证也属于间接实名制类别。不同业务类别，也应符合具体业务规定的要求。例如，观看直播用户以手机号认证即可，但要开启直播成为主播，则需要基于身份证信息等复核认证条件。

App 提供者的认证，需要分发平台采取复核验证等措施进行，根据不同主体性质，还需向社会公示提供者的名称、社会信用代码等信息。对 App 提供者的实名认证审核，还应包括程序的名称、图标、简介等方面，分发平台要对注册主体真实身份与 App 实际使用者身份进行比对，不能对身份不相符、违规使用党和国家形象标识以及假冒国家机关名义的主体提供服务。

值得注意的是，2022 年新规对未成年人权利保护置于非常重要的位置。其原因在于，一方面，未成年人账号实名注册与登录是互联网“青少年模式”适用的前提；另一方面，基于未成年人账户的防沉迷保护措施，以及未成年人个人信息特殊保护，是 App 提供者应履行的基本职责。

2022 年新规重申了通过 App 提供互联网新闻信息服务的，应具备新闻信息服务许可，不具备相关许可的 App，不得开展相关业务。对于具有舆论属性或者社会动员能力的新技术、新应用、新功能，2022 年新规再次明确了应按照安全评估管理规定进行评估的前提。

网络非虚构写作文风的治理难点

非虚构写作不同于文学创作，前者是基于据考证的事实或者亲历事件，后者则是一个文学演绎编撰的过程。非虚构写作的类型有很多，包括深度调查、纪实文学等，之所以将其区别于新闻报道，就是在于前者写作并不局限于事实叙述和评论，其有一定的文学加工成分。例如，《三国志》是西晋史学家陈寿所著，属于非虚构写作；《三国演义》则是元末明初的小说家罗贯中在史书基础上进行的文学创作，其不属于非虚构写作，而属于文学演绎。

非虚构写作中最核心的要素就是“诚实信用”，特别是亲历性写作，若没有诚信在里面，这与普通文学创作就没有本质上的区别。2019 年，微信文章《一个出身寒门的状元之死》刷屏网络，但之后因被爆出其是完全捏造、无中生有而假装是真实发生的故事后，被火速删掉。这篇文章并不是非虚构写作，其主要原因有三点：一是多个不同事件中的事实合并到一个事件之中，本质就是虚构，这就是新闻报道中所言的“多个事件事实的拼凑不是事实”；二是该文中的时间、地点、人物、情节等被证明与事实不符，严重违反了非虚构写作中的诚实信用原则；三是该文通篇渲染情绪，而非对事实记录，其编造事实的目的是带动读者情绪，引起共鸣，从而获取更高点击量，这是有违传播伦理的做法。

创作团队给出的为保护当事人隐私而予以技术处理的回应是站不住脚的。新闻类的报道或者纪实类的文学创作，可能会涉及当事人的隐私，按照隐私相关法律规定和传播伦理，在作品呈现给大众前，应该事先取得当事人同意或对其进行隐名处理。这里讲的“隐名处理”，一方面，并非打着“处理”的名号，实际进行虚构捏造；另一方面，隐名处理的方式必须得当，直接或间接地都无法识别当事人，才符合标准。《一个出身寒门的状元之死》的目的只有一个，那就是让读者形成心中确信——这篇文章记录的就是真实的真人真事。该文所有人物和事件的细节纷纷展现，这在写作手法和技术上看，与隐名处理丝毫没有关系。归根结底，这就是一种名为保护隐私、实则捏造事实来误导公众的做法。[①]

从关注度经济视角来看，自媒体经济形态就是要获取流量，流量是自媒体营利的基础性条件。《一个出身寒门的状元之死》之所以能够获取巨大流量，其原因除了伪装成非虚构写作，将虚假事实变为真实事件，还有煽动公众情绪、传播消极思想、利用猎奇思维等因素。再延伸一下，该创作团队创作的系列作品，仅是自媒体乱象的冰山一角。大量宣传猎奇、迷信、涉黄涉暴、严重侵害未成年人权益、造谣传谣以及其他扰乱社会秩序等内容的自媒体，不顾法律责任、伦理责任和社会责任，而只顾追求流量变现。这些自媒体乱象已经严重扰乱网络传播环境，侵害了全体网民的合法权益。实践中，国家有关部门对此进行了多轮治理，效果明显，在一定程度上净化了网络传播环境。

然而，这些治理是根据《网络安全法》第 12 条规定开展的，即以信息内容安全作为治理措施的主要依据，而缺乏对新闻传播伦理的重视。个别自媒体的转型方向是从明显违法获取关注，转到违反传播伦理获取关注。例如，诚实信用原则作为非虚构写作的核心，并没有被明文写入法律，而是作为媒体从业者的自律准则存在。那么一旦违反这种原则，欺诈公众的行为会很难在法律层面上进行追责。又如，“标题党”若涉及虚假新闻，情节严重的，需要承担法律责任，但在一般情况下，误导性“标题党”因未达到法律规定的严重程度而恣意妄为，甚至成为法律制裁中的“漏网之鱼”。

《一个出身寒门状元的之死》一文暴露出来的系列传播伦理问题，应该

① 朱巍：《自媒体不能就虚说实 传播应符合传播伦理标准》，载人民网，http：//media. people. com. cn/n1/2019/0213/c40606 - 30641348. html，2023 年 6 月 8 日访问。

为我国互联网自媒体传播敲响警钟。自媒体也应承担除法律责任之外的社会责任和道德责任，受众越多，社会责任也应该越大，传播伦理责任应该落在实处。除法律责任外，还必须将传播伦理纳入信用系统，使依法治理和依信治理进行结合，建立起自律组织和黑名单制度，才能真正避免自媒体沦为骗取点击量的流量工具。对于自媒体平台而言，主动设立辟谣机制，健全网民举报渠道，将自媒体运营者纳入信用考核体系，也是其承担社会责任的体现方式。①

---

① 老树：《自媒体岂能“迷蒙”发展》，载《老友》2019年第4期；董帅、向志强：《自媒体信息传播中的管理困境及对策浅析》，载《国际公关》2019年第11期。

在线旅游平台的立法规制[①]

2020年8月，我国文化和旅游部出台了《在线旅游经营服务管理暂行规定》（以下简称《在线旅游规定》），旨在规范在线旅游企业和平台的经营行为，保护旅游者合法权益，促进线上旅游行业健康法治化发展，对我国旅游产业发展起到了里程碑式的积极作用。

首先，平台虚假预定问题一直是旅游者深恶痛绝的问题。本来线上都订好了房间，结果到了地方才发现被平台坑了，一场美好的旅游变成了无处可居的“流浪”。《在线旅游规定》不仅明确规定商家在提供预定票务、酒店等服务时，要建立“透明、公开、可查询”的渠道，而且设置了兜底条款，即“不得以任何方式虚假预定”，否则平台就要承担严格的法律责任。

其次，大数据杀熟首次被写入立法。大数据杀熟的本质是基于大数据、人工智能和个性化推送技术的“价格歧视”。《电子商务法》中关于“反大数据杀熟”的规定其实是被媒体错误解读的，其法条规定限于“精准广告”角度，而并没有对大数据杀熟作出明确规定。《在线旅游规定》弥补了这一立法空白，用法条明确规定不得对旅游者在同一产品或服务条件下设置“差异化价格”，这样就让监管有了抓手，让旅游者更能放心出行。

再次，“低价团”问题纳入平台主体审核责任范围。“低价团”扰乱旅游市场经营秩序，严重侵害旅游者合法权益，甚至成为涉黑涉暴犯罪的“病灶”。本来旅游法等相关法律法规对此有一定的规制，但对于新兴的在线旅游平台而言，无疑缺乏有关直接安全保障义务与审核责任的规定。于

---

① 朱巍：《在线旅游服务管理暂行规定的几个亮点》，载《检察日报》2019年10月16日，第7版。

是，《在线旅游规定》侧重以平台经营者“不得提供交易机会”为抓手，为打击“低价团”加了一道可靠的防线。

最后，赋予旅游者评价的权利。《在线旅游规定》在《电子商务法》的基础上，不仅明文禁止平台非法删除和屏蔽旅游者的评价，而且增加了平台不得“误导、引诱、替代或强制”旅游者作出评价的规定。这样的规定，既反映了对互联网产业业态发展的实践考察，也紧扣旅游者最关心的评价权问题和“看评论”购买产品的现状。

另外，值得关注的是，《在线旅游规定》将平台主体责任进行了类型化规定，全面夯实了平台责任。

《在线旅游规定》在夯实平台责任方面，最核心的规定是增加了“实际经营许可”的内容。《在线旅游规定》明确要求，那些表面作为信息中介和其他网络服务提供者但实际从事线下组织、招徕和接待旅游者的平台，应该依法取得营业经营许可证。这一规定有利于最大限度地减少“野鸡”旅行社，同时针对互联网线上线下分离交易的情况，行政主管部门可以通过事先主体审核监管，剔除那些违法违规的“黑店”，进而保障旅游者的人身财产安全和旅游权益安全。

旅游实践中，以往只有在旅游途中出现重大事故时，相关经营主体才会被主管部门和社会所知晓，即便事后重罚，也很难亡羊补牢。《在线旅游规定》特别强调了“动态监管”，要求平台落实主体责任，实时监控旅游合同履行情况、投诉情况、突发事件、旅游者人身权益保障情况等，一旦出现问题，平台必须提前向主管部门报告，并履行必要的配合义务。

实践中，很多旅游者通过 QQ 群、微信群、贴吧等非典型平台自发组织旅游活动，其中不乏存在虚假宣传、欺诈、危险活动等违法违规的情况。针对这类并非由旅游平台提供网络信息服务的情况，《在线旅游规定》也作出明确规定，即相关网络信息服务提供者需要对“明知或应知”利用服务从事违法违规活动或侵害旅游者权益的行为，进行制止并停止相关服务。

《在线旅游规定》进一步明确了平台经营者的社会责任范围，即出现问题时，平台应负责协调解决，如果解决不成，鼓励平台进行先行赔付。当然，这里的“先行赔付”并非最终责任，平台赔偿之后，有权向最终责任人追偿。

《在线旅游规定》首次将“旅游者责任”正式写入立法。旅游者如果在旅行中违约违规，甚至有违法活动的，也应承担法律责任。如果未能依法依约提供个人健康信息，或者不听旅游经营者告知、警告去参加不适合自己条件的活动，结果造成自身损害的，平台和经营者都不承担法律责任。如果在旅行中遭遇火山爆发、地震、飞机事故等不可抗力事件，平台和经营者需要及时提供救助，如果因没有及时救助而造成扩大损害的，平台和经营者，都需要对损害扩大部分承担连带责任。

无版号游戏海外上架治理路径

《2022年1—6月中国游戏产业报告》显示，2022年上半年中国自主研发移动游戏海外市场实际销售收入地区分布中，美国市场占比为31.72%，日本市场占比为17.52%，韩国市场占比为6.29%，合计达到55.53%。另外，Sensor Tower数据显示，2020—2021年，中国出口前30强游戏的总收入增长了24%，超过全球游戏市场17%的增幅。①

一、代表性游戏海外上架概况

在政策监管趋严的大背景下，移动游戏厂商，如腾讯、网易、米哈游、4399、莉莉丝、三七互娱、世纪华通、游族、心动、紫龙、巨人、蜗牛、完美世界、阿里巴巴、字节跳动等，主要采取包括直接出海②、开通海外游戏服、直接引进海外游戏并在本公司平台上发售等方式来扩展市场。下面主要以腾讯、网易为例，进行简要介绍。

（一）腾讯

2021年腾讯游戏收入为428亿元人民币，其海外游戏收入贡献不可小觑。③ 其旗下游戏出海情况如表2－1所示。

---

① 冯伟康：《“海外围猎场”里的中国游戏玩家》，载和讯网，https：//tech.hexun.com/2022－10－18/206923652.html，2024年6月7日访问。

② “出海”泛指走出国门，进入海外市场。

③ 唐洛：《腾讯发布2021年财报：To B成最大收入来源 加大全链路自研》，载时代周报，https：//new.qq.com/rain/a/20220325A07GGT00，2023年6月7日访问。

表 2-1 2021 年腾讯旗下游戏出海情况

腾讯研发或发行	独立或联合发行游戏	英文名	渠道
NExT Studios	疑案追声	Unheard	Snapchat、Discord、ZAM、Kwai（快手国际版）
NExT Studios	重生边缘	SYNCED：Off-Planet	
Level Infinite（总发行者）	胜利女神：妮姬	GODDESS OF VICTORY：NIKKE	
腾讯天美工作室	传说对决（王者荣耀海外版）	Arena of Valor	
腾讯光子工作室	绝地求生（移动版）	PUBG Mobile	
腾讯光子工作室	Apex 英雄（移动版）	Apex Legends	
腾讯魔方工作室	战歌竞技场	Chess Rush	
腾讯极光计划	杀戮尖塔（尖塔奇兵）	Slay the Spire	

（二）网易

网易游戏出海采取与腾讯相似的“大 IP”策略，合作游戏出海情况如表 2-2 所示。

表 2-2 网易游戏出海情况

网易合作游戏公司	游戏
CCP Games	Eve Online；Eve Galaxy
暴雪	Diablo（俗称“大菠萝”）；Diablo Immortal（暗黑破坏神：不朽）
11Bit 工作室	冰汽时代：最后的家园（手游）
Behaviour Interactsve 工作室	黎明杀机（手游）
漫威娱乐	漫威超级战争（MOBA）；漫威对决（卡牌）
华纳兄弟	哈利·波特：魔法觉醒（卡牌）；魔戒：开战时刻（SLG）
美泰	Phase 10：World Tour（手游）；UNO!™；SKIP-BO™

（三）其他

除游戏大厂外，中小游戏厂商也在积极发力。例如，米哈游出品的现象级游戏《原神》在2020年上线后收获市场好评，成为2021年唯一一款同时入围六大热门地区[①]市场排行榜前10名的游戏。[②]

二、游戏分发区域

基于对版号限制的规避，部分游戏厂商选择通过在非中国地区上架游戏来达到规避版号申请和运营游戏的目的，或者通过申请国外账号，以境外开发者的身份来上架游戏，其中Steam、App Store和Google play等平台为境外主要的应用商店。[③]

（一）Steam

Steam市场受世界贸易组织相关协议的保护。我国是世界贸易组织成员，Steam平台上销售的游戏软件是在世界贸易组织框架下，我国所明确承诺的合法跨境小额软件销售，一般情况下能获得游戏版号限制的豁免。

（二）App Store

App Store对版号管控较为宽松，但目前其监管力度正在加大。2020年6月30日，苹果App Store后台公布《苹果致中国地区开发人员的一封信》，指出根据2016年我国原国家新闻出版广电总局颁布的公告，移动游戏必须经过原国家新闻出版广电总局的审批才可在App Store上架。[④]

（三）Google Play

Google Play并不支持中国地区，导致中国玩家无法在该平台享受原生的游戏服务支持，但是部分玩家仍可以通过第三方中小型平台或“翻墙”等形式登录游戏。在无版号的前提下，游戏公司只能以测试的名义更新游戏，

---

① 六大热门地区是指美国、日本、韩国、巴西、英国和印度尼西亚。

② 《游戏2022：〈原神〉狂赚280亿，大厂跑步出海》，载澎湃新闻网，https://www.thepaper.cn/newsDetail_forward_21496006，2023年6月8日访问。

③ 《大限将至，未取得版号的手游现在怎么样了》，载新浪网，http://games.sina.com.cn/y/n/2016-12-22/fxyxusa4737839.shtml，2023年6月7日访问。

④ 《游戏2022：〈原神〉狂赚280亿，大厂跑步出海》，载澎湃新闻网，https://www.thepaper.cn/newsDetail_forward_21496006，2023年6月7日访问。

因其处于测试阶段，没有版号，不能充值，其收益只能来源于广告，导致运营成本和法律风险都很高。但是，部分游戏仍然能够长期以测试名义，对外进行上架，通过平台内广告阅读等方式获取利润。

（四）IGN

目前中国地区可以访问中文版的 IGN 网站。此前，作为全球最大的游戏媒体之一，IGN 曾设有专门的亚洲区，也提供中文内容，但大多是外文内容的翻译，并没有提供专门面向中国游戏行业的报道。

（五）应用商店平台

目前，各应用市场对于版号的要求已十分严格。主流应用市场均已明确规定，包含付费功能的游戏产品上架前需提供版号。但部分专业从事应用上架的企业仍在试图采取多种措施，规避应用市场的审核机制。相对于审核严格的主流应用市场，在数量众多的软件下载网站中，无版号游戏更为集中。软件下载站发布的游戏，通常由企业或个人主动上传，或由平台直接从游戏公司网站上抓取下载包，并提供给用户下载，基本不对游戏版号进行实质性审查，这直接导致平台上无版号游戏扎堆上架。[①] 个别无版号游戏利用这一漏洞，将这些平台作为推广运营的渠道。从实际行政执法的公开案例来看，由于执法资源有限，该类情况主要以受理举报为主。

（六）应用平台移动端

部分厂商将目光移向海外市场小游戏开发、微信平台小程序游戏等，以付费广告作为主要收入来源。小米应用市场客服人员在接受媒体采访时披露，休闲类游戏在小米应用市场内上架，可以不用版号。在华为等主流应用市场中，也存在大量无版号的休闲游戏。不少游戏从业者据此默认，休闲游戏如果应用内没有付费功能，仅依靠广告分成盈利，便可无版号上线运营。[②]

---

① 吴志：《版号严监管仍有游戏顶风作案，软件下载站成了“帮凶”》，载证券日报网，http：//www. zqrb. cn/finance/hangyedongtai/2022 - 07 - 21/A1658342173687. html，2023 年 6 月 7 日访问。

② 吴志：《休闲游戏不能无版号“裸奔”》，载中新网，http：//www. chinanews. com. cn/cj/2022/07 - 21/9808398. shtml，2023 年 6 月 7 日访问。

（七）小程序游戏

2022年爆火小游戏《羊了个羊》曾遭遇合规性质疑，即其不设立内置购买渠道，而是通过观看广告等方式获利，这可能构成法律灰色地带。此前《跳一跳》等小游戏也先后在国内舆论中引发热议，并被披露其通过广告获得了较大收益。同时，类似的内置广告在审核上存在漏洞。例如，根据某媒体报道，常州一女子在玩《羊了个羊》时，为获取游戏道具观看了弹窗广告。恰巧有资金需求的她，在看了这则贷款广告后，便按指引下载并注册了一款贷款App。该女士见贷款App显示有余额，为了提现就按照客服指引累计转账9万元，后经核实为诈骗。[①]

三、游戏的传播渠道

从实践来看，游戏的传播渠道主要体现为以下四种。

（一）游戏论坛

以Twitch为代表的专业垂直类游戏论坛，属于社交内容行业。同时，Twitch等论坛还拥有“种草”的概念，即当用户看到某个主播玩的游戏，或者是大家推荐游戏后，用户即下载尝试这些游戏。而且，该论坛由于具有强大的社交属性，用户黏性高，可能成为海外无版号游戏中国内玩家讨论的聚集场域。

（二）游戏网络媒体、自媒体账号

电玩巴士、游民星空、3DM等类似主机游戏媒体在国内拥有很大的日活量，是国内讨论此类游戏的较大型平台。此类游戏媒体在介绍游戏的同时添加视频是常见的情况，但此类海外游戏大多未经国内主管部门审批，因此在使用类似内容及视频资料的情况下可能涉及违规。

（三）游戏主播

随着直播行业的发展，游戏直播平台成为游戏玩家交流的主要渠道，

---

① 《女子玩“羊了个羊”，被弹窗广告骗9万元》，载澎湃新闻网，https://www.thepaper.cn/newsDetail_forward_20208652，2023年6月8日访问。

部分游戏主播形成了固定且较大规模的粉丝群体，部分粉丝群体可能聚集在主播直播间，其中主播直播游戏内容可能涉及国外上架的无版号游戏，主播利用“游戏加速器”等设备直播游戏国外服或海外游戏。此前，我国原文化部于2016年12月印发《网络表演经营活动管理办法》（文市发〔2016〕33号），该办法第6条特别指出，“网络表演不得含有以下内容：……（六）使用未取得文化行政部门内容审查批准文号或备案编号的网络游戏产品，进行网络游戏技法展示或解说的”。这意味着主机、Steam、独立游戏直播等都会在很大程度上受到影响。[①]

（四）海外游戏代打、陪玩等私域流量渠道

随着国内游戏公司在海外的亮眼表现，国内一些围绕游戏的赚钱行业，也跟随国内游戏平台的扩张步伐，将业务发展到海外，比如国内游戏行业的陪玩、代打等游戏周边产业人士开始进入客单价更高且竞争强度小的海外市场。

四、出海游戏信息传播类别与风险评估

（一）涉及游戏的信息传播渠道与类型

第一，游戏内传播。网络游戏的社交性决定了游戏内嵌式信息交互系统是游戏重要的基本配置之一。游戏内传播的具体类型，包括玩家私聊、站内信、公屏聊天、弹幕、世界喇叭等传播途径，其中弹幕、世界喇叭等传播需要玩家额外付费。

第二，游戏类社群传播。游戏社群传播包括以游戏为话题的贴吧、社交群组、话题、BBS群组、BBS板块、短视频和直播平台、陪玩平台、竞技类解说等。

第三，广告宣发传播。伴随小程序、应用商店、直播短视频和网页游

① 寇佳丽：《全国人大代表肖胜方：对网络直播进行分类监督管理》，载《经济》2022年第4期。

戏的兴起，带有深度链接的游戏营销逐渐成为游戏宣发的主要手段。游戏宣发的表现特征包括以下四点：一是宣发内容附带深度链接，可供玩家直接下载使用；二是游戏宣发以流量平台接入，是流量变现的主要通道之一；三是游戏宣发内容往往突破广告法律与未成年人保护法律的底线，具有强烈的诱导性和误导性表达；四是游戏宣发有时会以程序化购买广告、弹窗、评论夹带、链接跳转等特殊生态方式出现。

第四，通过语音、视频、群组等嵌入式即时传播平台传播。此类平台指的是，玩家在玩游戏时，通过第三方软件，如QQ群、微信群组、网络会议、语音系统等方式，接入信息表达第三方平台，达到团队协作、交流经验和日常表达等目的。

（二）游戏信息传播渠道现行法律规定

针对游戏信息传播渠道的规制，我国现行法律规定分为以下三大类别：一是以《网络安全法》《未成年人保护法》《广告法》为基础的内容安全法律体系；二是游戏版号管理机构出台的相关审批类法律规定；三是国家网信办出台的互联网信息内容生态治理、群组、微博客、跟帖评论等内容传播类规定。

（三）出海游戏信息传播风险的主要类型

第一，游戏版号主体监管的落空。通过海外上线、国内引流等方式，没有版号的游戏一样可以通过广告、流量等方式获得商业利益。

第二，严重侵害个人信息安全与财产安全。一方面，出海游戏内容主要依靠站内广告，这些广告缺乏审核，大多涉及赌博、色情、假冒产品、医美广告等违法信息。另一方面，出海游戏的账号注册、身份认证、账号转让等行为，导致玩家的个人信息与财产信息可能被损害，缺乏必要监管，利用个人信息从事犯罪活动的可能性极大。

第三，存在涉及国家安全和社会稳定的有害信息。游戏（特别是出海类游戏）内置的信息传播渠道，以及第三方嵌入式即时社交工具，因存在一定的隐蔽性，导致在判断这类传播渠道时极为复杂，管理难度极大。例如，出海游戏中，在信息传播方面，由于没有明确的制度上和技术上的监管措施，使得其已经成为谣言信息、诋毁信息、舆论误导、群体性事件煽动的重要传播途径。

第四，严重侵害未成年人合法权益。因属地管理差异，出海类游戏很少履行青少年保护模式和家长监护模式，在游戏时长、时间段、内容安全和消费等监管方面，与境内上线游戏相比，缺乏法律法规约束，导致境内未成年人成为出海类游戏获客的主要对象。

第五，出海类游戏陪玩信息存在色情、赌博等服务。陪玩平台的相关内容，既包括线上，也包括线下，相关渠道以社交媒体和垂直类平台端口为主。为获取不法利益，陪玩类平台多以线下陪玩、陪聊等方式按小时计费，成为出海类游戏藏污纳垢的“温床”。

五、出海游戏的治理思路

关于出海游戏的治理，笔者认为，可以重点从以下四个方面开展工作，具体如下所述。

（一）应加强游戏版号批文监管

游戏版号对网络游戏的上架行为的影响，主要体现为游戏本身能否直接售卖相关虚拟财产、会费和进行其他商业交易。目前无版号游戏上线后，依然可以通过植入广告、流量变现、主播引流变现、竞技比赛赞助等方式获得利益。这就导致游戏版号的约束和监管被架空，特别是在广告变现情况下，大量违法广告以精准营销的方式接入游戏，对用户个人信息保护、生活安宁、网络安全等都造成巨大隐患。因此，有必要进一步加强游戏版号批文监管，从源头上做好预防工作。

（二）落实游戏玩家真实身份认证制度

在海外上线的国内游戏，不论用户是在哪里登录，其主要服务群体依然是国内用户和华人群体。国内用户既可以通过官方平台登录游戏，也可以通过第三方软件进行登录。通常情况下，对于在境外上线的游戏而言，玩家真实身份认证制度很难得到落实，因为通过移动手机号码、电子邮箱、虚拟号码、第三方软件、租借账号等多种方式均可登录游戏。实践中，存在大量多号一人、一人多号、账号出租出售和非法交易等情况。在电信诈骗、未成年人权益保护等方面，该类游戏也容易对国内用户产生较大的影响，让相关监管很难落实到位。

游戏玩家真实身份认证制度，不仅应约束国内的游戏平台和社交平台，还应约束在境外为境内用户提供服务的平台，以及使用境外游戏服务的国内玩家。对此，笔者建议在实践中应落实《网络安全法》和《个人信息保护法》，以游戏玩家IP属地为基础，进行复合型身份验证。

（三）加强对社交平台的监管

未获得版号的游戏在游戏内容安全性、个人信息保护、防沉迷设置、广告审核、用户权益、未成年人合法权益等方面都存在安全隐患。这些游戏的引流，主要是通过社交平台进行的，包括游戏论坛、短视频直播平台和社交平台等。在引流过程中，最突出的情况就是以站内游戏推广引流，大量未经审核的、存在巨大安全隐患的游戏链接，以小程序、第三方平台、深度链接等方式被用户获得。大量网络主播为了获取推荐收益，通过非法宣传的手段进行宣发。因此，加强对社交平台关于未获版号游戏推广的审核以及流量限制，势在必行。

在群组、话题、游戏讨论区等区域，除了存在对未获得游戏版号的游戏的推荐、介绍和引流等，也广泛存在对境外上线游戏内容的宣传，其中主要涉及未成年人权益、色情、暴力、迷信和低俗等方面。在相关用户选择的头像中，也存在违反互联网用户账号服务管理规定的情况。

（四）加强游戏内信息监管

早在网络游戏肇始时代，美国联邦调查局、美国中央情报局等机构就以专门人员刺探、策反和收集情报为目的进入游戏。[①] 从目前情况看，在我国境内运营的游戏中，因敏感词等法定设置，在游戏内信息交互中很少出

---

① 黄堃、谭晶晶、冯玉婧等：《综述：美国变本加厉的“黑客帝国”行为威胁全球网络安全》，载新华网，http：//www. news. cn/world/2022 -06/17/c_1128750135. htm，2023 年 6 月 8 日访问。

现此类信息。但在境外上线的我国游戏，其大量用户均源自国内，也有境外人员参与其中，按照服务器属地管理原则，平台对内部游戏玩家交流互动信息缺乏监管，很容易出现危害国家安全等内容的信息，也容易出现谣言信息、策反信息和悬赏信息等。在游戏页面中，即使存在系统监管问题，但也会有通过游戏引流到第三方社交工具，再进行危害国家安全信息传播的情况。

因此，笔者建议，源自境内且于海外上线的游戏运营者、投资者和开发者，应遵守国内相关内容安全的法律规定，通过技术强化等措施，加强信息交互保护。同时，国内外游戏内互动信息机制，应比照论坛管理制度，加强审核。

第三编

网络技术与法治的协调

技术与法治的协调[①]

党的二十大报告明确提出了“健全网络综合治理体系，推动形成良好网络生态”的网络治理新目标，[②] 这与之前在《中共中央关于全面深化改革若干重大问题的决定》中提出的“推进国家治理体系和治理能力现代化”一脉相承，是新时期我国全面提升互联网治理体系的新思维。从治理体系来看，互联网综合治理体系是推进国家治理体系和治理能力现代化的重要组成部分，是全面依法治国和法治政府在互联网治理中的具体落实。党的二十大报告将良好网络生态作为综合治理体系发展的目标，这也对新时期互联网治理提出了更高的要求，即将习近平总书记提出的“依法治网、依法办网、依法上网”[③] 之网络法治原则，与网络技术、网络生态和网络经济深度融合。

在网络综合治理体系中，法治和技术是最为关键的两个因素。法治是综合治理的基础和安全的保障，技术则是网络发展的前提和创新的体现。因此，处理好法治与技术的辩证关系，就显得尤为重要。

一、我国互联网法治体系已经基本构建完成

党的十八大以来，我国全面进入互联网领域立法和修法的高峰期，并主要体现为以下五个方面。

---

① 朱巍：《新时期网络综合治理体系中的法治与技术》，载《青年记者》2023 年第 1 期。

② 习近平：《高举中国特色社会主义伟大旗帜 为全面建设社会主义现代化国家而团结奋斗——在中国共产党第二十次全国代表大会上的报告》，载新华网，http：//www. xinhuanet. com/politics/xxgcdd20djs/esdbg. htm，2023 年 6 月 7 日访问。

③ 习近平：《习近平在第二届世界互联网大会开幕式上的讲话》，载新华网，http：//www. xinhuanet. com/politics/2015 – 12/16/c_1117481089. htm，2023 年 6 月 7 日访问。

一是以《民法典》为代表的民事权利体系已经构建，人身权利和财产权利体系映射在网络空间，搭建起线上线下相一致的权利保障系统。《电子商务法》《消费者权益保护法》《网络交易监督管理办法》等针对电子商务的特别规定，让平台责任全面进入电商主体责任时代。

二是涉及互联网治理的公法序列中，《反电信网络诈骗法》《刑法》等将涉网犯罪等新型刑事犯罪全面纳入法治监管体系。《网络安全法》《数据安全法》《个人信息保护法》等涉及网络安全的责任法，保护范围从国家安全延伸到公民个体权利，建立起全面立体的数据安全法律体系。

三是在互联网技术与实践的垂直领域专门立法，主要以国家网信办近年来出台的系列部门规章为主，已经构建起包括新闻信息、App、微博客、搜索排行、即时通信、深度合成、直播服务、评论跟帖等在内的新技术、新应用法律治理体系。

四是传统法律法规在网络技术影响下，通过修正和修订的方式完成了法治的互联网化转变。以《未成年人保护法》为代表，修订时增加了网络保护专章，将未成年人网络权益保护转化为技术责任、法律责任和社会责任。2020 年《著作权法》第三次修正时，充分考虑到网络音视频技术的发展，新增视听作品以取代电影和类电影作品，较好地回应了网络长短视频作品的保护问题。

五是针对新技术、新业态出现的新问题，各部门依据职权范围陆续出台了系列专门性规范性文件。例如，我国交通运输部针对网约车、共享单车的治理问题，文化和旅游部针对在线旅游平台的治理问题，国家市场监督管理总局针对互联网广告出现的新问题，工业和信息化部针对算法和移动应用问题等，都陆续及时出台了很多有效的治理方案，构建起多主体和多位阶的综合治理体系。

二、网络综合治理动态与技术监管的关系

从我国网络治理实践发展角度看，有以下三个明显趋势：一是从责任

法转向行为法；二是从主体监管转向技术监管；三是从结果处置转向过程动态监管和全生态治理。具体而言，这三个趋势主要包括以下内容。

首先，责任法强调的是以法律责任形式为核心，对违法违规行为进行惩戒和约束。但随着网络平台主体责任理论逐渐成为网络治理的主要思潮，平台主体责任的复杂性开始显现。除了法律责任作为基础性责任，网络平台还应承担社会责任和道德责任，其中后者的责任形态根据平台性质和影响力的不同，也不尽相同。因此，责任法的单项约束逐渐转化为行为法的多项约束，“一刀切”的监管模式也逐渐被分级分类管理模式所替代。

其次，针对互联网新技术、新应用的行业监管，从主体行政许可的市场准入式监管模式，逐渐转向行为监管、技术监管、信用监管和责任监管等全流程监管体系。最具典型代表的模式为《电子商务法》中关于零星小额经营者的商事主体资格豁免，以及网约车中关于拼车主体运营资质豁免等电子商务新领域。

最后，互联网全过程动态监管将以往的重处罚逐渐转化为重预防，更强调网络技术的可控性，突出安全评估、备案和事先审核的重要性。比如，在网络安全、个人信息保护以及具有社会动员能力的新产品、新应用和算法模型等方面，安全评估和事先备案审核成为新时期网络治理的重要抓手。以《网络信息内容生态治理规定》为重要立法标志，我国网络综合治理进入全生态管理层面。

从以上发展趋势看，技术监管必将成为评价网络综合治理能力的核心要素。技术监管主要分为两大类别：一是技术的法治化监管；二是技术的伦理性监管。其中，技术法治化监管，指的是按照现行法律规定，要求网络平台等涉网主体在开发、应用、推广、处分和使用相关网络技术时，必须遵守强制性规定，如《网络安全法》要求关键信息基础设施运营者必须采取技术安全保障措施、承担安全评估责任。技术伦理监管，则更偏重于对技术发展的趋利避害，以科技伦理和商业道德来评价技术的可控性。例如，《互联网信息服务算法推荐管理规定》不仅将社会公德、伦理、商业道德和诚实信用作为算法科技服务的基本原则，还将劳动者权利、用户知情权和公平交易权作为评价算法应用合规性的重要标准。

技术监管实际是综合治理分级分类精准化管理的基础，也是全生态治理的前提，以此衍生出来的新型监管模式在新时期网络治理中起到越来越重要的作用。从目前现行法律规定来看，技术监管主要体现在算法监管、数据安全、个人信息保护、关键信息基础设施安全、具有舆论属性和社会动员能力的新应用、深度合成、人工智能、反电信网络诈骗、信息存储与溯源等方面。从表现形式上看，技术监管主要包括安全评估、伦理约束、技术备案、内容安全管理、数据安全管理、信用监管、保障用户知情权与自我决定权等方面。

三、网络治理中技术法治化与法治技术化的辩证关系

从我国网络治理立法大维度看，网络技术发展超越法治的更新，治理的基础在于立法，立法又相对滞后于技术的发展和迭代。若要以相对滞后的立法来治理相对快速发展的技术，势必要求在立法技术上以原则性规定和法律转换性适用为主。例如，在网络侵害人身权纠纷立法中，2009 年颁布的《侵权责任法》基本照搬了网络版权中的避风港规则和红旗规则，以适应网络平台责任的划分。又如，美国曾有判例明确将入侵他人虚拟网站视为对线下不动产的入侵，以线下不动产保护原则转换适用于线上网站权利保护。随着互联网技术的不断发展和涉网案例的增多，更为精准的立法逐渐出现，其中绝大部分立法均对网络中立性予以承认。立法对技术中立性质的承认，使平台以网络服务提供者的身份来承担责任，需要先否认技术的中立和“善意”。因此，在这个阶段中，立法是对技术发展的一种回应，是将发展的技术纳入现有的法律框架之下，这在本质上亦是技术法治化的过程。

随着人工智能、大数据和区块链技术被广泛应用，技术与治理之间的关系又被重新构建，而技术的中立性标准被技术迭代逐渐否认。其中，典

型的代表技术就是算法推荐，算法本身是技术，但算法模型所体现出来的价值判断和内容分发展示均属于内容安全范畴。算法与人工智能在商业领域中既可以提高信息效率，也可能被用于算法黑箱、大数据杀熟、“二选一”① 等不正当竞争行为。所以，在这个阶段，对以算法和人工智能为代表的技术治理中，技术的监管重点在于技术与法律规定和伦理道德充分融合，技术本身应成为法治与道德的共同体。在技术法治化的基础上，充分考虑技术的分级分类特性以及如何做好法治技术化，成为现代网络治理的新重点。

法治技术化就是将现行法律法规中的强制性规定和科技道德伦理，通过预先评估、技术备案、模型公示、动态监管、责任分担等方式植入技术开发、推广和使用的全过程之中。从这个角度看，技术法治化是网络治理的第一阶段，主要以完善立法体系和提高执法能力为主。法治技术化则是网络治理的高级阶段，监管客体在于技术而非具体行为，属于综合生态治理的核心要件。因此，技术法治化侧重考验的是对技术的理解能力和立法能力，法治技术化侧重考验的是对技术的把控能力和综合治理能力。

四、提升网络综合治理能力对技术法治化的新要求

首先，明确鼓励创新和法治监管的辩证关系。新时代网络综合治理的客体不在于个案，治理手段也不仅在于事后处罚，而在于对同一类别的技术风险，能否做到举一反三的能动治理能力。将法治作为技术的基因贯穿于技术发展、使用和推广的全链条，从源头上解决网络违法违规乱象问题。法治基因对于技术创新来说，不是零和博弈的结果，法治约束的是技术的合规性底线，重点在于对技术表现行为的可控性监管，而不在于主体市场准入式监管和全程审批式管理。创新是互联网产业的灵魂，鼓励创新本身也是网络时代法律的重要基因之一，对技术发展本身来说，包容审慎仍是监管部门需要重点考虑的问题。

---

① “二选一”是指平台利用优势地位和商家对其的依赖性，采取不正当手段强迫经营者在平台间进行“二选一”，其实质是滥用市场支配地位的不正当竞争行为。

其次，应加快推进网络产业重点领域的技术法治化过程。按照现行法律规定，算法、大数据、人工智能、区块链等技术，以及数据安全、新闻信息、算法推荐、具有社会舆论动员新功能、采集处分个人信息、内容安全审核、信用管理、电子支付等具体应用场景的相关技术，应尽快纳入技术法治化过程。相关评估标准应以技术的分级分类为基础，做到全生态流程评估。

最后，适时修订现行法律以适应技术发展的需要。网络综合治理也是网络法治的重要组成部分，立法的先进性是良法善治的前提和基础。随着网络新技术的不断迭代，旧有的法律制度需要及时进行修订，并主要包括以下四类情况。一是立法时尚未出现新技术的情况。例如，虚拟财产中的非同质化代币（NFT）性质确定问题，云计算是否适用避风港规则问题，L4 级以上无人驾驶事故责任认定问题等。二是立法时技术已经发生迭代变化。例如，平台对自媒体内容事先审核的责任问题，流量与算法内容分发推荐时平台的中立性问题，网络平台主体责任新形态等。三是基于安全因素与公共利益考虑，应设置特别监管。例如，算法模型的事先审核，特殊行业信息安全的特别标准等。四是及时将低位阶的专门性规章修订为法律，及时将法律抽象性规定结合网络实践转化为具体规章。一言以蔽之，网络综合治理体系，就是在技术法治化的基础上，实现法治技术化的过程。

五、网络技术在道德和伦理面前应保持谦抑①

人是目的而非手段，这句话在网络技术发展日新月异的今天看来，尤为重要。当今互联网产业发展的基础有两个：一是技术基础；二是用户基础。前者属于物质基础，后者属于市场基础，也就是变现的可能性。

从市场角度看，技术发展的动力在于变现，越早实现技术与用户的黏连，就能越早挽回成本，越快占领市场。从用户角度看，技术的变革在于

① 朱巍：《互联网技术在道德面前要保持谦抑》，载《检察日报》2019 年 9 月 11 日，第 7 版。

改善生活，越能满足用户需求的技术，就越能获得用户的使用。从产业角度看，网络技术与用户的结合，正是“互联网+”变革出现的基础，在这场技术革命中，用户早已超出传统消费者范畴，他们通过网络进行交流、消费、娱乐，甚至获取财富。

可以发现，在这场技术和产业革命中，技术从研发到推广，再到普及和变现的期限越来越短。相比前几次工业革命，技术进步的步伐较慢，比如机动车上路到时速超过马车，用了十几年的时间，电灯彻底替代煤油灯也用了半个多世纪。所以，前三次工业革命过程中，技术的谦抑性表现并不十分明显，因为立法会跟得上技术前进的步伐，会将产业变革带来的不确定性逐渐变成确定，将看得清楚的道德与伦理及时转化成法律来调解变革时期的矛盾。例如，《法国民法典》与《德国民法典》分别作为第一次工业革命和第二次工业革命的阶段性标志，影响至今。

互联网技术则完全不同，技术迭代速度之快是以往任何一次工业革命所不能比拟的。而由此引发的市场影响，甚至在引起立法者重视之前，就已经完成从生到死的蜕变过程。换言之，在这场技术和产业革命中，技术对市场的直接作用是非常巨大的，一个新技术的出现将会导致一个旧产业的灭亡。例如，数码技术出来之后，柯达等胶片生产者仿佛一夜之间“寿终正寝”。当然，新技术引发新产业出现，对旧有产业的淘汰步伐也是非常快的。例如，网购逐渐流行起来时，很多大型超市的收益锐减；网约车面世后，出租车牌照价值立即缩水减半；移动支付问世以来，银行卡消费几乎已经成为“古董”。

不过，这些产业变革影响，在有些方面太过急功近利，一旦立法跟不上，执法就无计可施，技术对法律空白的“掠夺”也就成为应有之义，甚至有业内人士将这种技术超越法律规制的行为和行业称为“蓝海”产业，将法律的空白期称为“空窗期”。缺乏法律保护的用户就成为这场产业革命的第一批牺牲品，而资本披着技术的外衣，成为掠夺财富、肆意侵害用户权益、破坏市场规则的“坏人”。

在这场产业革命中，技术发展的快速性和立法滞后性之间产生的矛盾就需要伦理道德来加以调整。首先，产业发展到一定规模时，行业协会的自律规则成为伦理道德的重要表现方式，自律不仅能让行业不偏离发展初心，而且还能提高门槛，让市场“有德者居之”。其次，道德伦理应作为判断网络平台主体责任、社会责任和道德责任的重要标准。对个案伦理道德的考量将为日后立法打下基础。再次，对涉及内容标准、新产业影响、青少年权益保护和消费者权益的新产业，政府和协会应建立道德伦理委员会，对利用新技术的市场逐利行为加上“软约束”。最后，应加快信用体系建设，对违反诚信甚至违法违规的平台企业，要设立诚信的“围栏”，使用道德诚信与遵纪守法并行的两套市场治理手段，加快信用跨部门的联合惩戒系统建设。

网络技术发展带来的新挑战

互联网发展进入新时期，信息技术正加快与互联网深度融合的步伐。人工智能与算法、大数据、云计算、区块链、5G、万物互联等一系列新的技术变革，在推动网络综合治理体系现代化进程中，作用巨大且前景广阔。2021 年，我国的人工智能、云计算、大数据、区块链、量子信息等新兴技术跻身全球第一梯队。①

一、人工智能与算法推荐

（一）人工智能发展状况

习近平总书记在主持中共中央政治局第九次集体学习时强调："人工智能是新一轮科技革命和产业变革的重要驱动力量，加快发展新一代人工智能是事关我国能否抓住新一轮科技革命和产业变革机遇的战略问题。"② 从技术发展趋势来看，人工智能是众多技术的最终诉求。③ 人工智能的发展对互联网有非常大的影响，而算法正是人工智能技术的核心。④

全球人工智能产业规模从 2017 年的 6900 亿美元，增长至 2021 年的 3 万亿美元。人工智能产业规模正在以超 30% 的复合增长率快速增长，并将

---

① 周科、印朋：《2021 年我国"5G + 工业互联网"在建项目超过 1800 个》，载光明网，https://m.gmw.cn/baijia/2022 - 11/15/1303195878.html，2023 年 6 月 8 日访问。

② 《习近平主持中共中央政治局第九次集体学习并讲话》，载中国政府网，https://www.gov.cn/xinwen/2018 - 10/31/content_5336251.htm?cid = 303/ *，2023 年 6 月 8 日访问。

③ 彭小燕、王顺、陈家正等：《基于 OBE 理念的高校人工智能专业创新创业培养模式研究》，载《教育信息化论坛》2022 年第 2 期。

④ 王艺明：《人工智能时代劳动价值的挑战、风险与机遇——一个马克思主义政治经济学分析》，载《厦门大学学报（哲学社会科学版）》2023 年第 2 期。

有望在2025年突破6万亿美元的大关。从全球人工智能产业格局来看，美国处于全球人工智能的领导位置，中国紧随其后，之后是欧洲各国。2022年，中国企业占全球人工智能产业的22%，发展势头良好。①

人工智能产业是一个飞速发展的产业，全球人工智能呈现突飞猛进的发展态势，这对我国也提出了技术革新的要求。目前，我国正在加速进入智能社会，人工智能已经在医疗、制造、教育等多个领域实现技术落地，新产品、新技术的不断涌现，将推动人类生产生活方式、社会智能方式等的智能化改革。

从地方来看，我国各地也在不断加大对人工智能创新技术研发投入的力度，以推动人工智能的发展。例如，北京市积极打造人工智能产业新生态，已拥有全国近一半的人工智能领域的高层次学者，核心产业人才总规模超过4万人。在全国109家上市AI企业中，北京市占40家，其中累计37家人工智能独角兽企业，数量占全国的39%，居全国首位。上海市的人工智能技术呈现厚积薄发之势，围绕智能芯片关键核心技术领域，对标国际巨头企业，聚集了全国最多的智能芯片新创企业。另外，江苏省的人工智能领域核心企业超过1000家，人工智能相关产业规模超过2000亿元人民币。②

（二）算法发展状况

在推动人工智能快速发展的各项技术中，算法是人工智能的核心技术。在算法的统领下，无论是人工智能、大数据、物联网等技术，还是电子商务、人脸识别、精准营销等应用，或者是共享经济、元宇宙经济和关注度经济等商业模式，都是围绕着算法逻辑进行运作的，比如在智慧城市、智能制造、智慧医疗、智慧教育这些方面，算法提供了普遍适用的逻辑过程

---

① 《全球人工智能产业发展现状和趋势》，载搜狐网，https://www.sohu.com/a/678925646_121687414，2023年6月8日访问。

② 中国网络空间研究院编著：《中国互联网发展报告（2022）》，电子工业出版社2022年版，第16页。

和运行框架。主流互联网平台正以算法与数据相结合的方式提供互联网服务，进而将算法技术广泛应用于社会生活中。在电子商务领域，算法实现了在内容分发、广告发放、用户匹配、价格标记等商业应用中，帮助人们实现个性化购物，提供人工智能助手服务，以及进行诈骗的预防与提醒等。

（三）出现的新挑战

随着人工智能、深度合成技术的不断成熟，越来越多的企业和机构利用该技术提供语音合成、聊天向导等服务，给技术滥用提供了土壤。算法技术的复杂性与算法运行的隐蔽性也令社会公众警惕算法技术带来的威胁。算法作为一种技术，本身就是双刃剑，在满足商业需求的同时，也造成了各种侵害合法权益的乱象。

1. 算法黑箱

由于技术的复杂性、自动化决策的隐蔽性等因素，第三方往往无法知悉算法的真实目的、意图和运行机理等信息，因此带来算法黑箱这一问题。人工智能算法的“黑箱”特性导致算法治理困难，加剧了算法被资本利用的可能，给算法经济的发展带来一定的负面影响。近年来，算法黑箱特性的负面作用正在凸显，一些平台利用算法决策侵害受众权益的问题层出不穷，传统监管手段失效，极易引发监管机构的信任危机。

2. 算法歧视

算法歧视又被称为算法偏见，是指在人工智能自动化决策中，由数据分析导致的对特定群体的系统的、可重复的、不公正的对待。例如，近年来，某平台“砍一刀”却始终无法提现的活动以及大数据杀熟等都涉嫌算法歧视。而算法的机械性和稳定性使算法歧视问题具有系统性和反复性，一旦将包含歧视性的算法广泛运用于社会生活，随之而来的将是反复发生的系统性歧视，这将给社会生活带来诸多不良影响。

3. 算法垄断

算法的“黑箱”性质为算法垄断提供了助力。对于互联网行业来说，算法垄断促使经营者滥用数据、算法、技术、资本优势以及平台规则等，对其他经营者进行不合理限制，滥用市场支配地位，如拒绝竞争对手获得数据资源、设置“二选一”排他性条款等。而对互联网用户而言，平台通过各种手段收集用户数据，之后算法会根据用户数据进行画像，出于利益最大化，向用户呈现不同的价格或推荐，最终出现大数据杀熟等现象。

4. 隐私风险

由于商业利益的驱动，个人隐私容易受到侵犯。聚合类算法平台的算法推荐技术必须始终依赖用户数据，在收集和挖掘用户信息时，会触碰个人隐私底线。同时，算法的不透明加剧了用户隐私被侵犯的可能。互联网发展中可能会出现对个人数据的非法挖掘与过度收集，或通过不透明的计算方式、分析方法，违规使用用户隐私数据的情况。与传统的隐私遭受侵害的方式不同，算法对于用户隐私数据的获取及使用的这一过程具有更强的隐蔽性——用户很难及时发现，也缺乏自主改善能力。这不仅加大了用户隐私泄露的风险，还加剧了隐私管理的难度。

5. 内容去价值化与虚假信息

作为一项技术应用，算法推荐本身是中性的，但在技术中性的背后，还潜藏着推送者的价值导向。正是这种“流量至上”的单一价值导向，让推送者忽略了内容本身的真伪和善恶，最终导致劣质信息层出不穷。此外，流量算法推荐机制也助推谣言盛行。通常“网络谣言”轻松冲上热搜，“真实信息”反而得不到传播，大部分用户仍停留在虚假信息阶段，形成“造谣一张嘴，辟谣跑断腿”的现状难题。算法推荐服务提供者利用AI算法将谣言推送给用户，但对辟谣内容这类热度较低的信息，并没有加以人工干预以精准推送给接收到“网络谣言”的用户，忽视了对虚假信息进行的订正，造成造谣和辟谣热度存在天然的落差。

6. 信息茧房

算法推荐在现实生活中极易带来“信息茧房”的困扰。单纯针对用户偏好进行的个性化推荐往往容易加剧用户接触信息的同质化，让人们只看到自己想看到的东西、只听到自己认同的观点，最终变成一个只能听到自己声音的“密室”。这导致公共信息的传播、社会意见的整合、社会共识的形成，变得日益困难。

7. 用户权利保护

现实生活中，网络游戏抽奖概率不明、网络消费促销规则繁复、网络搜索竞价排名推荐、刷好评隐差评使评价结果呈现失真、平台采用算法限制交易等侵害用户权益的行为，屡禁不绝，备受诟病。这对用户权益的保护及正常社会秩序的维护而言，都是一种破坏。但由于互联网领域中算法应用具有技术性和隐蔽性，用户与消费者维权往往存在举证难、鉴定难等问题，都很难通过个体力量与之抗衡。

二、云计算

（一）发展状况

云计算具有超大规模、虚拟化、高可靠性、通用性强、高可伸缩性和成本低廉等优点。在我国，云计算市场从最初的十几亿增长至目前的千亿规模，行业发展迅速。目前，中国云计算应用范围持续扩大，云计算市场规模保持高速增长，建设投入力度不断提高。中国大陆的云基础设施服务支出同比增长 21%，2022 年第一季度达到 73 亿美元。[①]

公有云市场规模已成为云计算的主要市场，随着云计算在企业数字化转型过程中扮演越来越重要的角色，中国公有云 IaaS（基础设施即服务）发展活力旺盛，占 70% 以上的公有云市场。受新冠病毒感染影响，线上业务发展迅速，SaaS（软件即服务）市场规模稳定增长，占 20% 以上的公有云市场。随着数据库、中间件、微服务等服务的日益成熟，PaaS（平台即服务）市场规模仍保持较高的增速，占据约 10% 的公有云市场。[②]

从行业角度来看，当前中国云计算的主要用户集中在互联网、交通、

---

① 中国网络空间研究院编著：《中国互联网发展报告（2022）》，电子工业出版社 2022 年版，第 31 页。

② 同注①。

物流、金融、电信、政府等领域。近年来，各行各业的数据量激增，更多领域开始利用云计算技术挖掘数据价值。虽然互联网行业仍然处于主导地位，但是交通物流、金融等行业的云计算规模也占据了重要地位。

经过近几年云计算技术的迭代发展，中国云计算整体市场格局已趋于稳定。2022 年第一季度，中国市场排名前四位的云服务供应商分别是阿里云、华为云、腾讯云和百度智能云，其市场份额分别为 36.7%、18%、15.7% 和 8.4%。具体而言，阿里巴巴集团旗下的阿里云已成为全球第三、亚洲第一的云服务供应商。华为提出“云云协同”策略，不断探索华为云、华为终端云、华为流程 IT 云协同的创新服务。腾讯云的发展优势来自腾讯在社交、游戏、音视频、金融领域的长期积累，能够提供更符合行业特点的解决方案。尤其在金融领域，腾讯提出的“1+4+5”金融云架构，为金融业提供了合规、安全、创新的云服务。百度凭借其在人工智能领域的技术优势，推出云智一体化的智能云，近几年其在智慧金融、智慧能源、智慧医疗、智慧城市、工业质检等领域的影响力较高。①

（二）技术带来的挑战

云计算在快速发展的同时，在技术方面也存在不少的挑战，具体如下所述。

1. 中心部署结构不合理

资源利用率整体较低，在规模结构方面，中国大规模数据中心的比例偏低，目前尚未实现集约化、规模化的建设。

2. 云服务能力亟待提高

国内云计算服务能力与欧美国家还存在较大的差距，公共云计算服务业的规模相对较小，业务也比较单一，配套资源匮乏，配套环境建设落后。②

3. 数据安全与隐私问题

在云计算系统中，用户数据存储在云端，如何确保无线互联科技网络

① 中国网络空间研究院编著：《中国互联网发展报告（2022）》，电子工业出版社 2022 年版，第 31 页。
② 周瑾：《“云计算”环境下电子商务企业应用研究》，载《济宁学院学报》2014 年第 1 期。

地带用户的数据不被非法访问和泄露，是系统必须要解决的两个重要问题。

4. 核心技术掌握不够

芯片产业一直是中国科技产业尤其是信息通信技术产业的软肋，长期受制于人。在云计算领域，芯片产业仍是重中之重，处于云计算产业的上游位置。芯片的自主可控能力直接影响着云计算产业的自主可控水平，而囿于我国芯片产业整体发展较为薄弱的境况，我国云计算产业上游芯片的自主研发能力与发达国家相比，仍有一定的差距。①

5. 标准的缺失

标准的缺失主要体现在以下两个方面。一是互操作性标准。各个云计算服务商相互之间没有形成统一的标准，服务商按照自己的标准提供服务，从而造成不同云计算平台之间的不可互操作，直接影响了云计算的大规模市场化和商业应用。二是商业指标标准。每个云平台都有基于各自平台的标准体系，用户在选择云计算时，往往因为没有可供参考的体系而存在选择困难。此外，没有明确可比的商业指标对于云服务提供商也有很大的弊端，云平台的盈利可能因此下降。②

三、区块链

（一）发展现状

全球区块链产业规模高速增长，应用场景不断拓展。根据互联网数据中心（IDC）的数据，2020 年全球区块链市场规模稳步增长，达到 43.11 亿美元，③ 中国在区块链市场的项目数量仅次于美国。在新基础设施背景下，区块链基础设施建设将继续提速，与工业互联网等新技术融合趋势逐渐显现，有望促进数据要素流通，赋能数字经济，深化与实体经济的融合。

---

① 国务院发展研究中心国际技术经济研究所：《中国云计算产业发展白皮书》，2019 年 10 月发布。

② 同注①。

③ 华经产业研究院：《2021—2026 年中国区块链行业市场深度分析及“十四五”规划战略分析报告》，2021 年 2 月发布。

目前，我国区块链技术架构趋于稳定，围绕产业区块链场景实际需求，相关技术朝着高效、安全、便捷的方向持续演化。[①] 国内相关企业推出大量区块链应用项目，通过应用于适配程度高的具体场景，探索区块链技术落地。据统计，2021 年我国区块链应用落地项目共计 336 项，其中政务服务及金融是区块链项目落地最多的领域，司法、民生、工业、农业、交通领域的区块链项目研究也较为活跃。[②]

（二）存在的新问题与挑战

区块链产业作为第四次工业革命中的新兴产业，在发展中难免会遇到一些问题和挑战，具体如下所述。

1. 顶层设计规划需完善，基础设施建设仍有不足

就我国目前已出台的主体政策而言，区块链产业发展的具体实现路径、方向指导、责任单位仍未明晰，顶层设计仍有待进一步完善。从基础设施来看，尽管目前国家级基础设施区块链服务网络、星火链网等相继涌现，但其覆盖范围有待增强，同时跨链间互联融合仍显不足，产业应用也较为局限。

2. 关键技术尚未突破，行业标准引领水平有待增强

就关键技术端而言，区块链技术仍有较大的提升空间。除了本身的技术脆弱性，其异构多链的跨链体系、链上链下协同技术、隐私密码技术等仍有待发展，尤其是在当下热门的金融应用侧，如何在隐私保护和数据共享的前提下，实现联盟链分布式、穿透式监管技术框架体系，仍有难度。

3. 应用范围存在局限，商业应用范式有待创新

目前，区块链可供大规模商业推广的应用案例还存在不足，尚未出现知名现象级应用。从商业角度而言，其更多地关注模式创新、组织结构创

---

① 中国网络空间研究院编著：《中国互联网发展报告（2022）》，电子工业出版社 2022 年版，第 31 页。

② 赛迪区块链研究院：《区块链产业增长强劲 成为数字经济发展新引擎》，载中国经济网，http：//www. ce. cn/cysc/tech/gd2012/202206/21/t20220621_37780976. shtml，2024 年 6 月 7 日访问。

新与治理体系的创新，区块链自身特有的弱中心化、多元数据共享共治等分布式理念与现有的商业社会相悖，这也给区块链与实体的融合应用带来了较大的阻碍。

4. 监管制度尚未健全，治理模式仍在探索

由于区块链具有用户匿名化、信息不可篡改的特点，所以确保链上行为和数据的真实有效，确保智能合约的合规、安全，以及确保系统实现可持续发展，是当下区块链监管需要面对的重要议题。但也应注意，作为一项新技术，过多的监管会导致技术失去应用活力。

四、5G

（一）发展现状[①]

习近平总书记指出，“要加强战略布局，加快建设以 5G 网络、全国一体化数据中心体系、国家产业互联网等为抓手的智能化综合性数字信息基础建设”。[②] 与 4G 相比，5G 具有更高的速率、更宽的带宽、更高的可靠性、更低的时延等特征。近年来，我国 5G 发展取得显著进步，5G 网络建设规模全球最大，成为全球首个基于独立组网模式规模建设 5G 网络的国家。5G 应用场景不断拓宽，截至 2022 年 6 月，累计建成开通 5G 基站 185.4 万个，5G 基站占移动基站总数的比例超过 16%，总量占全球 5G 基站的 60% 以上。中国 5G 覆盖率同样全球领先，5G 基站密度达到每万人 10.7 个，5G 网络已覆盖全国所有地级市、县城城区及 90% 以上的乡镇镇区，并逐步向有条件、有需求的农村地区推进。[③]

笔者认为，未来 5G 改变最大的领域将是电子商务行业，既包括平台型电商，也包括社交电商。其中，从社交电商现状看，主要体现为以下三种

---

① 朱巍：《5G 时代的电子商务》，载《方圆》2019 年第 11 期。

② 习近平：《不断做强做优做大我国数字经济》，载中国政府网，https://www.gov.cn/xinwen/2022-01/15/content_5668369.htm，2023 年 6 月 7 日访问。

③ 中国网络空间研究院编著：《中国互联网发展报告（2022）》，电子工业出版社 2022 年版，第 25 页。

模式：一是基于人脉分享的电商模式；二是基于平台技术的电商模式，如短视频、兴趣点（POI）、朋友圈等模式；三是基于操盘手团队计酬的模式。其中，90% 以上的社交电商市场是被第三种模式即操盘手团队计酬所控制。社交电商操盘手模式的法律风险很大，因为他们卖的是模式而非商品。操盘手模式有如此大的法律风险，从业人员却依然趋之若鹜，其主要原因在于这种团队产生的用户“裂变”速度最快，如被查处的“花生日记”竟然在短时间内出现了 50 多个层级，相信任何一款产品都抵不过这种“爆款模式”。这种裂变基因在于团队计酬的层级，或明或暗，都是操盘手赖以生存的法则。在这类模式下，似乎任何产品都能套入其中，通过复杂的商业模式，完成层级建设，依靠返利和人头获取高额利益。而 5G 将在技术上彻底改变这一切，主要有以下三个原因。

第一，平台经济将被云经济代替，所有的数据、计算、存储、应用、人脉和流转均源自云端。5G 应用将使云服务的重要程度变得前所未有，交易机会和创新成本将不会出现成本门槛问题，因为这都体现在数据和人工智能的应用上，所以商业问题将彻底转变成技术问题。

第二，物联网成为电子商务的基本平台。5G 时代将不会存在纯粹的电子商务平台，或者说，任何与云有关系的平台都有电子商务的属性。这一点其实在 4G 时代后期已经初见端倪，未来要彻底颠覆，仍需 5G 的最后一击。在很大程度上，用户需要什么、选择什么、决定什么并非取决于用户的自我选择，而是更多地取决于数据的集合，用户自我选择的是算法，不是商品或服务本身。能够做到这一点的，只有万物互联。

4G 时代做到的是线上互联，大数据精准广告、竞价排行、算法推荐等，都是基于用户那 25% 的线上行为。而 5G 会将用户剩余的 75% 的线下行为数据化，再通过云端最终形成取代用户决定权的算法。例如，冰箱会结合食物存储情况、偏好、健康检查，甚至减肥计划和孩子的饮食状况，代替用户直接下单到一家主人经济收入足够承担的农场作物。这个冰箱甚至能够通过人脸识别功能向主人报告是否有外人来过，更能够明确拒绝年幼的孩子半夜偷吃冰激凌，甚至能通过主人的可穿戴设备传达的数据，为其安排不含咖啡因的饮料。当然，发生的这一切购买行为，均不会通过移动端或 PC 端的电商平台，而是会通过无处不在的云端服务实现。①

第三，5G 将是互联网违法行为的终结。所有行为和身份数据通过 5G 建立起来的云端，以区块链建立起信任和可溯源机制，配合万物互联的基础建设，可以让传统坏人无可遁形。例如，4G 时代下，监管部门对一起传销行为的查处往往需要数个月，甚至更长的时间，但其中绝大部分时间耗费在调查层级和涉案人员方面。5G 时代下，这种情况则有所不同，所有行为均可相互验证，均可溯源，线上线下商业印记是“踏雪有痕”。未来涉众传销等社交电商与生俱来的基因将被完全记录，如果那时还存在这类犯罪行为，那么监管部门可能只需要几分钟，② 就可以通过“AI + 大数据 + 区块链 + 云端”的手段，将犯罪行为中的所有人员组成、资金流转、公司主体、涉众范围等内容进行精准抓取。

总而言之，5G 的到来是互联网产业的再次革命，最先冲击的产业当属电子商务，最终能胜出的并不是掌握更多用户、更多资本和更好商业模式的电商平台或社交电商，而是云端，是基于云端的物联网、AI 和算法。③

（二）相关问题

尽管 5G 发展迅猛，但因存在时间较短，在一些方面还未完善，所以实践中仍有许多问题需要重视。

1. 总体覆盖率较低

在数量上，虽然我国已建成百万座 5G 基站，但对于辽阔的中国而言，要实现广覆盖还远远不够。在效能上，由于高频部署的 5G 宏基站信号在室内穿墙的时候，面临较大的链路损耗问题，所以其室内深度覆盖能力有限。在应用方面，5G 融合应用还没有形成稳定的产业生态链，没有探索出合适的商业模式。目前的合作模式仍是以运营商牵头为主，迫切需要各方协同合作。

---

① 朱巍：《5G 时代电子商务会是什么样子》，载《检察日报》2019 年 6 月 12 日，第 7 版。

② 朱巍：《5G 时代的电子商务》，载《方圆》2019 年第 11 期。

③ 同注①。

2. 运营成本极高

5G由于划分频段更高，存在覆盖能力小、单站能耗大两个问题，这也导致其运营成本极高，价格压力辐射技术使用人群。例如，通信领域中三大运营商的5G套餐，相比于4G的费用高出不少，让不少用户望而却步。

3. 需求不迫切

找不到应用场景，需求不迫切，导致5G消化成本成为难题。例如，在工业互联网领域，很多企业还处于工业2.0向工业3.0过渡的阶段，工业网络不能满足工业智能化发展的要求。而在投入5G技术改造前，需完成企业内部网络、生产设备和生产线的改造。目前，很多工业企业尚未达到5G应用的条件，实施需求并不迫切。

4. 安全隐患

5G网络的普及使安全问题日益凸显。例如，在通信领域，随着连接网络的物联网设备的增加，5G网络比前几代蜂窝网络具有更大的攻击面。此外，5G网络更加复杂，使识别和修复安全漏洞更具挑战性。供应链和软件漏洞也是一个问题，因为通常很难知道组件来自哪里以及它们是否被篡改。

5. 关键核心技术需持续攻关

目前我国5G芯片产业化程度尚不成熟，产业链上游半导体材料制备等受制于发达技术国家，芯片制造先进制程工艺整体落后等问题，威胁我国5G终端产业的发展。我国5G中高频器件在性能和产能上都存在一定的差距，相关市场均由国外科技巨头主导。

6. 行业应用创新支撑及商业探索仍需加强

目前5G终端行业应用创新支撑能力不足，融合应用5G、AI、大数据等新一代信息技术的行业应用能力开放、开发共性平台以及相关检测认证平台搭建处于起步阶段。面向教育、医疗、工业互联网、车联网等垂直行业的终端应用标准没有统一，互联互通、安全隐私等要求尚且无法保障。在终端行业应用商业探索方面，“5G+工业互联网”“5G+超高清视频”等行业级应用推广落地场景较多，但在“5G+车联网”“5G+智慧医疗”等垂直行业应用方面多以示范应用为主，尚未形成足够的市场影响力。①

五、物联网

（一）发展现状

从全球来看，物联网在各行业的新一轮应用已经开启，落地增速加快，物联网在各行业数字化变革中的赋能作用已非常明显。得益于外部动力和内生动力的不断丰富，物联网应用场景迎来大范围拓展，智慧政务、智慧产业、智慧家庭、个人信息化等方面产生大量创新性应用方案，物联网技术和方案在各行业的渗透率不断加速。全球互联网企业、通信企业、IT 服务商、垂直行业领军企业对物联网的重视程度持续提升，进一步明确了物联网在其整体发展中的地位。中国是物联网应用实践和创新开发最多的国家，中国在全球物联网产值中的占比为 1/4 左右。②

当前我国物联网应用正在向工业研发、制造、管理、服务等业务全流程渗透，农业、交通、零售等行业物联网集成应用试点也在加速开展。另外，消费物联网应用市场潜力将被逐步开发。全屋智能、健康管理可穿戴设备、智能门锁、车载智能终端等消费领域市场保持高速增长，共享经济蓬勃发展，“双创”新活力持续迸发。新型智慧城市全面落地实施将带动物联网规模应用和开环应用。全国智慧城市由分批试点步入全面建设阶段，促使物联网从小范围局部性应用向较大范围规模化应用转变，从垂直应用和闭环应用向跨界融合、水平化和开环应用转变。③

（二）发展中出现的问题

我国物联网产业的核心基础能力薄弱、高端产品对外依存度高、原始

---

① 卢梦琪：《5G 终端：新型消费与垂直行业加速渗透》，载《中国电子报》2021 年 9 月 24 日，第 6 版。

② 夏旭田：《世界物联网大会：中国物联网产值占全球 1/4，5G 用户占全球 85%》，载腾讯网，https：//cloud. tencent. com/developer/news/744456，2023 年 6 月 11 日访问。

③ 深圳达实智能股份有限公司：《达实智能：2018 年年度报告》，载新浪网，http：//money. finance. sina. com. cn/corp/view/vCB_AllBulletinDetail. php？ id = 5325129&stockid = 002421，2023 年 6 月 12 日访问。

创新能力不足等问题长期存在。此外，随着物联网产业和应用加速发展，一些新问题日益突出。

1. 产业整合和引领能力不足

当前全球巨头企业纷纷以平台为核心构建产业生态，通过兼并整合、开放合作等方式增强产业链上下游的资源整合能力，在企业营收、应用规模、合作伙伴数量等方面均大幅领先。反观国内，我国缺少整合产业链上下游资源、引领产业协调发展的龙头企业，产业链协同性能力较弱。①

2. 物联网安全问题日益突出

数以亿计的设备接入物联网，针对用户隐私、基础网络环境等的安全攻击不断增多，物联网风险评估、安全评测等尚不成熟，成为推广物联网应用的重要制约因素。

3. 标准体系仍不完善

一些重要标准的研制进度较慢，跨行业应用标准制定推进困难，尚难以满足产业急需和规模应用需求。物联网发展过程中，传感、传输、应用各个层面会有大量的技术出现，可能会采用不同的技术方案。如果各行其是，将导致各层面相互无法连通，既不能联网和形成规模经济，也不能形成整合的商业模式并降低研发成本。

4. 商业模式仍需探索

目前，在物联网发展层面，商业模式仍需探索。其一，其面临规模与成本之间的矛盾，即中国物联网的应用需求层次偏低，没有形成产业链，且物联网开发、集成、部署和维护的成本较高，在商业模式选择方面常常重视短期收益，而忽视市场长期的占有率、市场竞争力。其二，商业模式不完善不成熟。从整体上看，物联网产业的发展处于概念导入和产业链形成阶段，还存在重复投入、无序发展的问题。

---

① 刘冬兰等：《面向能源互联网的智慧物联体系全场景仿真检测系统设计与应用》，载《山东电力与技术》2022 年第 2 期。

数字经济发展的反思

全球互联网普及率正在不断提高，其中北美、欧洲的互联网普及率均在90%左右，而非洲互联网普及率仅为43.20%，[①] 全球互联网发展区域差距较为明显，世界进入全面数字化转型发展期。当前，世界百年未有之大变局正在加速演进，人类社会面临前所未有的挑战，世界发展进入新的变革期。俄乌冲突爆发，大国博弈升级，全球发展不稳定性和不确定性显著增加。意识形态斗争、网络战、舆论战持续演化升级，全球产业链和供应链发生深刻调整，各国竞相争夺网络空间国际话语权和规则制定权。但从总体上看，全球互联网仍然在曲折中前进、在竞争中发展。

一、数字经济推动全球增长

自新冠病毒感染出现以来，各地经济都受到冲击，越来越多的经济活动转移到线上，催生培育了智能终端、远程医疗、在线教育等新业态。世界主要国家和地区将数字经济作为促进经济复苏的首要选择，积极进行战略布局。例如，美国依托国际技术创新优势，持续巩固全球数字经济竞争力，争夺全球数字经济规则的主导权。欧盟积极发展核心数字技术，不断完善数字化生态体系建设，推广"欧式"数字治理理念，确立全球引领地位。[②]

1. 全球数字经济战略布局与落地实施同步推进

数字经济发展战略层级不断提升，诸多领域政策以顶层设计的形式陆续出台，数字经济发展战略焦点更加集中，数字技术、数据要素、融合发

① 《2022年全球互联网普及现状分析 北美互联网普及率最高「组图」》，载前瞻经济学人，https://baijiahao.baidu.com/s?id=1717929656623254303，2023年6月12日访问。

② 黄鑫：《数字经济"引擎"释放新动能》，载《经济时报》2022年12月16日，第6版。

展等成为战略重点。从世界范围看，数字经济发展战略加快落地，各国以多部门协作机制、发布指南与路线图等方式推动数字经济实施见效，同时数字经济发展战略主体日渐丰富，除发达国家外，新兴经济体也在加快进行相关战略布局。

2. 数字经济为全球经济复苏提供重要支撑

2021 年，测算的 47 个国家数字经济增加值规模为 38.1 万亿美元，同比名义增长 15.6%，占 GDP 的比重为 45.0%。产业数字化仍是数字经济发展的主引擎，占数字经济的比重为 85%，其中，第三产业数字化引领行业转型发展，一、二、三产业数字经济占行业增加值的比重分别为 8.6%、24.3% 和 45.3%。[①] 可见，发展数字经济已经成为现阶段全球经济复苏的共识。[②]

3. 中国、美国、欧盟形成全球数字经济发展的三极格局

2021 年，从规模看，美国数字经济蝉联世界第一，规模达 15.3 万亿美元，中国位居第二，规模为 7.1 万亿美元。从占比看，德国、英国、美国的数字经济占 GDP 的比重均超过 65%。从增速看，全球主要国家数字经济高速增长，挪威数字经济同比增长 34.4%，位居全球第一。[③]

二、社交化生态经济发展趋势明显

虽然主流新闻媒体仍是民众信任度最高的信息获取渠道，但是“社交媒体逻辑”已深度“内嵌”和“植入”新闻生产和公共信息的扩散与流动中，社交媒体入场成为新闻行业的重要“玩家”。例如，TikTok 和 YouTube 等视觉性社交媒体平台后来居上，逐渐成为年轻用户首选新闻来源的媒介，新闻短视频、新闻播客迎来“春天”，付费订阅稳步推进。跨国传媒公司，如澳大利亚的默多克新闻集团、美国的时代华纳公司等传媒巨头不断在世

---

① 中国信息通信研究院：《全球数字经济白皮书（2022 年）》，载中国信通院网，http://www.caict.ac.cn/english/research/whitepapers/202303/P020230316619916462600.pdf，2023 年 6 月 8 日访问。

② 黄鑫：《数字经济“引擎”释放新动能》，载《经济时报》2022 年 12 月 16 日，第 6 版。

③ 同注①。

界范围内寻求其商品市场，规模也日益壮大，[①] 导致大规模的新闻信息出现跨国流动，进而又加快了全球竞争化的步伐。

用户开始更愿意同时使用多个平台来获取内容。随着订阅型视频点播（SVoD）赛道越来越拥挤，流媒体大战已经进入了一个新的层面，尤其是在新冠病毒感染管控期间，迪士尼不选择在电影院播放《花木兰》等大片，而是以一次性收费的方式提供给“Disney +”[②] 的用户，这帮助其在运营的第一年就获得了超过 6000 万的用户量。

这一趋势主要来自 TikTok 的快速崛起。TikTok 通过独到的算法，能够观察到用户真正的、无意识的兴趣和喜好，这种兴趣和喜好是自发而非“追随”的，因为其推荐机制是根据用户行为（如观看时长、点赞、评论、分享等）确定的。在个性化推荐算法之前，不论是内容创作者，还是品牌平台，都需要以“吸粉”为第一目标去发展自己的社交媒体，因为追随者越多，内容被看到和转发的可能性才越大。因此，传统媒体包括电影、资讯、游戏和电商在内的产业，都向着社交平台发展，各大互联网巨头都在打造属于自己的网络生态经济。

三、我国数字经济存在的问题

整体来看，近年来，我国数字经济存在的问题主要体现为以下八个方面。

第一，数字经济增速放缓。在全球地缘局势紧张的影响下，我国数字经济的增长势头放缓。数据表明，2014—2018 年，我国数字经济的平均增速接近 20%；2019—2021 年，我国数字经济的平均增速为 13.8%，尤其是 2020 年，增速仅为 9.6%，较上一年下滑 5.9 个百分点。2021 年同比名义增长 16.2%，但与 2017—2018 年连续维持 20% 以上的名义增速、2002—2018 年实现了 208 倍的历史跨越相比，仍存在下滑趋势。[③]

---

① 于洋：《全球政治经济新动态对摄影专业的影响及对策》，载《文学教育（下）》2016 年第 7 期。

② “Disney +”是影视娱乐巨头华特迪士尼推出的 OTT 流媒体服务，旨在对标亚马逊、奈飞公司（Netflix）等旗下的流媒体。

③ 丁丹、王志伟、郭子钰：《警惕数字经济发展动能减弱》，载中国投资网，http://www.tzzzs.com/type_hgzc/46047.html，2023 年 6 月 8 日访问。

第二，头部数字平台企业市值下滑严重。截至2022年3月底，我国平台企业中市值排名前五位的依次是腾讯、阿里巴巴、美团、京东和网易，其中腾讯市值为4594亿美元，同比下降39.78%，阿里巴巴市值为2949亿美元，同比下降52.59%，美团市值为1228亿美元，同比下降46.32%，三者下降幅度均超过1/3。美国平台企业中市值排名前五位的依次是苹果、微软、谷歌、亚马逊和脸书，其中苹果市值为28 500亿美元，同比上涨38.96%，微软市值为23 110亿美元，同比上涨29.98%，谷歌市值为18 420亿美元，同比上涨32.23%，三者上涨幅度均超过1/4。[①] 由此不难看出，2021年中美互联网平台企业的市值差距越来越大。

第三，头部数字平台企业营收整体不高。营业收入方面，2021年度我国平台企业营收实现增长。其中，京东营业收入为1475.01亿美元，同比增长27.59%；阿里巴巴营业收入为1322.33亿美元，同比增长18.93%；腾讯营业收入为868.17亿美元，同比增长16.19%。美国平台企业中，亚马逊营业收入为4698亿美元，同比增长21.7%；苹果营业收入为3658亿美元，同比增长33.44%；谷歌营业收入为2575亿美元，同比增长41.21%。我国京东、阿里巴巴的营业收入均不足亚马逊的1/3，且我国前五大平台企业的差距较大，美团和网易的营业收入仅为277.61亿美元和135.79亿美元，我国前五大平台企业的平均营业收入不足美国前五大平台企业的30%。[②]

第四，头部数字平台企业利润出现持续下滑。在利润方面，2021年度我国平台企业利润下滑严重，其中美团和京东出现了净亏损。具体来看，美团亏损36.48亿美元，同比下降599.96%；京东亏损5.52亿美元，同比下降107.21%；阿里巴巴净利润为96.04亿美元，同比下降58.78%。美国平台企业中，苹果净利润为946.8亿美元，同比增长64.92%；谷歌净利润为760.33亿美元，同比增长88.81%；微软净利润为612.71亿美元，同比增长38.37%；亚马逊和脸书的净利润均超过300亿美元。我国前五大平台

① 丁丹、王志伟、郭子钰：《警惕数字经济发展动能减弱》，载中国投资网，http://www.tzzzs.com/type_hgzc/46047.html，2023年6月8日访问。

② 同注①。

企业的平均净利润不足美国前五大平台企业的 15% 。[①]

第五，头部数字平台企业营收结构侧重消费者业务。在收入结构方面，我国前五大平台企业更依赖电商、游戏、外卖等面向消费者的业务，企业营收仍集中在国内市场；美国前五大平台企业，则更依赖智能云服务、硬件服务和电商，面向更广阔的全球市场。[②]

第六，独角兽企业数量增长明显减速。无论是独角兽企业的新增数量，还是准独角兽企业的形成数量，我国都滞后于美国甚至印度。2018 年以来的中美贸易摩擦以及 2021 年年初以来的平台经济“强监管”政策都加速了新增独角兽公司数量的全球分化。2021 年，中国的新兴独角兽公司有 27 家，落后于印度的 32 家，同年中国新增独角兽企业仅 3 家，明显落后于美国的 132 家。我国在全球数字经济的竞争格局中，“不进则退”。[③]

第七，关键核心技术仍存在较大缺口。总体来看，目前我国关键技术领域创新能力不足，关键核心技术不能自主可控、关键领域核心技术受制于人的状况没有根本改变。我国仍面临大数据核心技术受制于人的困境，高端芯片、操作系统、工业设计软件等均是我国被“卡脖子”的短板。关键核心技术不能自主，在用新一代信息技术为实体经济发展赋能的过程中，一些产品的关键技术无法破解。

第八，数字经济发展不规范的问题突出。数字经济通常具有天然垄断性的特征，数字平台企业在经过竞争、兼并、淘汰等市场行动后，往往最终形成“一家独大”“赢者通吃”的市场格局，由此滋生市场垄断、税收侵蚀、数据安全等突出问题。例如，一些数字平台企业滥用市场支配地位，实施没有正当理由的掠夺性定价、拒绝交易、搭售等行为，滥用自主定价权，实施低价倾销、价格串通、哄抬价格、价格欺诈等，非法收集、使用消费者个人信息，进一步带来数据安全隐患。

---

① 丁丹、王志伟、郭子钰：《警惕数字经济发展动能减弱》，载中国投资网，http://www.tzzzs.com/type_hgzc/46047.html，2023 年 6 月 8 日访问。

② 同注①。

③ 同注①。

网络算法生态治理的新模式[①]

2021年9月17日，国家网信办等九部委联合发布了《关于加强互联网信息服务算法综合治理的指导意见》（国信办发文〔2021〕7号，本文以下简称《指导意见》）。这部旨在"管理好，使用好，发展好"网络算法应用的《指导意见》是我国首个多部委联合针对算法监管与发展的法律性文件，必将对自动化决策、个人信息保护、电商活动、新闻信息、舆情引导、网络秩序等方面的法治化治理发挥至关重要的作用。

《指导意见》分为四大部分，包括总体要求、健全算法安全治理机制、构建算法安全监管体系和促进算法生态规范发展，对算法应用的技术安全、制度保障、伦理责任、主体责任和生态化发展都作出了非常明确的要求。《指导意见》所称的"算法"并非仅局限于网络内容推荐和自动化决策领域，还包括电子商务、舆情安全、打击犯罪、技术创新、网络安全、数字孪生等多重领域，这些领域都被纳入算法监管范围。其中，在促进算法生态规范发展部分，还涉及价值取向、网民权利、知识产权保护、鼓励创新和确保安全等诸多方面，《指导意见》将其创造性地与网络生态管理融为一体。在网络生态大背景下，以安全保障创新，以创新促进安全，形成了算法生态规范相互依托、互为表里的四大关键点，即正确导向、公开透明、创新发展和防止滥用。

一、四大关键点的不同侧重方面

算法的正确导向体现在价值观层面，主要分为正确的政治方向、舆论

① 朱巍：《促进互联网算法生态规范发展四大关键点》，载《青年记者》2021年第21期。

导向和价值取向三方面。按照我国《网络安全法》第 12 条对网络信息合法性要求的相关规定，导向性正确既是算法的价值观取向，也是算法的合法性要求。《指导意见》基于合法性，在结合生态治理方面，提出了算法对“正能量”信息分发的准确性和有效性要求，这与 2019 年国家网信办出台的《网络信息内容生态治理规定》第 5 条“鼓励”制作、复制和发布网络信息的规定相比，可以看作内容生态治理在算法应用领域的新结合。

算法的公开透明体现在个人信息保护与网民自我决定权层面。算法公开是一个新命题，最明确的法律规定是《个人信息保护法》第 24 条规定。该法规定算法可能对“个人权益有重大影响决定的”，个人有权要求平台作出说明。可见，从《个人信息保护法》角度看，算法的公开有一定的限制性条件，并非网络平台主动公开。实践中，哪些领域属于对个人权益有重大影响的范围并不清晰，缺乏可操作性。算法需经过网民申请才能公开，从这个角度看，基于个人信息保护的算法公开应属于平台的被动公开，或依申请公开。《指导意见》在《个人信息保护法》的基础上，提出了算法公开的基本原则，即保护网民合理权益原则、公平原则和公正原则，其基本手段是督促平台进行及时、合理、有效的公开。值得注意的是，算法公开的具体内容并非程序本身，而是算法的基本原理、优化目标、决策标准等信息。换句话说，平台应将算法以网民“看得懂”的方式进行公开。平台对算法的主动公开，加之《个人信息保护法》依申请公开的规定，有利于共同形成多位一体的公开模式，让算法实现公开透明。

鼓励创新是算法规范发展的目标。算法创新属于技术创新，是计算机基础信息技术与经济社会相结合的创新模式。互联网大数据时代下，数据分析基础上的算法应用与人工智能技术是一个问题的两个方面，广义上都属于技术创新范畴。《指导意见》明确了算法技术与算法经济发展的大方向，即应与社会、经济各个领域深度结合，以算法应用提高社会经济整体发展，以技术变革带动社会经济治理发展。《指导意见》是我国首个将算法应用明确为技术创新的法律性文件，在此基础上，对算法研发的知识产权保护工作也势在必行。结合《著作权法》的相关规定，算法应用在著作权登记制度、商业秘密保护制度、产权登记制度等方面的发展，都应及时跟上。《指导意见》明确提出了增强算法核心竞争力的要求，将算法自主研发与我国互联网产业技术发展相结合，提升至产业革命中的核心竞争力高度。①

防范算法滥用风险是算法经济的底线。算法作为平台行为背后“看不见的手”，催生了不少网络乱象。例如，涉嫌垄断的电商平台对平台内经营者的“二选一”行为，就是通过算法决策的方式，强迫中小商家接受巨型平台的不合理要求。又如，网络短视频和直播中，有关低俗、媚俗和庸俗的作品通过算法自动化决策的方式进行推广，算法在违规作品推荐中起到了至关重要的推波助澜的作用。《指导意见》针对防范算法风险，从舆论安全、竞争秩序、网民权益、意识形态安全、经济发展和社会管理等多维度进行界定，初步构建起有关算法安全的法律框架。

二、四大关键点对算法生态的影响

在互联网生态体系中，算法起到的核心作用，主要体现在以下四个领域。

第一，自动化决策信息推荐领域。传统的网络服务提供者只提供网络存储、制作、发布、传播等功能，用户通过关注、搜索或门户推荐等方式获取信息源。在大数据时代下，海量信息的选择主体由用户转化成算法决策，即以大数据用户画像为基础，通过算法拣选推荐的方式提供给用户。从这个角度看，算法时代是信息选择用户，而非用户选择信息。

《指导意见》在生态治理方面，强化了算法的公开责任。除了满足用户的自我决定权，还强化了对网络正能量信息的算法比重，改变了算法侧重于迎合商业流量的做法，有助于进一步破除“信息孤岛”“信息茧房”等的负面效果，将算法真正变成与经济社会各领域相结合的创新力量。

① 杨茜：《新媒体内容文案架构与传统新闻写作技巧的异同》，载《声屏世界》2022年第6期。

第二，平台竞争秩序领域。算法经济的本质就是将商业价值与商业模式加以程序化运作的过程。算法加持下的平台经济体系中，算法已经成为巨型平台攫取垄断利益或通过算法应用进行不正当竞争的手段。例如，大平台生态经济体系下，利用算法对其他竞争者进行屏蔽、混淆、降权，对平台内经营者利用算法制约并强迫经营者进行“二选一”等行为。依靠算法实施不正当竞争行为的平台大多具有市场垄断地位，因此算法竞争秩序在当下也成为平台反垄断的重要规制范围。

《指导意见》特别将市场竞争秩序与传播秩序、社会秩序、舆论秩序等一并列入算法秩序的法治范畴。算法监管在未来反垄断与反不正当竞争执法过程中，将起到越来越重要的作用。按照《指导意见》将算法应用纳入知识产权保护的角度看，平台竞争中的算法公开问题，可能关涉知识产权、平台竞争和商业秘密等相互博弈的过程。算法公开的披露程度、界限和范围等具体规定，也需要监管部门另行出台相关具体规定。

第三，舆情安全领域。算法推荐的信息对舆情的产生、发展、引导，将起到至关重要的作用。从目前实践看，算法技术运用到舆情，可以在网络辟谣、时政类新闻传播、权威信息源发布、舆情介入与引导等方面发挥比较重要的作用。同时，算法推荐的唯流量化、唯商业利益化等做法，也让算法推荐的流量对社会稳定、舆情安全和公共利益造成了不小的损害。

《指导意见》对舆情信息传播的规定，集中体现在传播算法导向和风险治理这两个关键点上，从正反两面将算法对网络信息传播的影响作出了明确规定。一方面，算法推荐以加强正能量传播、弘扬社会主义核心价值观和引导算法“向上向善”作为主要目标。另一方面，《指导意见》针对算法可能带来的技术隐患也进行了规制，并结合《网络安全法》等相关规定，依法对算法的价值观和法律底线予以明确。

第四，个人权利保护领域。从算法应用的最终对象来看，广大网民是算法适用的直接对象。网民权利中涉及算法的主要有人格尊严权、自我决定权、隐私权与个人信息保护、知情权、查询权等，涉及《民法典》《消费者权益保护法》《个人信息保护法》等多部法律。网民的这些权利基础在网络实践中很多都是通过算法的方式表现出来，如对某款商品或服务的选择推荐、对感兴趣内容的拣选决策、对个人兴趣点的设置偏好等。

《指导意见》将网民权利作为算法合法性基础之一，这样的规定无疑是非常先进的。不过，算法侵权的认定前提是需要算法公示，网络平台并不是简单地对算法程序代码予以公示，而是通过算法模型的解释达到公示的效果。在此类侵权案件中，关于算法技术的举证责任，究竟属于平台，还是属于用户本身，在诉讼法中仍是尚未明确的问题。

三、数字孪生时代算法规范的意义

从产业互联网角度看，数字孪生是已经到来的时代。这次《指导意见》是九部委联合发布的，其中包括工业和信息化部与科学技术部，这意味着此次算法规制的对象除了传统信息网络，还应包括工业互联网和产业互联网。从《指导意见》中有关算法与社会、经济各领域深度结合的规定来看，关于数字孪生算法的应用也是其应有之义。

工业互联网数字孪生的主要表现方式就是数据的可视化、数字仿真技术、产业的数字化变革等。算法在数字孪生中扮演着至关重要的角色，既包括运用人工智能的演算模式，也包括数字映射的决策判断，还包括现实世界与虚拟世界的修正重组。

《指导意见》将算法全面纳入知识产权保护范围，其本质是算法的产权化，这对工业互联网和产业互联网数字孪生的技术变革将起到关键性作用。相比之下，大数据产权尚未被明确为知识产权，即便是《个人信息保护法》《民法典》等相关法律，也仅涉及数据中个人信息权利归属问题，鲜有涉及数据产权问题。因此，《指导意见》对算法产权的明确规定，算得上是我国数字孪生法治化时代的关键一步，下一步也许仍需要明确数据产权。只有让算法与数据产权齐头并进且予以明确化，才能让数字孪生在我国互联网产业变革中发挥出更大的作用。

算法的主体责任类型

2022年3月1日，国家网信办等四部委联合发布的《互联网信息服务算法推荐管理规定》（本文以下简称《算法推荐规定》）正式施行。其与之前的相关立法集中在特殊行业、主体、行为或责任等方面不同，该文件主要针对的是算法技术，重点在于界定算法主体责任范畴。这部新法不仅是算法技术法治化进程的重要指引，还是配合《个人信息保护法》《电子商务法》等法律在算法判定方面的解释与指南。[①]

有观点认为，大数据时代中“数据为王”，但笔者认为这种理解存在一定的偏差。如果将数据比作网络时代的石油，那么算法就是将原油提炼出来的渠道，就是将成品油最终运用于汽车等工业产品的技术。《算法推荐规定》就是要确保加油过程的安全，确保这些易燃易爆油品不被坏人用作放火工具，确保每个加油站都应以安全优先，确保消费者获取油品价格、机会和渠道的公平性。从这个角度看，大数据时代下，实际上是“算法为王，数据次之”。

《算法推荐规定》首次明确了算法安全主体责任，其中特别规定平台应“制定并公开算法推荐相关服务规则”，这也是世界范围内首次明确平台公开算法规则的制度。从性质上看，算法属于知识产权中的商业秘密，但从运作规则和表现方式上看，算法属于网络服务与行为规则。用户有权知道具体运作规则，特别是涉及与其自身相关联的网络行为数据、内容推荐、商品选择等个人信息时，这种内在运行规则就应被纳入知情权范畴。如同

---

① 朱巍：《治理算法为互联网价值观纠偏》，载新京报网，https：//www.bjnews.com.cn/detail/163023774014049.html，2023年6月15日访问。

可口可乐配方因属于商业秘密而必须在销售时将相关配料在包装上体现出来一样，算法也应以适当方式加以公示。《算法推荐规定》明确规定平台应以“适当方式”公开算法推荐服务的类型，包括基本原理、目的意图、运行机制等方面。

互联网具有天然的大众传播属性，一些内容会涉及公众知情权、公共利益和国家安全等问题。为此，针对具有舆论属性和社会动员能力的算法，《算法推荐规定》要求应依法进行安全评估和备案。根据《网络安全法》以及2018年国家网信办和公安部联合发布的《具有舆论属性和社会动员能力的互联网信息服务安全评估规定》的要求，将算法纳入评估范围，可能涉及论坛、微博、短视频、直播、公众号等多类别的产品和服务。

算法治理的难点在于如何平衡自动化与人工干预之间的关系，而《算法推荐规定》将算法干预分为三个层次。其一，用户有权关闭算法推荐模式，平台应为用户提供选择、删除或修改用户标签的渠道。《算法推荐规定》出台后，极大地提升了用户对互联网内容自主选择的权利，也在一定程度上减少了平台通过算法对用户设置精准广告、精准营销来获得利益的行为。其二，在算法推荐页面加强生态管理，如在热搜、榜单、弹窗、首页等区域，应“积极呈现”主流价值导向的内容。热榜被“饭圈”等泛娱乐化霸占的局面，未来或许能得到有效遏制。其三，《算法推荐规定》给未成年人提供了更大的算法保护。该规定对孩子的特殊保护，主要体现在反网络沉迷、禁止诱导孩子实施危险行为、禁止向孩子传播违反社会公德和不良嗜好的行为等方面。这些有关算法干预的新规定，都是夯实平台履行主体责任的要求，是网络法治化的必经之路。

从商业利益角度看，“算法为王”不能被滥用，商业道德和法律底线必须得到严格遵守。《算法推荐规定》再次明确大数据杀熟属于违法行为，这与《个人信息保护法》的规定保持一致，都是强调数据与算法永远不能被当作不良平台“割韭菜”的工具，也不是利用用户数据进行价格歧视的工具。

从互联网市场竞争角度看，“二选一”“自我优待”“流量造假”“流量劫持”等行为的背后都有算法的影子。算法好比双刃剑，在促进网络技术发展的同时，也存在被滥用的风险。特别是长期以来，算法一直被认定为技术和商业秘密，隐藏在不正当行为之后。《算法推荐规定》就是要揭开技术的面纱，做到全方位嵌入式监管，发挥互联网技术功用，减少技术糟粕。

根据用户网络行为的数据分析，对应呈现的“数据画像”“兴趣点”等模式，是平台搜集用户数据并进一步挖掘商业价值的重要方面。根据这些大数据展示的“标签”，平台既可以通过精准营销向用户推送商业信息，也可以依据用户偏好推送相关内容，还可以通过数据分析来引发、引导和转移社会舆论。从这些角度来看，数据分析、“兴趣点”等模式属于平台的核心商业价值范围。《算法推荐规定》明确要求，平台不得将违法信息和不良信息作为关键词计入用户标签，更不得向其推送相关内容。平台想留住用户，获得更多的流量，不能仅依靠对个别用户低俗需求的满足，而是要积极鼓励创新，创作和传播具有积极社会价值的作品。

从实践来看，很多低俗、庸俗和媚俗的短视频和公众号的内容最容易形成爆款，其很难根治的核心原因不仅在于内容生产本身，还在于算法的推波助澜。有什么样的算法，就有什么样的内容，有什么样的用户，就会出现什么样的算法。这种算法、人群与内容之间相互影响的逻辑关系，将被算法本身彻底打破。低俗不能成为爆款的标签，黑红不应红，更不能红，算法的价值观和方法论不能游离于现实法治之外。

再进一步讲，互联网既产出价值，也输出价值观。价值观源于网络内容，内容依靠传播；算法不仅决定传播，还影响内容生产。因此，“构建网上网下同心圆”的重点，就在于对算法的治理工作，只有让好的作品广为流传，让不良信息无人问津，才能更好地凝聚社会共识，防止互联网价值观发生偏移。

涉及算法的判例梳理和分析

一、国内司法案件概况

为了解司法实践中与算法有关的民事纠纷情况，笔者在中国裁判文书网上进行了简单的检索。本次检索以“算法”和“自动化决策”为关键词，以“网络服务合同纠纷”“网络侵权责任纠纷”和“知识产权与竞争纠纷”作为案由进行检索，在检索结果中剔除不符合条件以及重复的裁判文书后，共挑选出41份与本文主题相关的裁判文书。虽然这种简单的检索方法可能并不足以涵盖全部算法纠纷案件，但是通过这样一种中立、客观的检索方式，也能够对司法实践中的算法纠纷有一个概括性的认识。

（一）案件总体情况概述

在案由方面，41个调研样本的案由分布较广，涉及网络侵权责任纠纷、网络服务合同纠纷、侵害作品信息网络传播权纠纷、侵害商标权纠纷、不正当竞争纠纷和著作权许可使用合同纠纷。具体数量分布见表3－1。

表3－1　41个调研样本的合同纠纷的具体数量

案由名称	数量/个	占比
网络侵权责任纠纷	5	12.19%
网络服务合同纠纷	3	7.32%
侵害作品信息网络传播权纠纷	10	24.39%
侵害商标权纠纷	4	9.76%
不正当竞争纠纷	18	43.90%
著作权许可使用合同纠纷	1	2.44%
总计	41	100%

在受理法院方面，则呈现两极分化的局面，超过半数的案件由北京和杭州两地的法院审结，这从侧面反映出算法纠纷与当地互联网行业的发展水平成正比。具体分布情况见表3－2。

表3－2 41个调研样本的地区分布情况

地区	数量/个	占比
北京	18	43.90%
浙江	8（均在杭州）	19.51%
上海	1	2.44%
江苏	6（南京1，苏州2，徐州2，连云港1）	14.63%
广东	3（深圳2，东莞1）	7.32%
福建	1（均在福州）	2.44%
河南	2（均在郑州）	4.88%
陕西	1（均在西安）	2.44%
四川	1（均在成都）	2.44%
总计	41	100%

（二）网络平台运用算法进行平台治理

网络平台对网络空间享有一定的管理权限，具体方式是平台通过与用户签订用户服务协议，约定平台与用户的权利、义务和责任，以对用户的行为进行规制，维护网络秩序，促进平台有序运营。由于网络用户的数量非常庞大，网络平台常常利用算法技术对用户行为进行监测，从而达到治理网络空间的目的。法院通常认可用户服务协议的效力，尊重网络平台的治理方式。但是，与国家公权力类似，网络平台的治理行为在一定程度上也会约束用户的行为。因此，网络平台的治理权限也应当受到限制，不得对用户服务协议进行随意解释。

在毕某诉美团点评网络侵权责任纠纷一案[①]中，美团点评的算法系统监测到该用户的账号存在异常的点赞行为，判定该用户制造虚假的社交数据，从而依据《美团点评用户诚信公约》等协议对该用户作出处罚。二审法院

① 上海市第一中级人民法院民事判决书，(2021) 沪01民终681号。

认为，美团点评既然主张用户制造虚假的社交数据，就应当对用户行为承担举证责任，以证明平台的处罚合法有据，但美团点评未能就用户的上述行为完成举证，且未能举证用户的异常点赞行为将会直接造成何种实质影响或重大威胁，故美团点评对该用户作出的处罚难以合法。此外，一审法院和二审法院均指出，美团的算法模型存在瑕疵，可以通过设置预警、设定上限等方式控制用户的点赞行为，处罚仅宜作为最后手段。在曾某雯诉豆瓣阅读著作权许可使用合同纠纷一案①中，法院同样认为网络平台应承担通过算法判定用户行为异常违规的举证责任。由此可大致推测，网络平台对用户行为的处罚类似于行政处罚，要求有充分的事实依据和明确的法律依据，且举证责任均由作出处罚的一方承担。

在许某泉诉阿里妈妈网络服务合同纠纷一案②中，法院对平台通过算法进行自动化决策的合规性提出了几个要点。本案中，平台在数据抓取过程中判定用户的推广行为存在流量异常，随即冻结其佣金17万元人民币。法院认为，平台有权判定用户的行为异常并采取治理措施，但是在平台自动化决策的过程中，应当公开透明，事先披露治理机制、管理规则以及相关技术原理。同时，用户也有权对自动化决策提出质疑和申诉，③ 要求平台对算法逻辑构造作出合理解释。而算法逻辑演算过程具有很强的专业性，杭州互联网法院在本案中引入了第三方专业机构进行算法演算，专业技术人员需要出庭接受质询，专业技术分析和司法审查相互独立，不能互相替代，否则会影响司法权威和司法公正。

但是，关于平台公开算法技术的问题，不少平台在用户服务协议中规定算法是商业秘密，不予公开。在俞某林诉淘宝网络服务合同纠纷一案④中，法院明确驳回了用户要求平台公开算法逻辑的诉讼请求。同样，《最高

---

① 北京市朝阳区人民法院民事判决书，（2021）京0105民初479号。
② 杭州互联网法院民事判决书，（2020）浙0192民初3081号。
③ 叶宣含：《数据自由和算法保护》，载《理论月刊》2022年第7期。
④ 浙江省杭州市中级人民法院民事判决书，（2020）浙01民终5101号。

人民法院关于审理侵犯商业秘密民事案件适用法律若干问题的规定》（法释〔2020〕7号）第1条规定，算法属于技术信息类商业秘密。这样一来，现有规则就与许某泉诉阿里妈妈网络服务合同纠纷一案中的审查标准发生冲突，而平台如何在保护商业秘密的同时，做到披露算法技术，值得考虑。笔者认为，商业秘密和可公开的算法技术之间需要厘清明确的界限，如区分算法推荐服务提供者和一般网络服务提供者，明确公开算法技术的程度等。

（三）网络平台或用户利用算法侵害第三人权利

作为一项中立的技术，算法既可以积极地作为网络平台治理的技术手段，也可以被网络平台或用户利用，侵害他人的合法权益。

一种情况是算法本身致人损害。在何某诉叨叨记账网络侵权责任纠纷一案[①]中，涉案软件表面上是信息存储空间服务的提供者，角色名称、图片、视频、音频、语料等内容均由用户提供，但单靠用户上传的内容是无法达到软件预设效果的，还必须有涉案软件的算法设计参与其中，将用户上传的内容聚合成一个完整的角色，从而呈现AI角色个性化、生动化的互动内容。法院指出，当网络服务提供者应用的算法直接服务于内容组织生产的基本规则时，网络服务提供者应视为内容服务提供者。故叨叨记账平台为内容提供者，承担直接侵权责任。

另一种情况是算法技术的漏洞也可能致人损害。在蚂蚁微贷诉企查查商业诋毁及不正当竞争纠纷一案[②]中，企查查通过抓取国家企业信用公示信息系统的数据向用户推送企业信息，但由于技术瑕疵，推送了关于蚂蚁微贷错误的清算组成员信息，导致用户产生信赖错误，构成不正当竞争。法院指出，涉及企业清算、破产等重大负面信用信息，互联网征信机构应当建立差别化的技术处理原则，通过改进算法技术、数据复核、交叉验证等手段，提高数据推送质量，避免因不当的信息推送行为给企业带来重大的负面影响。[③]

① 北京互联网法院民事判决书，（2020）京0491民初9526号。
② 浙江省杭州市中级人民法院民事判决书，（2020）浙01民终4847号。
③ 郭彤、王超：《公共数据商业化利用的合法性边界》，载《人民司法》2022年10月15日。

类似的情况还发生在算法推送的场景中。在刘某莉诉快手网络侵权责任纠纷一案[①]中，因快手平台算法自动推送的视频含有侵害用户名誉权的内容，故法院认为快手平台可以通过自动抓取等技术手段，监管具有明显侮辱性的言论，并对此应当加以屏蔽或删除，故应当与侵权人承担连带责任。在通知删除规则中，算法推荐服务提供者和一般网络服务提供者的注意义务是不同的，如爱奇艺诉字节跳动侵害作品信息网络传播权纠纷一案[②]中，法院指出，字节跳动提供的不仅仅是信息储存空间服务，而是同时提供了算法推荐服务，侵权视频的大范围传播是用户的侵权行为与平台的算法推荐服务相结合的结果。字节跳动的算法推荐服务为自己获取了更多的竞争优势，但也提高了侵权信息的传播风险，理应负有更高的注意义务，但该注意义务以不影响字节跳动的正常经营为限。

作为技术中立的算法，如果平台服务本身并没有实质性侵权目的，也没有人工干预，则平台将会受到避风港规则的保护，不承担侵权责任。例如，搜索引擎的下拉联想词反映的是特定时间内用户使用检索词的内容和频率等特定情况，其是由算法系统自动抓取的，即使某下拉联想词含有侵权内容，也不会改变搜索引擎平台的中立地位。[③] 又如，网上常见的榜单，如音乐列表[④]、应用软件榜单[⑤]、网络小说榜单[⑥]，系由算法根据用户评价、打分等数据自动生成，除非有相反证据证明，否则应认定平台不存在编辑整理的行为，主观上没有过错，只要收到有效通知后及时采取有效措施即可不承担侵权责任。

---

① 北京市第四中级人民法院民事判决书，(2020) 京04民终54号。

② 北京市海淀区人民法院民事判决书，(2018) 京0108民初49421号。

③ 齐某蔷诉百度网络侵权责任纠纷案，北京互联网法院民事判决书，(2020) 京0491民初35218号。

④ 红点星公司诉虾米音乐网络侵权责任纠纷案，北京知识产权法院民事判决书，(2020) 京73民终2016号。

⑤ 中文在线公司诉360手机助手网络侵权责任纠纷案，北京知识产权法院民事判决书，(2018) 京73民终310号。

⑥ 玄霆公司诉百度网络侵权责任纠纷案，江苏省高级人民法院民事判决书，(2018) 苏民终180号。

（四）搜索引擎算法

1. 搜索引擎服务

搜索引擎服务是搜索引擎平台根据用户输入的关键词，按照一定的算法规则进行排序后，将搜索结果提交给用户的互联网增值服务。实践中，经营者会利用搜索引擎的算法逻辑实施不正当竞争行为或其他侵权行为，即使用搜索引擎付费推广服务，向搜索引擎平台支付一定费用后，自行撰写推广关键词，将竞争对手的商业信息作为自己的关键词，用户在搜索竞争对手时，也会跳出自己的搜索结果，使用户误以为二者之间存在特定联系。本文共挑选出14个搜索引擎算法的判决，并以这14个案例为样本进行梳理。

第一，在诉讼当事人方面，9个案例的原告同时起诉了行为人和搜索引擎平台，5个案例的原告仅起诉了行为人。

第二，在行为方式上，1个案例的行为人未设置推广关键词，系自然搜索结果，1个案例的行为人与搜索引擎平台存在有主观意思联络的广告合作关系，其余12个案例的行为人均为自行撰写推广关键词。

第三，在行为定性方面，自然搜索结果并非不正当竞争行为，而设置竞争对手的商业信息为推广关键词的行为，大多被法院定性为不正当竞争行为或侵权行为，但也有2个案例是例外。例如，在米兰公司诉金夫人公司不正当竞争纠纷一案①中，法院认为，搜索服务提供商会同时提供自然搜索和关键词推广服务，被告设置推广关键词的行为不会影响原告的网页出现在自然搜索结果当中，只要设置的推广关键词不会造成用户混淆和误解，就仍属于正常的市场竞争行为，不违背商业道德。在东易力天公司诉东易日盛公司不正当竞争纠纷一案②中，法院认为被告设置推广关键词的目的是抢夺商业机会，但这本就是市场竞争的题中之义，不仅不会误导消费者，反而能够为消费者提供更多的选择机会，消费者也不会因为看到被告的链

① 江苏省南京市中级人民法院民事判决书，(2016) 苏01民终8584号。
② 河南省郑州市中级人民法院民事判决书，(2018) 豫01民初2419号。

接就决定与被告进行交易，因此被告实际上也没有抢占原告的交易机会，故被告的行为不构成不正当竞争。

第四，在平台是否应承担责任的问题上，法院大多认可搜索引擎平台是搜索链接服务提供者，推广关键词并不是由搜索引擎平台设置，即使搜索结果出现了不正当竞争的行为，但这是根据事先设定好的计算机算法自动生成的，搜索引擎平台通常无法知悉他人在使用推广服务的过程中是否实施了不正当竞争行为，因此对平台适用通知删除规则，不承担侵权责任。但在艾润公司诉科拓公司、百度不正当竞争纠纷一案[①]中，法院认为百度构成帮助侵权，判令其承担连带责任，理由在于被告设置推广关键词时不受任何限制，这一产品漏洞与被告的不正当竞争行为有因果关系，并且百度在提供推广服务时有推荐关键词的行为，会诱导侵权，故构成帮助侵权。

梳理以上 14 个案例，汇总如下，见表 3－3。

表 3－3　14 个案例情况梳理

<table>
<tr><th colspan="2">案件基本事实</th><th colspan="2">判决结果</th></tr>
<tr><th>是否起诉平台/数量</th><th>是否设置推广关键词/数量</th><th>是否侵权或不正当竞争/数量</th><th>平台是否担责/数量</th></tr>
<tr><td rowspan="3">未起诉平台/5</td><td rowspan="2">设置/5</td><td>构成/5</td><td rowspan="3">—</td></tr>
<tr><td>不构成/0</td></tr>
<tr><td>未设置/0</td><td>—</td></tr>
<tr><td rowspan="7">起诉平台/9</td><td rowspan="4">设置/8</td><td rowspan="2">构成/6</td><td>担责/2</td></tr>
<tr><td>不担责/4</td></tr>
<tr><td rowspan="2">不构成/2</td><td>担责/0</td></tr>
<tr><td>不担责/2</td></tr>
<tr><td rowspan="3">未设置/1</td><td>构成/0</td><td>—</td></tr>
<tr><td rowspan="2">不构成/1</td><td>担责/0</td></tr>
<tr><td>不担责/1</td></tr>
</table>

① 陕西省西安市中级人民法院民事判决书，(2019) 陕 01 民初 1156 号。

2. 电子商务平台的搜索功能

电子商务平台也有搜索功能，其裁判规则与搜索引擎平台大体一致，如龙徽公司诉龙城国茂公司、淘宝等侵害商标权纠纷一案①，侵权商品的名称和关键词为商家自行设置，用户搜索关键词获取的搜索结果是系统根据算法自动呈现的结果，淘宝平台不承担侵权责任。但电子商务平台的搜索功能和搜索引擎平台仍有本质区别，搜索引擎以信息准确性为目标，而电子商务平台以撮合交易为主，因此电子商务平台的搜索结果可以与用户输入的关键词有所出入，法院通常也尊重平台的自主经营权，不会轻易认定平台设置了算法歧视。② 需要注意的是，电子商务平台搜索功能的好坏直接影响消费者的合法权益，因此有必要对电子商务平台的搜索算法加以法律规制和司法审查，既要尊重平台的自主经营权，也要保障搜索算法的合理性，以保护消费者权益。同时，平台也应当给予消费者选择权，为消费者提供反馈搜索方式和算法逻辑意见和建议的渠道。

3. 视频搜索

搜索链接服务中有一类较为特殊的类型，即视频搜索。搜索服务可以分为全网搜索和定向搜索两类。其中，全网搜索不区分网站来源，在整个网络环境中，根据搜索引擎的算法抓取网站；定向搜索则是预先限定所要抓取的网站，最终的搜索结果也仅来源于这些网站。因此，相较于全网搜索而言，定向搜索的结果是有限的，并且有人工筛选、编辑和整理的过程。对视频搜索来说，由于搜索结果有限，并且被分类到视频类别中，因此权利人通常主张搜索引擎平台对搜索结果进行人工干预，不应受避风港规则的保护，如捷成华视公司诉百度侵害作品信息网络传播权纠纷案③、迅雷公司诉卓易公司侵害作品信息网络传播权纠纷案④。而法院认为，由于提供正

① 浙江省杭州市余杭区人民法院民事判决书，(2017) 浙0110民初12643号。
② 赵某诉淘宝网络服务合同纠纷案，杭州互联网法院民事判决书，(2020) 浙0192民初2295号。
③ 北京知识产权法院民事判决书，(2017) 京73民终2104号。
④ 北京知识产权法院民事判决书，(2016) 京73民终201号。

版视频的网站数量有限，因此视频搜索结果的有限性不能表明采用的是定向搜索；分类搜索也已经是搜索服务中较为常见的技术，相关的搜索结果是搜索引擎的算法自动根据被链接网站的来源生成的，并未进行人工干预，故搜索引擎平台对视频搜索不承担侵权责任。

但在字节跳动、爱奇艺分别诉百搜视频侵害作品信息网络传播权纠纷两案①中，虽然百搜视频提供的是视频搜索服务，但是法院认为用户在百搜视频 App 上点击播放侵权视频后，页面未跳转至第三方网站，而是直接在 App 中播放，同时被链接的网站不具有经营网络视听播放的资质，因此构成帮助侵权。

（五）破坏网络平台的算法机制

算法既可以作为侵权或不正当竞争的工具，也可以成为被侵犯的对象。算法之所以能够成为当下互联网的重心，原因就在于算法程序可以根据用户的观看数、评论数、点赞数等数据进行自动化决策，从而提高平台的效率和服务质量。如果行为人从算法运行原理入手，虚构与算法程序有关的数据，则会妨碍平台算法程序的正常运行，构成不正当竞争行为。

在抖音诉宝仁公司不正当竞争纠纷一案②中，被告开发的系统可以伪造真实用户行为，批量虚假点赞、关注、评论和转发抖音短视频，破坏了抖音的算法推荐机制，构成虚假宣传的不正当竞争行为。

除法人外，自然人制造虚假数据的行为，同样也构成不正当竞争行为。在腾讯分别诉吴某睿、杨某豪不正当竞争纠纷两案③中，两被告开设淘宝店铺经营“企鹅电竞”增粉服务，使购买服务的主播不正当地获取曝光机会，错误地引导腾讯的算法程序，破坏了企鹅电竞直播平台的正常信息评价机制，构成不正当竞争行为。

---

① 北京互联网法院民事判决书，（2020）京0491民初34364号、（2020）京0491民初35419号。

② 河南省郑州市中级人民法院民事判决书，（2021）豫01知民初203号。

③ 浙江省杭州市余杭区人民法院民事判决书，（2020）浙0110民初6257号、（2020）浙0110民初6262号。

人工刷量同样也可以破坏网络平台的算法机制。在百度诉我爱网络不正当竞争纠纷一案[①]中，百度的算法程序中，用户的点击行为占有一定的比重，被告利用这一算法规则，通过发布奖赏任务的方式引导用户批量点击某些网站，使某些网站的搜索排位更靠前，扰乱排序结果，构成不正当竞争行为。

（六）算法生成物的著作权问题

算法技术不仅可以智能推荐内容，也可以自动生成内容。例如，腾讯开发的智能写作辅助系统 Dreamwriter，会收集多个维度的数据，并通过机器学习算法对数据进行解析，分析其中有价值的数据，进而生成文章。那么，算法自动生成的文章是否属于著作权法意义上的作品呢？其著作权归属如何判断？在腾讯分别诉盈讯公司、乾衡公司两案[②]中，法院认为 Dreamwriter 软件自动生成文章主要包括数据服务、触发和写作、智能校验和智能分发四个环节，每个环节都由该软件的主创团队选择和安排，[③] 亦即，该软件的自动运行并非无缘无故或具有自我意识，而是体现了主创团队成员的意志，所生成的文章具有独创性，属于著作权法所保护的作品。作品的著作权则归属于 Dreamwriter 软件主创团队所属的腾讯公司，为法人作品。

但是，并非所有算法自动生成的作品都会受到著作权法的保护。在菲林律所诉百度侵害署名权、保护作品完整权、信息网络传播权纠纷一案[④]中，对于威科先行库自动生成的分析报告，法院认为，除独创性要求外，自然人创作完成仍是构成著作权法意义上作品的必要条件。而威科先行库

---

① 《海淀法院一审宣判全国首例涉人工刷量平台干扰搜索引擎算法不正当竞争纠纷案》，载微信公众号“北京海淀法院”，2022 年 1 月 12 日发布。

② 广东省深圳市南山区人民法院民事判决书，(2019) 粤 0305 民初 14004 号、(2019) 粤 0305 民初 14010 号。

③ 雷丽莉、朱硕：《人工智能生成稿件权利保护问题初探——基于 Dreamwriter 著作权案的分析》，载《传媒观察》2022 年第 5 期。

④ 北京知识产权法院民事判决书，(2019) 京 73 民终 2030 号。

自动生成分析报告的过程中涉及两个环节：一是软件开发环节；二是软件使用环节。软件开发者并未输入关键词进行检索并生成分析报告，而软件使用者只是提交关键词，分析报告并未体现软件使用者的独创性表达。即使分析报告在客观上确实具有独创性，但并非由自然人创作完成，无法成为著作权法意义上的作品。

然而，算法生成物即使不受著作权法的保护，也不意味着它不受其他法律的保护。在富华公司诉扬子晚报侵害作品信息网络传播权纠纷一案[①]中，原告使用自己独立开发的股市行情解码器软件，按照预先设置的算法绘制了股市分析图，但分析图并非人工绘制，且不具有独创性，法院不认为构成作品。但原告可以通过分析图获取更多的网站流量和经济利益，因此原告对分析图享有合法权益，应获得反不正当竞争法的保护。同样，在淘宝诉美景公司不正当竞争纠纷一案[②]中，淘宝通过算法技术在巨量的原始网络数据中抓取、提炼有用数据后形成预测型、指数型、统计型的衍生数据，并自动绘制出趋势图、排行榜、占比图等可视化图形，法院称其为“网络大数据产品”，淘宝对该产品享有竞争性财产权益，故有权提起不正当竞争之诉。

二、国内行政处罚概况

如果行为人使用算法的行为不仅损害了相对人的利益，还损害了消费者权益以及公平的市场竞争秩序等公共利益，那么行政机关应当介入，对行为人处以行政处罚。本文在威科先行法律信息库中以“算法”为关键词搜索行政处罚案件，共挑选出10个符合条件的行政处罚决定书，涉及网络安全、个人信息、消费者权益保护和垄断等领域。

（一）网络安全

杭州边浙网络技术有限公司开发的“拖拉机”App未经用户同意即利

① 北京知识产权法院民事判决书，（2020）京73民终1759号。

② 浙江省杭州市中级人民法院民事判决书，（2018）浙01民终7312号。

用用户的个人信息，通过算法向用户定向推送信息，被杭州市公安局下城分局处罚。[①]

（二）个人信息和消费者权益保护

经营者在门店安装人脸识别摄像设备，在未经消费者同意的情况下，采集消费者的面部识别数据，再利用算法技术对消费者的面部数据进行识别计算，分析客流量、消费者男女比例、年龄、消费者购买能力、判定客户来源渠道等，用作商业分析参考（见表3－4）。这种行为同时违反了《消费者权益保护法》和《个人信息保护法》。

表3－4　违规采集消费者人脸信息行政处罚决定书

处罚机关	文书号	所涉行业
上海市徐汇区市场监督管理局	沪市监徐处〔2021〕042021000739号	服装
上海市徐汇区市场监督管理局	沪市监徐处〔2021〕042021000757号	装修工程
上海市徐汇区市场监督管理局	沪市监徐处〔2021〕042021000759号	汽车
太仓市市场监督管理局	太市监处罚〔2021〕双052号	房地产
宁波市奉化区市场监督管理局	甬奉市监处〔2021〕354号	房地产
宁波市奉化区市场监督管理局	甬奉市监处〔2021〕365号	房地产
绍兴市柯桥区市场监督管理局	绍柯市监处字〔2021〕677号	房地产

（三）垄断

在国家市场监督管理总局分别对阿里巴巴和美团的行政处罚[②]中，算法涉及市场支配地位和实施滥用市场支配地位行为的认定。

在相关市场支配地位的认定上，国家市场监督管理总局认为，阿里巴巴和美团通过制定平台规则、设定算法等方式，决定各自平台内商品和服务的搜索排名和展示位置，从而控制平台内经营者可获得的流量，具有强

① 浙江省杭州市公安局下城分局行政处罚决定书，杭下公（长）行罚决字（2021）02365号。

② 国家市场监督管理总局行政处罚决定书，国市监处〔2021〕28号、国市监处〔2021〕74号。

大的市场控制能力。此外，阿里巴巴和美团都具有先进的算法系统，不仅能够为用户提供个性化、针对性的服务，还能够监测平台内经营者在其他竞争性平台上的经营情况，具有先进的技术条件。

此外，在美团一案中，国家市场监督管理总局认为，网络餐饮外卖平台需要投入大量资金来建设平台，建立数据、算法系统、配送安排和调度系统等基础设施，还需要在技术研发方面持续投入，进入相关市场的难度大，这也是美团具有市场支配地位的一个重要因素。在实施滥用市场支配地位行为的认定上，阿里巴巴和美团要求平台内经营者执行其“二选一”的规则，并通过算法技术监测平台内经营者在其他竞争性平台上的经营情况，从而对不执行“二选一”规则的平台内经营者实施搜索降权、取消活动资格等处罚。

三、国外司法案件概况

（一）劳动雇佣算法歧视

在劳动雇佣的场景中，算法直接关涉劳动权和就业平等的问题，如美团会通过算法测算外卖骑手送餐的时间，并基于此向外卖骑手配送外卖订单。因此，这些平台的算法规则对劳动者的个人劳动权益和身心健康影响甚大。目前国外已有关于劳动雇佣算法歧视的司法案件。

例如，意大利户户送有限责任公司（Deliveroo，以下简称户户送公司）算法歧视案。户户送公司是一家经营网络餐饮外卖平台的公司，平台会根据算法对骑手进行评分，其中一个参数是骑手是否在预定的时间内工作，如果未参加工作且没有取消，则评分就会降低。

波洛尼亚运输业劳动者工会、商业、旅游与服务业劳动者工会和非典型劳动者工会将户户送公司起诉至波洛尼亚法院，诉称户户送公司的算法具有歧视性，因为该算法只考虑骑手是否参加工作，而不考虑骑手未参加工作的原因，如因参加罢工、疾病、未成年子女等合法原因而导致未参加工作的，平台仍然会降低骑手的评分。

法院指出，“因为其他法律原因（疾病、残疾、照顾未成年子女的需要等）未能赴约或未能及时取消预定工作也一样：在所有这些情况下，不管骑手的理由多么正当，都会面临其统计数据受到影响的处罚。被告公司明确承认，这么做的意图很简单，即平台无法识别也不想识别骑手取消工作预定的原因或未赴约也未取消的原因”。“基于劳动者的自由性而认为未赴约和延迟取消工作的原因无关紧要，必定会使劳动者遭受差别对待，这是典型的间接歧视。”[①] 最终法院判决户户送公司赔偿原告 5 万欧元的损害赔偿金。

又如，Uber 司机诉 Uber 算法歧视案。Uber 是一家经营网约车平台的公司。4 名 Uber 司机起诉 Uber 称，Uber 算法错误地将他们定性为“欺诈者”，导致他们的账号被冻结，无法继续在平台上接单赚钱。[②]

此外，Uber 在阿姆斯特丹地方法院也被指控称，Uber 将司机的不当行为、跟警察发生的事件、迟到、不专业等行为列为标签，但司机看不到这些标签，[③] 这导致 Uber 可以通过数据和自动化决策行使控制权，使平台算法存在黑箱操作的空间。

（二）内容推荐算法歧视

Youtube 是一个视频平台，用户在美国提起诉讼称，Youtube 的算法推荐系统不公平地将标题中包含“同性恋”“双性恋”“变性人”等词的频道列为非法内容，并予以限制和屏蔽，使这类内容的创作者难以赚取广告收入。[④]

---

① 罗智敏：《算法歧视的司法审查——意大利户户送有限责任公司算法歧视案评析》，载《交大法学》2021 年第 2 期。

② 《被 Uber 算法解雇的司机，现在要把这家公司告上法庭》，载微信公众号“大数据文摘”，2020 年 11 月 20 日发布。

③ 《疑存在歧视行为：两位欧洲网约车司机向 Uber 发起法律挑战》，载搜狐网，https://www.sohu.com/a/408770065_99956743?_trans_=000014_bdss_dklzxbpcgP3p:CP%3D，2023 年 6 月 20 日访问。

④ 《YouTube 与 LGBTQ 内容创作者展示首场真正较量》，载新浪网，https://tech.sina.cn/2020-06-04/detail-iircuyvi6626520.d.html，2023 年 6 月 20 日访问。

针对内容推荐算法，国外已有相关的政策和法规，如美国的《过滤泡沫透明度法案》《算法正义和在线平台透明度法案》，日本的《改善特定数字平台上的交易透明度和公平性法》等，都要求互联网平台在对内容进行筛选或排名时要使用透明算法。

（三）搜索引擎算法不正当竞争

与国内类似，国外的搜索引擎算法也会被当作不正当竞争的工具。在谷歌算法不正当竞争案中，谷歌公司同时经营搜索引擎 Google 和比价服务 Google Shopping。谷歌公司通过调整搜索引擎算法，将 Google Shopping 的搜索结果置于竞争对手的搜索结果之前，不公平地把客户引向自己的购物服务。欧盟委员会对谷歌处以 24.2 亿欧元的罚款，谷歌公司不服，向欧盟普通法院起诉。

欧盟普通法院认为，“谷歌的做法背离了公平竞争的原则，对搜索引擎算法做出的调整所带来的效率提升不足以弥补其对购物比价服务市场竞争的损害”。“谷歌通过将自己的比价服务放置在一般搜索页面更好的位置，并且通过算法移除竞争对手的服务。”[①] 因此，欧盟普通法院最终驳回谷歌公司的起诉。

韩国的搜索引擎平台 Naver 也因为将自己的服务放置于搜索结果之首，人为地降低其他竞争对手的商品和服务信息排序，因而受到韩国公平贸易委员会的处罚。[②]

（四）算法司法

由于算法和人工智能具有执行效率高、规模大、准确率高等优势，许多国家常常将其作为司法辅助工具，如美国许多州都使用惩教犯管理画像系统、公共安全评估系统等风险评估软件去预测罪犯再次犯罪的风险程度，

---

① 《谷歌上诉被欧盟法院驳回，176 亿反垄断罚金逃不掉》，载天下财经网，https：//m.jiemian.com/article/6803704.html，2023 年 6 月 15 日访问。

② 《操纵算法偏袒自家服务，韩国一搜索引擎巨头被罚 280 亿韩元》，载搜狐网，https：//www.sohu.com/a/426601869_161795，2023 年 6 月 15 日访问。

进而决定是否保释、假释。例如，在美国威斯康星州与卢米斯一案中，卢米斯因驾车枪击事件被判有罪，羁押期间，威斯康星州惩戒部门的 Compas 系统判定卢米斯有较高的再次犯罪的风险。卢米斯不服，提起诉讼，最终美国联邦最高法院驳回了卢米斯的诉讼请求。①

虽然美国联邦最高法院确认了算法司法的中立性和客观性，但是对于算法司法弊端的讨论并没有结束，如谷歌的算法歧视，用户在搜索非裔美国人的姓名时，往往会比白人的姓名出现更多与犯罪相关的信息。这或许不是谷歌公司故意设置的算法歧视，而是算法根据过去用户搜索行为自动学习的结果。但如果将算法技术广泛运用于司法中，或许会对少数族裔产生不公正的对待，使其丧失受到公正审判的权利。

四、国内外算法案件的情况对比

国外影响度比较大的算法司法案件大多是关于算法歧视和“算法黑箱”，尤其是对劳动者、少数族裔、LGBT② 等弱势群体的歧视。而在国内，涉及算法歧视的案件比较少见，比较类似的案件是在平台治理类案件中，由于平台的算法瑕疵，导致对用户错误处罚，但这尚不能上升到歧视的程度，因为算法瑕疵影响的是不特定的用户，而不是针对某一类人群。但对弱势群体的算法保护也不能不重视，立法者和主管部门也已经意识到算法歧视可能引发的风险和不利后果，自 2021 年起出台了多部算法保护的文件和法规。例如，2022 年，国家网信办等部门发布的《互联网信息服务算法推荐管理规定》明确了对未成年人、老年人、劳动者、消费者的特殊保护。2021 年，上海市市场监督管理局发布的《上海市网络交易平台网络营销活动算法应用指引（试行）》第 16 条专门规定，“鼓励网络交易平台经营者将

① 《有法庭开始用人工智能审判了 真的可以?》，载今日头条，https：//www. toutiao. com/article/6412361657577636354/，2023 年 6 月 20 日访问。

② LGBT 是女同性恋者（Lesbians）、男同性恋者（Gays）、双性恋者（Bisexuals）与跨性别者（Transgender）的英文首字母缩略字。

保护残疾人、老人、未成年人等弱势群体的利益纳入算法应用的考量因素，并采取一定措施保障弱势群体的权益，及时对应用算法产生不合理的歧视性、侵害性结果进行纠偏”。同年，国家市场监督管理总局、全国总工会等七部门发布的《关于落实网络餐饮平台责任切实维护外卖送餐员权益的指导意见》（国市监网监发〔2021〕38 号）要求外卖平台优化算法规则，合理确定订单数量、在线率等考核要求，适当放宽配送时限，保障外卖骑手的劳动权益。

在搜索引擎算法不正当竞争方面，国内和国外具有相当的共性，都会利用搜索引擎的算法规则来影响搜索结果的排序，从而构成不正当竞争。但略有不同的是，美国的谷歌案和韩国的 Naver 案都是平台自己直接参与不正当竞争，将自己的服务放置于搜索结果的首位，而中国的百度等搜索引擎大多只是提供付费推广服务，最多只能构成间接侵权。

在算法侵权方面，国内的案件涉及网络平台或用户侵害他人名誉权的案件，法院通常也会适用通知删除规则来判断网络平台的过错程度和应承担的侵权责任，而在国外却没有检索到相关的案例。其中，可能的原因是，通知删除规则规定在《民法典》中，适用范围涵盖所有民事权益，而美国的避风港规则仅规定在 1998 年出台的《数字千年版权法案》中，适用范围仅限于版权，不涉及人格权。

在算法司法领域，美国已经有算法司法的实践，而中国在这方面尚持谨慎态度。虽然近些年中国也陆续提出建设智慧法院的理念，如 2017 年发布的《最高人民法院关于加快建设智慧法院的意见》（法发〔2017〕12 号），但是从近些年发布的多个《中国法院信息化发展报告》中可以看出，中国目前的智慧法院更多地被运用在程序性事务上，如法律文书辅助生成、电子卷宗随案同步生成、网上调阅、电子送达和电子签章等，还没有大规模地运用于裁判等实体性事务。

人脸识别中的知情同意权[①]

2021年8月1日，《最高人民法院关于审理使用人脸识别技术处理个人信息相关民事案件适用法律若干问题的规定》（法释〔2021〕15号，以下简称《人脸识别技术解释》）正式实施。这是我国首个关于人脸识别适用民事法律问题的法律文件，对个人信息权利保护与平台责任界定都具有重要的指导性意义。

从“人脸识别第一案”[②]开始，到“3·15”晚会曝光的知名门店非法采集人脸数据事件，再到滥用人脸信息的大数据杀熟，人脸信息已经成为公众最为关心的敏感信息。人脸信息之所以重要，原因在于其不仅是人的面部肖像特征，还是开启包括金融信息、身份信息、行为信息等“身家性命”核心数据的钥匙。

尽管人脸信息对自然人如此重要，但其法律性质仍然是民事权利，也就是说，如果自然人自己事先同意授权，那么信息处理者就会合法采集并使用这些信息。从实践看，信息处理者拿到人们事先的“同意”似乎并不

---

① 朱巍：《运用法律武器拒绝违法人脸识别》，载《中国品牌》2021年第9期。

② 2019年4月，郭某支付1360元购买杭州野生动物世界“畅游365天”双人年卡，确定指纹识别入园方式。郭某与妻子留存了姓名、身份证号码、电话号码等，并录入指纹、拍照。2019年7月和10月，杭州野生动物世界两次向郭某发送短信，通知年卡入园识别系统更换事宜，要求激活人脸识别系统，否则将无法正常入园。郭某认为人脸信息属于高度敏感个人隐私，不同意接受人脸识别，要求园方退卡。双方因协商未果，2019年10月28日，郭某向浙江省杭州市富阳区人民法院提起诉讼。2020年11月20日，杭州市富阳区人民法院作出一审判决，判令杭州野生动物世界赔偿郭某合同利益损失及交通费共计1038元人民币；删除郭某办理指纹年卡时提交的包括照片在内的面部特征信息；驳回郭兵要求确认店堂告示、短信通知中相关内容无效等其他诉讼请求。2021年4月9日，杭州市中级人民法院在原判决的基础上，作出增判杭州野生动物世界删除郭某办理指纹年卡时提交的指纹识别信息的终审判决。参见《加强个人信息保护丨“人脸识别第一案”的背后》，载澎湃网，https：//m. thepaper. cn/baijiahao_16598226，2023年6月15日访问。

困难，要么直截了当地通过“用户协议”的方式获取，要么要点花招通过与其他权利“捆绑”以作为提供服务的“对价”拿到，再或者在一些特殊情况下，通过欺骗、强迫或变相强迫等方式获取“同意”。

从“同意权”角度看，《民法典》等法律仅明确了人脸信息作为个人信息的组成部分，获取自然人同意是最重要的合法使用要件之一，但没有明确以非法方式获取同意的类型维权问题。毫无疑问，这些后续问题，无论是对人脸识别的法律规制，还是对自然人合法权利的保护来说，都是最重要的。

《人脸识别技术解释》规定，信息处理者在获取自然人同意授权前，应明示人脸信息的处理规则以及使用目的、方式和范围。自然人同意的前提，应该是建立在信息处理者充分告知、权利人充分知情的基础上，如果信息处理者连规则都不明示，这种事先同意授权当然属于违法行为。例如，我们在使用某款App时，经常会遇到需要进行人脸识别的情况，而在很多情况下，App平台仅告知需要识别的目的，但对于使用方式和范围，都没有予以明确告知。按照《人脸识别技术解释》规定，信息处理者缺乏充分告知所取得的同意授权，因没有达到合法性告知要求而属于侵权行为。又如，在“人脸识别第一案”中，权利人在购买年票时，经营者没有明确需经过人脸识别才能入园，后来经营者以店堂告示的方式告知权利人，只能通过人脸识别才能进园游览。这种店堂告示既不能当作权利人同意的方式，也没有将信息使用范围和方式完全告知权利人，当然不属于合法授权。

实践中，一些网络小说、网络游戏和视频服务类的App中，用户想要获取更多的服务就必须在已经完成注册信息的基础上进行人脸识别，这是典型的以网络服务换取用户人脸信息的行为。《人脸识别技术解释》明文规定，除非人脸信息属于产品或服务必需，其他用人脸信息换取服务或产品的行为都是侵权行为。这种行为既违反了商业伦理，也违反了司法解释，即便事先得到用户同意，也不影响侵权责任的承担。反过来看，如果某款游戏为了依法建立防沉迷系统，需要使用者的人脸信息，因其合法目的，在充分告知以及获得监护人同意的情况下，获取使用者的人脸信息，就属于合法行为。

此外，我们也经常遭遇一些强迫索权或者与其他权利捆绑授权的情况，如果用户不同意，就无法享受一些特定服务。例如，一些小区需要人脸识别才能进入，一些售卖亭只能使用人脸识别支付，购买某项产品或服务需要绑定人脸信息，以及注册某些服务需要人脸信息等。用户为了实现交易需求，不得已进行了“违心”授权。按照《人脸识别技术解释》的规定，以上这些授权都因存在捆绑、强迫或变相强迫等情况而归于侵权类型。事后，权利人既可以向信息处理者提出删除要求，也可以向法院提起侵权之诉。

必须强调的是，信息处理者所获得的人脸信息的授权，不存在“永久性”授权，其期限应与接受产品或服务期间一致，任何超过期限范围的授权，或者超越使用目的的授权，以及违反个人信息合法性、正当性和必要性范围的授权同意，都属于违法行为。

人脸识别的技术风险反思

以“吗咿呀嘿”为背景音乐的换脸动态短视频火爆全网，除了全家福、宠物全体上场，娱乐圈明星和马斯克、马云等科技大佬也“被动”参与了洗脑神图活动。这个看似全民娱乐的狂欢，背后的技术与法律风险还是比较多的，[①] 也有一些媒体提出了诸如人脸支付等风险提示。

其实，人脸识别发展至今，绝大部分的采集端已经从2D检测升级为3D检测技术，配合人体活体的光感和深感技术，结合几万个肉眼不可见的光点进行综合识别，几乎不可能让照片代替活体人脸。在通常环境下，几乎不可能出现仅以他人照片就能解锁和支付的情况。

不过，若说的极端一点，在使用3D打印技术制作的面部时，不增加其他活体动态感知的情况下，确实也可能出现人脸识别的盲区。但这几乎都是在实验室环境下才会出现的结果，在普通用户仅提供照片或视频的情况下，基本不会产生人脸识别被破译的后果。

从《民法典》人格权编的角度看，使用他人照片制作短视频的直接后果就是要承担侵权责任。《民法典》将“丑化、污损、利用信息技术手段伪造”他人肖像作为民事法律禁止的范围。网民以娱乐为目的，上传他人照片，通过生物动态化技术，以短视频等方式在互联网上展现传播，这种行为不属于法律规定的肖像权合理使用范围。

特别是将一些社会公众人物的肖像制作成搞笑视频，因公众人物的商事人格权的价值比普通人的价值更高，一旦被诉侵权，赔偿额度可能会非

---

① 戴丽昕：《深度伪造内容检测给AI安全一双“火眼金睛”》，载《上海科技报》2021年7月16日，第5版。

常大。再结合这些网络信息的传播影响很大，点击数和转发量都很大，一旦被诉，上传者可能会得不偿失。

“吗咿呀嘿”的传播视频大都以欢快娱乐为主，基本不会直接涉及社会评价贬损或主观恶意的情形。肖像权属于一种民事权利，公众进行维权是一种权利行使方式，不进行维权也是权利的行使方式。一般来说，公众人物不太可能会因此将上传视频的网民诉至法院，其主要有以下三个原因：其一，相比普通人而言，公众人物的肖像权等人格权要受到一定的贬损才能更好地维权，因此除了捏造事实、恶意诋毁或商业使用等情况，其他的诉求很难得到法院支持；其二，公众人物也要为自己的人设做考虑，对此进行维权诉讼，招黑可能性比较高，也得不偿失；其三，全民洗脑的神创意，可能会拉近公众人物与公众的关系，此时诉讼可能费力不讨好。

从个人信息安全与隐私权角度看，上传自己与他人的照片，可能涉及侵害隐私权的问题。

首先，自己与他人的合影，在合照其他人没有授权的情况下，单个主体擅自将照片制作视频上传，涉及侵害他人隐私权、肖像权与个人信息权等问题。所以，网民若想蹭一波公众人物的热度，不管是从法律角度还是人际交往的道义角度来看，都应事先征求本人意见。

其次，相关照片展现的是人的脸部特征，是可以识别到自然人身份特征的信息，当然属于个人信息范围。《民法典》特别将人脸识别等“生物识别信息”纳入了个人信息保护范围，如果被上传者事先不同意，上传者就可能承担侵权责任。

最后，国家对未满 14 周岁的未成年人的人脸识别信息有着特殊保护。不管是《民法典》《未成年人保护法》，还是《个人信息保护法》和国家网信办颁布的相关规定，均明确要对未满 14 周岁的未成年人的个人信息予以特别保护。未经监护人明确同意，不能随便上传未成年人（包括面部特征在内）的个人信息。

因此，“吗咿呀嘿”确实很好玩，尽管可能不会涉及人脸支付安全问题，但公众参与的方式应合法合规，有三条红线需要特别注意：其一，未经他人允许的照片视频不能自作主张上传；其二，未成年人视频照片信息不要恶搞或上传；其三，不要通过委托第三方的方式制作视频。一般来说，大型互联网平台对用户个人信息等的保护工作还是比较到位的，但其他视频制作方则鱼龙混杂。因此，在委托过程中，如果将自己的电话、微信、照片、视频、支付信息等都交到那些小作坊手中，那么其安全隐患可能会远远超过欢乐系数。

无人车驾驶责任应分级分类

有视频展示一起无人车道路剐蹭事件，发生事故后，无人车稍作停留后驶离现场。经确认，事故损害结果是轻微轮胎接触，没有造成其他损害。[①] 引发热议的是，一旦无人车造成事故，该由谁来承担责任更为妥当？

无人车的概念比较大，按照国际自动工程学会定义的自动驾驶分级，可以分为 L0～L5 六个级别，即 L0 为应急辅助、L1 为部分驾驶辅助、L2 为组合驾驶辅助、L3 为有条件自动驾驶、L4 为高度无人驾驶、L5 为完全自动化驾驶。目前市面上绝大部分车辆为 L2 等级以下，视频展现的无人车应属于 L3 到 L4 等级。

从控制论角度看，无人车事故责任的承担主体、责任大小和类别，都应与自动驾驶等级相契合，在事故出现的时候，车辆由谁来控制，就应该由谁承担责任。

第一，在 L0 到 L2 的三个等级中，车辆主要控制主体为驾驶员，做决策者也是驾驶员，因此责任承担的主体应为驾驶员本人。但也有特殊情况，如在驾驶员正常操控中的辅助驾驶（自动泊车、制动失灵、控制失效）出现异常，导致事故发生，那么责任性质就会演化成产品责任，由生产商、系统提供者承担责任。这里提请注意的是，产品责任系无过错责任，也就是说，在能够证明系统失灵的情况下，不论驾驶员是否有过错，都应由生产商和系统提供者承担责任。

第二，在 L3 以上的等级中，系统从辅助性质转化为决策者，人工智能

---

① 《无人驾驶汽车强行变道，发生剐蹭竟肇事逃逸，现场视频曝光!》，载网易视频，https://www.163.com/v/video/VHF240BK7.html，2023 年 10 月 8 日访问。

平台成为车辆部分或全部的实际控制人，这一点在L4等级和未来的L5等级中体现得更为明显。曾有科幻电影展现过无人车系统被侵入后车辆失控造成的毁灭性结果，这也是世界各国都在强调人工智能的科技伦理和可控性的原因所在。

一旦系统成为车辆行驶的实际决策者，事故责任承担主体也就转化为系统。这里所说的系统，既包括无人驾驶系统，也包括无人车生产者自带的系统。在一些特殊情况下，驾驶员也可能承担一定的责任，如在L4等级以下，驾驶员自控导致的事故，或者因驾驶员错误指令导致的事故等。

第三，因科技伦理产生的事故问题。科技伦理在L4等级以上的系统中的地位非常重要，例如当遇到紧急情况且无法规避碰撞时，系统默认首要保护的是司机位置，还是副驾驶或后排乘客？又如，碰撞时对必损物的选择权等问题。这些问题，对于自然人而言，即便处于特殊情况，也可在驾驶过程中下意识地做出决策。但对于没有情感因素的系统来说，针对性数据训练、场景模拟和算法模型，就显得非常重要。这些紧急时刻的选择权，既可以按照系统默认，也可以参照驾驶员的自主选择。

回到这起事故本身，有人说无人车在事故后发生了“逃逸”，事后平台也作出了轮胎“轻微接触”和与事主“达成一致”的回应。从技术角度看，无人车基本不存在肇事逃逸的可能，这是因为无人车基于外观明确显示、数据全程云端存储和足额商业保险等，都不会存在逃逸的可能性或可行性。相比大城市中，两辆车轻微剐蹭，各方车主不挪车靠边，占据车道等待交警处理，导致后车拥堵几公里的事故处理模式，全数据记录的无人车事故处理可能会更加快捷高效。同时，相较于驾驶员自控车辆，自动驾驶平台对数据的采集、车辆的控制和人员安全的保障责任更加巨大。

无论从哪个角度看，无人车都是未来的发展方向，包容审慎、责任明确、科技伦理和安全可控都是发展的基本原则。科技企业在确保技术安全的同时，也要确保公众的安全感，若再出现此类事故，平台应及时进行有效沟通。只有这样，才能确保社会对新技术的接受度，提高安全感。

第四编

网络传播秩序治理

网络舆情异化的治理思路

一、网络舆情异化的原因

网络舆情是汇聚网民蕴含情感的意见、情绪、观点的表达形态。[①] 在新媒体时代，网民已成为社交媒体平台言论的主体，网民会在社交媒体平台上针对某一热门事件进行发布、转发和评论信息，对不同事件或事件的不同阶段表现出不同的情感态度倾向，公众情感呈现多样化并不断地交换、重塑和累积。[②] 由于某些热点事件的持续“炒作”，不同的公众情感在信息交互和传播过程中，往往会出现“相生相克”的现象，在网民情感集聚的情况下，网络舆论态势瞬息万变，其中非理性的观点在感染机制中容易引发舆情危机。网络舆情往往与意识形态安全密切相关，多元化的观点与情绪潜藏着“漂浮”的非主流意识形态倾向，不仅会影响网络意识形态安全，还会对现实的政治安全造成实质危害。

近年来，随着传播技术的发展与新兴媒体的不断涌现，网络舆情事件频发。正常的舆情表达有利于法治社会的建设，是网民合法使用表达权利的体现。不过，在网络舆情中发酵的非理性批判情绪不仅对网络意识形态安全造成负面影响，还有可能向现实社会蔓延，实质上形成了网络意识形态领域乃至整个意识形态领域的风险点。对此，加强网络舆情的监测和应对势在必行。舆情应对的目的就在于通过舆情发现网络意识形态领域的风险点，从而建立有效的舆情研判与处置机制，及时运用主流意识形态对风

---

① 郭淼、师俊艳：《重构与纠偏：算法在网络舆情中的效用》，载《青年记者》2022 年第 17 期。

② 赵晨阳、张鹏等：《共生视角下网络舆情中公众情感的演化及趋势预测》，载《情报理论与实践》2022 年第 7 期。

险点进行“缝合”，确立主流意识形态在网络意识形态领域中的主导地位。[①]从实践看，在一些类别的舆情中，可能涉及危害网络安全和社会稳定的特殊类型。

社交媒体时代下，自媒体崛起，微博等一些平台的意见领袖对于受众的情感状态和变化，可以起到深刻的调整作用。其中，极端民族主义等思潮，作为具有强大动员能力的情感类型，成为个别意见领袖“扣帽子”、断章取义和玩弄文字，进而收割流量的主要素材。

个别自媒体的互联网内容表达不受传统媒体“交叉信源”“官方信源”以及新闻客观主义、专业主义的限制，相比于传统媒体，其能够大量搬运、曲解二手素材，动辄使用具有情绪煽动性表达进行输出，从情绪上更容易带动舆情及网民情感。正常交流的平台演变成以标签化为阵营的网民相互攻击的阵地，理性发言逐渐失声。

出现此类现象的原因在于，短视频对用户思维产生颠覆性影响，内容承载的信息容量明显下降。流媒体的推送模式，更降低了用户更换下一条视频的成本，如果视频不能在3～5秒内吸引用户的注意，就只能换来观看者滑动屏幕直接进入下一条视频的结果。因此，生产者必须在足够短的时间内提供尽量多的刺激，这也导致用户注意力保持的时间越来越短，从文字获取信息的能力越来越弱，普遍缺乏阅读较长文字的能力，遑论通过文本提供的信息进行抽象思维和独立思考？用户逐渐习惯于流动画面直接作用于感官的刺激方式，丧失想象力和现实生活结合出图景的能力。同时，短视频为了达到最大传播效果，必然采取向下兼容的策略，提供让尽可能多的人能够理解的内容，波兹曼批评电视“只能提供12岁儿童心智的节目”，而短视频App的兴起无疑加剧了这一趋势，用户年龄、学历层次不断降低。长期沉迷在此类内容中的用户除单向化情绪表达外，逐渐失去共情能力和阅读长篇内容的耐心。

---

① 郑未怡：《意识形态风险防范视角下网络舆情的应对》，载《青年记者》2022年第11期。

二、乌合之众效应与后真相时代

勒庞在《乌合之众：大众心理研究》一书中指出，“本能性的情绪特别容易感染，而理智的、冷静的情绪在群体中丝毫不起作用”。[①] 在极端表达的话语中，从情绪调动到语气、状态等，均异常激昂乃至亢奋，暗合当下社交媒体“越极端，越易出圈”的传播规律。同时，由于大部分网民缺乏对世情国情的基本认知，容易“为反对而反对”。进入群体中的个人在“集体潜意识”机制下失去自我意识，转而表现出群体精神的同一性。而群体总是表现出易受暗示和轻信的特征，群体中某个人对真相的第一次歪曲是传染性暗示过程的起点，继而会在相互传染推动下形成集体幻觉。许多与爱国主义相关的话题，尤其是涉及政治等的议题，通常并非普通民众所能接近，因此普通民众在全然不知怀疑和不确定为何物的前提下，会对视频提供给其的各种想法和意见缺乏判断，而将对其灌输的事实认为是绝对真理或绝对谬误。

后真相时代往往是立场先行。在真相缺位的前提下，人们的情感往往先入为主，从而忽视了事实。例如，当网上谣传“宠物会感染新冠病毒”时，就有不少人选择将宠物从高处摔下。这些谣言还会通过转发、评论、点赞等方式在传播主体所在的圈层进行二次传播。这群人所在的“圈层”具有相对独立的信息获取渠道和相对固定的社交圈，导致接受信息的人也更愿意相信事实真相如此。这种谣言流动模式导致网络谣言的传播主体具有群体性和网络性的特征。此外，网络谣言在传播途径方面也变得多元多样。[②] 传统谣言主要是通过口耳相传，而网络谣言则借助互联网技术进行传播。网络谣言从一开始的打电话、发短信传播，到通过微博、知乎、豆瓣、微信、QQ 空间等在线社交平台传播，沟通速度变快、传播范围变广，谣言可在短时间内在多平台、多渠道迅速发酵。

---

① ［法］古斯塔夫·勒庞：《乌合之众：大众心理研究》，严雪莉译，凤凰出版社 2011 年版，第 11 页。

② 姚福生：《网络谣言依法治理研究：刑法的实践》，载《广西社会科学》2022 年第 7 期。

后真相时代中，网络谣言具有难以证伪的特点，谣言一经发布即在互联网上迅速传播，又因为谣言往往贴近生活、有时还配有相关图片等，使人们对网络信息难辨真假。而在引起人们关注后，大众又会对其进行二次传播，从而导致网络谣言的传播变得难以控制。已发布的谣言在网络平台上以“点—面—面”的形式传播，接收者可以在多个平台看到这些谣言，进而不断强化谣言内容的真实性，加剧谣言的扩散，扰乱社会秩序。值得注意的是，造谣与辟谣之间存在热度差的特性。通常网络谣言易轻松冲上热搜，“真实信息”反而得不到传播，大部分用户仍停留在虚假信息阶段，形成“造谣一张嘴，辟谣跑断腿”的现状难题。算法推荐服务提供者是利用AI算法将谣言推送给用户，但对辟谣内容这类热度较低的信息并没有加以人工干预推送给接收到网络谣言的用户，忽视了对虚假信息的订正。由于造谣和辟谣热度存在天然的落差，因此笔者建议，应实现造谣与辟谣机制的结合，保证更新后的真实信息推给之前看过的用户，落实算法安全主体责任，当然这也是平台应承担的责任。

三、社会性死亡现象

我国《民法典》第999条规定①将舆论监督作为合理使用个人信息的一项特殊事由，但同时也将舆论监督限定在“合理使用”的范围内，即舆论监督中不合理使用个人信息的，不免除其侵权责任。从规范的角度看，“合理使用”与否便是个人信息保护与舆论监督的边界所在。在涉及舆论监督的法律法规中，立法者对部分舆论监督的行使类型施加了限制。例如，我国《疫苗管理法》第12条和《药品管理法》第13条规定②要求有关报道应当“全面、科学、客观、公正”。上述法律条款虽然可以用于解释“合理使

---

① 《民法典》第999条规定：“为公共利益实施新闻报道、舆论监督等行为的，可以合理使用民事主体的姓名、名称、肖像、个人信息等；使用不合理侵害民事主体人格权的，应当依法承担民事责任。”

② 《疫苗管理法》第12条规定：“……新闻媒体应当开展疫苗安全法律、法规以及预防接种知识等的公益宣传，并对疫苗违法行为进行舆论监督。有关疫苗的宣传报道应当全面、科学、客观、公正。”《药品管理法》第13条规定：“……新闻媒体应当开展药品安全法律法规等知识的公益宣传，并对药品违法行为进行舆论监督。有关药品的宣传报道应当全面、科学、客观、公正。”

用”，但均为原则性条款，在具体操作层面存在明显不足，仍需执法者根据具体情况予以自由裁量。同时，对个人信息合理使用的认定应当遵循《个人信息保护法》对个人信息处理行为的原则性规定，包括必要性原则、诚信原则、合目的性原则、最小范围原则、公开透明原则等。

“社会性死亡”原指某人与社会上其他人的关系完全断绝或被完全遗忘，但近年来，其已演变为一些人以主观故意的方式诱导网络舆论对个体进行攻击，从而导致个体在互联网上“死亡”的概念。“社会性死亡”工具化背后的危害引发了社会集体性反思。法国社会心理学家勒庞在《乌合之众：大众心理研究》中指出，生活在群体中的个体容易被误导和左右，从而丧失辨别真伪的能力。他们容易被群体领袖通过舆论控制，变得情绪化和非理性化，这正是“社会性死亡”出现的心理根源。生活在群体中的个体在舆论引领下会做出“落井下石”或者“锦上添花”的行为，尤其是当社会发展到互联网阶段，乌合之众的群体性效应扩大并最终发展成所谓的“正义”。从各类舆情事件中，我们看到舆论迷失在清华学姐的“控诉”中，迷失在商业“水军”对某个店铺的“投诉”中，社会个体或者经济个体很容易在互联网社会中被“社会性死亡”。在社会舆论群起而攻之的情况下，严重的社会后果随时可能发生，受害者在舆论中往往会被“人肉搜索”，其一般人格权和具体人格权会遭受侵害。[①]

网络暴力是流量经济背景下的一种现象级行为，一般指通过捏造、歪曲和恶意诋毁等方式，以群体性参与为手段，达到使被害人“社会性死亡”的严重后果。目前我国对网络暴力的立法主要分为三大部分：一是以《民法典》及其司法解释为代表的民事责任体系；二是以《刑法》及其司法解释为代表的刑事责任体系；三是以《网络安全法》及国家网信办出台的相关规章和其他规范性文件为代表的行政治理体系。[②]

---

① 朱巍：《如何应对“社会性死亡”工具化》，载环球网，https：//opinion. huanqiu. com/article/40uA41GI9ff，2023 年 6 月 15 日访问。

② 朱巍：《应尽快出台反网络暴力法》，载环球网，https：//3w. huanqiu. com/a/de583b/4C03JqtCJTK，2023 年 6 月 15 日访问。

四、网络暴力的治理思路

网络暴力，简称网暴，是网络社交生态中对他人合法权益的严重侵权行为。根据网暴的严重程度、性质和影响范围不同，网暴行为涉及网络侵害人格权、侵害公民个人信息、寻衅滋事、诽谤等诸多方面。[①] 从网络治理实践看，网络暴力伴随互联网传播服务发展，从最早的 BBS 时代，到社交媒体时代，再到现在的短视频和直播时代，网络暴力随影而行，一直是严重侵害用户权益、扰乱网络传播秩序的毒瘤。[②]

按照我国《民法典》关于名誉权的规定，为了公共利益实施的新闻报道、舆论监督等行为，行为人不承担侵权责任。实践中，很多网暴受害者往往都深陷在某一公共事件之中。一些事件具有一定的公共利益属性，公众对其的批评可能属于舆论监督的行为，[③] 但《民法典》对此类行为也有例外性规定。例如，对事实的捏造、歪曲，或者发布人没有尽到合理核实义务，或者以侮辱性语言贬损他人，这些行为都不能被纳入免责范围。总的来说，我们在判断言论自由边界时，既要考虑话题是否涉及公共利益，也要考虑表达内容是否具有真实性、是否有主观恶意的贬损，发布信息时是否尽到合理审核义务等。网民表达不是没有边界的，法律的规定和他人的合法权利就是重要边界。超过了这个边界，就属于侵权行为，就可能承担法律责任。

很多网暴都伴随着“人肉搜索”。对于深陷舆论旋涡的当事人而言，个人信息被公之于众，对其身心的损害是难以估量的。我国《个人信息保护法》将个人信息全面纳入法律保护范围，即未经法定程序和当事人自己同意，任何非法搜集、公开个人信息的行为都是违法行为，[④] 情节严重的话，

---

① 朱巍：《应尽快出台反网络暴力法》，载环球网，https：//3w. huanqiu. com/a/de583b/4C03JqtCJTK，2023 年 6 月 15 日访问。

② 蒲晓磊：《让“按键伤人”网暴者再不敢肆无忌惮》，载《法治日报》2022 年 8 月 16 日，第 6 版。

③ 庄德通：《如何治理网络暴力》，载《民主与法制时报》2022 年 7 月 6 日，第 3 版。

④ 同注③。

行为人可能要承担侵犯公民个人信息罪的刑事责任。

在很多网络事件中，既要满足公众的知情权和监督权，又要保护好个体的个人信息权利。这就需要依法做出平衡，至少满足以下三点要求。一是应依法确定个人信息发布者的主体权限，如自我公开、司法公开、政府部门依职权公开的信息，均属于合法公开的范围。二是要遵循比例原则，如新冠病毒感染防控期间，个人行踪轨迹属于必要公开信息，但当事人的身份证号码、姓名等就不属于必要范围，超范围公开要承担法律责任。三是平台设置投诉渠道，按照当事人的要求，配合当事人对相关个人信息行使删除权、更正权和查询权。

对于平台而言，其在防控网暴治理方面起到的作用是非常关键的。根据《网络信息内容生态治理规定》第 6 条第 10 款的规定，"侮辱或者诽谤他人，侵害他人名誉、隐私和其他合法权益的"，属于违法信息范围。平台对此类信息的处理，需要根据《民法典》规定的通知删除规则，配合违法信息定性进行处理，减少回应期限，提高采取措施的效率。在主体责任方面，鼓励平台建立技术性与制度性措施，避免出现此类情况。其中，技术性措施指的是，在热搜、榜单、推荐等领域，不能仅依靠算法计算权重，还要配合建立人工干预制度，完善网暴预警机制，做到提前干预和阻止。在制度性措施中，鼓励建立面向社会的举报渠道、投诉渠道和维权渠道。[①] 对待热点事件的当事人、未成年人以及涉及公共利益的事件，开启特殊保护制度。[②]

网络暴力是非常严重的侵权行为，也可能构成寻衅滋事、诽谤、损害声誉、侵犯公民个人信息、非法经营等行政或刑事违法行为。在法律面前，线上线下的行为都是一样受到法律规制的，行为人按照情节轻重等承担相应的包括民事、行政、刑事责任在内的法律责任。

---

① 朱巍：《应尽快出台反网络暴力法》，载环球网，https：//3w.huanqiu.com/a/de583b/4C03JqtCJTK，2023 年 6 月 15 日访问。

② 同注①。

对网络暴力的预防和制止，离不开平台、网民、行业协会、司法系统等多方主体协调，只有形成合力，才能真正阻止网暴愈演愈烈。在网络暴力形成的环节中，网民既可能是受害者，也可能是侵害人。己所不欲，勿施于人。对于网暴中所谓的“法不责众”的认知是错误的，治理网暴就是要做到“法要责众”，因为网络世界既不是供人发泄情绪的垃圾场，也不是没有责任的法外之地。

对于网暴的治理，以往都是倾向于事后处理，但那时往往为时已晚，网暴对当事人的伤害是非常巨大的。因此，行业协会等自律组织应加强法律宣传，提高包括网民、意见领袖、MCN 机构等主体在内的网络传播素养。让网民学法、懂法、用法，知道该如何维护自己的合法权益，在治理网暴上做到未雨绸缪。

网络暴力后果的严重性、危害性和多发性无须赘言，作为一种网络乱象，其已成为近年来“清朗行动”的治理重点，不仅严重危害公民、法人和相关组织的合法权益，而且已经损害到正常网络传播秩序和舆情生态安全，更是将“道德审判”“舆论审判”凌驾于他人合法权益和法治之上。这种由少部分网络自媒体、MCN 机构和“水军”作为网络暴力发起人和组织者，以获取流量、不正当竞争为目的，通过网络群体性事件达到不法效果的违法行为，经过多年治理仍未得到有效遏制，反而愈演愈烈，大众对此更是深恶痛绝。追根溯源，其在很大程度上是由于缺乏专门且具有针对性的立法。

随着法治社会的全面深入发展，针对多发性违法行为，立法机关已经出台了包括《反家庭暴力法》《反电信诈骗法》《反不正当竞争法》《英雄烈士保护法》在内的系列专门性法律，取得了比较好的社会效果。近年来，支持针对网络暴力专门立法的声音一直都占绝大多数，[①] 但反对专门立法的声音也同时存在，反对的观点主要集中在以下三个方面：一是网络暴力是

① 朱巍：《应尽快出台反网络暴力法》，载环球网，https://3w.huanqiu.com/a/de583b/4C03JqtCJTK，2023 年 6 月 15 日访问。

否具有高位阶立法的必要性和急迫性；二是现行法律规定是否已经可以涵盖网络暴力的违法形态；三是专门立法会不会导致正当的表达权利受阻碍。对此，笔者认为，针对网络暴力进行专门立法是必要的。

第一，治理网络暴力必须进行高位阶的专门立法。网络暴力产生的原因和表现方式多种多样，既存在对公民权利的侵害，也存在对企业和组织商誉权和经营权的侵害。其中，前者涉及《网络安全法》中的内容安全与《民法典》中的人格权利保护的规定，后者涉及市场竞争秩序等规定，而对于大规模网络群体性事件，还涉及有关非法经营、敲诈勒索、损害公民个人信息和寻衅滋事等的刑事责任。从监管部门看，网信管理部门、市场监督管理部门、公安部门和监察部门都是依职权执法监管的部门，法院则是作为最后环节的审判机关，这些单位在缺乏较高位阶法律统筹的情况下，很难协调一致，极容易出现权限空白、交叉和重合的情况。

同时，目前立法侧重于事中监管和事后追责，对于网络暴力来说，事后的亡羊补牢效果聊胜于无。因此，更高位阶的立法既可以统筹监管部门权限，也可以用立法的形式明确网络平台、网民和被害人的权利义务关系，最大限度地做到未雨绸缪，在源头上以主体责任类型化的方式，避免恶性事件的出现。

第二，网暴治理中的主体责任应被系统地纳入立法。治理网络暴力仅靠权利人维权和平台自律是远远不够的，[①] 这一点在近年来连续发生的恶性事件中就已经被反复证明。治理网暴的关键点在于，平台需要在技术上、制度上和责任上，以各种方式充分明确对网暴行为的事前预防、事中治理和事后追责体系。网络平台对可能严重影响个体合法权利的内容信息，在形成热搜、热榜或进入高流量池前，应尽到初步审核责任。对于涉及个人隐私、肖像、名誉、个人信息等敏感信息，特别是偷拍偷录等形式的网络信息，应做到事前的合理监管。平台应建立对个体权益的全面保护机制，

① 朱巍：《应尽快出台反网络暴力法》，载环球网，https：//3w. huanqiu. com/a/de583b/4C03JqtCJTK，2023 年 6 月 15 日访问。

特别是对未成年人和身处舆情中心的当事人等开启特别保护模式。①

治理网络暴力就是要杜绝“法不责众”的伪命题。按照参与者的行为性质和实际效果，立法应区分网络暴力的首发者、多发者、参与者和围观者，并将捏造和歪曲事实、文案编造、组织和煽动网络群体性事件、故意传播虚假信息、整理或发布他人隐私、涉事话题的创建和管理等内容明确纳入包括刑事法律在内的追责体系。同时，立法应对相关线上账号、线下的实际控制人、MCN 机构等启动信用联合惩戒机制，确保线上行为与线下身份的罪责刑相一致原则。②

第三，立法应对网络暴力的类型和性质进行明确界定，在保护好网民个体权利的同时，平衡好网络合法正当的批评权、监督权和评价权。立法应明确平台对相关重大舆情线索的依法报告责任，夯实对违规涉事账号的处置和公示义务，依法履行网络用户真实身份认证制度和数据保存责任制度。

从现有的司法救济途径看，立法应强化《民法典》关于人格权禁令制度在制止网暴中的重要作用，同时将网暴追责纳入公益诉讼范畴，以检察机关为核心建立公安机关和审判机关的联动体系，提前介入权利人的维权工作，以法律威严震慑违法行为。③

---

① 朱巍：《应尽快出台反网络暴力法》，载环球网，https：//3w. huanqiu. com/a/de583b/4C03JqtCJTK，2023 年 6 月 15 日访问。

② 同注①。

③ 同注①。

网络生态与话语权异化

互联网技术几乎让每个人都有了一定的话语权，网络话语权看似实现成本很低，但从其表达“反射”效果的不可控性和不可预知性来看，网络话语权的实现成本还是非常高的。

2020 年，B 站 UP 主“卡夫卡松饼君”把自己抗击癌症所表现出来的乐观态度和过程发布在网络。本来乐观抗癌的表现，却遭到大量用户的网暴，最终连 UP 主本人也被网络口水反噬。[①] 网暴的理由看似是一个小题大做的话题，但网络口水反噬的威力大到惊人。

一方面，网络表达的自由是相互的，你有发表的自由，我有评价的自由。法律对此的底线，一般体现为两点：一是不能捏造事实，不得侵害他人人格权；二是不得以侮辱性语言诋毁他人。这两条法律底线作为平台管理的基本抓手，从这个角度讲，平台能管得了侵权和违法行为，但管不了舆论的产生和方向。

另一方面，网络传播中极易出现“沉默的螺旋”现象，沉默的大多数人并不表态，善于表达者也仅是从个体角度进行表达，出现 KOL 之后，沉默的大多数人会以点赞、转发、评论等方式予以附和。从这个角度看，整体的评论并非整体意见的大多数，而是个别善于表达者的意愿裹挟着沉默的大多数人群。

网络话语权逐渐演化成两个方面——表达者与评价者。表达者无法判断，更不可能左右评价者，评价者往往在表达的同时也变成被评价的对象。

---

① 《被网暴的抗癌 UP 主，“用死证明了自己的病”》，载山西晚报网，https：//baijiahao. baidu. com/s? id = 1689865878007802497&wfr = spider&for = pc，2023 年 6 月 15 日访问。

这二者之间的内在逻辑，形成了网络话语权、表达权、评价权与舆情之间的关系。

话语权的复杂性，在网络生态与技术影响的背景下，变得更为复杂。首先，平台通过大数据学习与算法推荐的方式，形成了垂直化话题，表达与评价的兴趣点被随处标记。其次，算法控制着热搜、热词、热榜，看似因舆论形成的热搜，实际上是因热搜形成的舆论。再次，KOL 的表达被多重奖励，流量与商业的无缝对接、平台为内容支付的费用、蹭热点带来的粉丝数量等，都使 KOL 实质上成为网络舆论，甚至网络暴力的助燃器。最后，KOL 本身也被粉丝与舆论所裹挟，粉丝群体的构成是 KOL 在表达、评价某事时必须特别考虑的问题，有什么样的粉丝就有什么样的 KOL。垂直类别的划分要求，使 KOL 本身必须具备某种人设，这种先入为主的人设又加剧了网络舆论。

对于平台而言，话题感是求之不得的事情。有话题就有流量，争议意味着关注。在流量为王、变现迅速的时代，平台会以最大的热情来完成普通事件的热点转化，甚至主动通过设置热榜、话题等形式来搭建争议的话题。

在这种互联网生态中，每个人看似都是表达者，但其实大家也都是被评价者。在技术设置、KOL、“沉默的螺旋”、流量经济和用户性质的裹挟下，网络力量的反噬能力会吞噬掉一切东西，形成一个看不到、摸不着的“黑洞”。接近这个“黑洞”的评论，都会被“大多数”所掩盖，这个黑洞里面既缺乏正义，也鲜见善良。“黑洞”的中心，往往是无辜的主动或被动的表达者，也包括评论者。牺牲了个体的权益，看似大多数人的知情权与表达权得到了满足，但按照罗尔斯《正义论》的观点来看，这才是最不正义的行为。前述事件中的 UP 主，在生前就遭受到了这样的待遇，她不再是抗癌明星，而成为网络发泄的工具，是巨大流量的代价。

网络“黑洞”也常常被人利用，“饭圈文化”、“网络水军”、网络勒索、差评与“黑稿”等都在传播矩阵和网络平台设置的规则中存活，有的甚至成为产业。当表达权被买卖，当表达者不被尊重，当平台只看流量，当人被作为手段而非目的之时，网络话语权就失去了本来的意义。没有了真实的表达，也就谈不上自由，每个人既噤若寒蝉，又吃着“人血馒头”，越来越多的看客旁观缺乏伦理与善良的盛宴，每个人都成为流量的生产工具，或是被消费，或是消费别人。这样的互联网传播生态，相信每一个善良的人都不会喜欢。

网络虚假信息治理的反思

自从流量经济成为网络经济发展的核心要素后，伪造新闻现场的“摆拍视频”、无底线的事件炒作、恶意引导负面舆论的负能量传播、“饭圈文化”的跨圈传播等违法传播现象，为吸引流量，罔顾法律规定与道德底线，不惜以牺牲公共利益为代价获取直接或间接的商业利益。在法律法规适用层面，网络虚假新闻主要分为以下四个方面。

第一，时政类新闻信息的采编和传播主体应符合相关法律法规。按照相关规定，涉及政治、经济、军事、外交的报道以及社会突发事件的报道与评论，属于时政类新闻范畴。只有具有互联网新闻资质的主体，才能采编、发布和转载时政类新闻。具有相关资质的非新闻类平台，仅可以转载相关信息，但不能采编和发布时政类新闻。

实践中，很多自媒体“摆拍”的虚假新闻，性质上大多属于社会突发事件，按照相关法律规定，这些假新闻的发布者是缺乏合法主体资格的。同时，这些违法传播行为，也违反了新闻的真实性原则，涉事账号除承担相关法律责任外，平台还应将其纳入信用监管体系，适用跨平台的线上线下信用联合惩戒制度。

第二，编造和故意传播虚假的疫情、灾情、险情和警情的，或者明知是虚假信息，仍在网络传播，严重扰乱社会秩序的行为，属于《刑法》规定的传播虚假信息罪范畴。根据情节轻重和社会危害度大小，传播虚假信息的行为也可能涉及《治安管理处罚法》的相关规定，相关当事人须承担行政处罚责任。

一旦出现虚假信息传播，平台应依法采取必要措施，减少虚假信息进一步被传播。同时，应及时启用辟谣机制和大数据精准辟谣手段，依法保存相关信息和相关账号注册信息，并向网信部门和公安部门报告。

第三，根据相关司法解释，在网络捏造事实、损害他人名誉，情节恶劣，造成严重后果的，按照诽谤罪论处。编造虚假信息，或明知是虚假信息，仍肆意传播，甚至通过自媒体传播矩阵进行推广传播，造成社会秩序混乱的，依法应按照寻衅滋事罪论处。如果发布相关虚假信息的目的在于敲诈他人钱财或有其他不法目的的，依法应按敲诈勒索罪论处。

实践中，存在大量利用网络技术作伪的虚假新闻，其核心目的不在于吸引流量，而在于敲诈勒索。因此，此类事件应结合侵害公民个人信息犯罪的相关司法解释一并适用。保护好公民个人信息，是在此类违法行为中解决网络欺凌、“人肉搜索”、精准诈骗和网络暴力的关键所在。

第四，根据《互联网用户公众账号信息服务管理规定》，自媒体账号的名称、头像、简介等都不得冒用、伪造他人名义，特别是不能冒用党政机关、企事业单位和社会知名人士的名义。法律不允许“借树开花”式的网络冒用行为，更不允许假借他人公信力达到混淆视听的目的。对于经济、教育、司法、卫生等特殊领域的自媒体，平台必须在用户注册时审核相关资质，以确保信息发布真实、权威和专业，保障网络用户的知情权。

按照该规定，MCN机构与相关账号都应为传播内容的合法性和真实性负责，不论相关经纪合同是如何规定的，一旦出现问题，都会依法进行处罚。网络实践中，针对多个账号发布“同质内容”、生成虚假数据、操纵“热搜”和人为制造热点的“众口铄金”的情况，《互联网用户公众账号信息服务管理规定》将其明文规定为违法行为。特别是针对囤积账号、非法利用传播矩阵、煽动极端情绪和影响社会和谐等行为，《互联网用户公众账号信息服务管理规定》都明文作出了禁止性规定，对炮制虚假新闻的违法行为，从账号治理层面进行有效制约。

网络营销号乱象治理

一、网络营销号乱象概述

与普通账号不同，网络营销号大多是以实现商业利益为目标，以流量变现为手段，靠无底线的炒作、低俗内容传播和散布耸人听闻的谣言为传播方式的商业运营账号。一般来说，营销号有五大特点，若不加治理，恶意营销号将成为扰乱网络视听、侵害公民表达权和损害社会公共秩序的毒瘤。

第一，营销号传播具有矩阵传播的特点。营销号数量庞大，不仅各个账号之间的关系庞杂，具有千丝万缕的联系，而且每个账号的传播内容往往可以通过大量关联账号的转载和评论，形成“热门”“热搜”。矩阵传播特点对谣言传播的影响极大，辟谣难度很大，“三人成虎”的传播效果往往让网民对天方夜谭般的谣言也会深信不疑。从这个角度看，恶意营销号的治理需要根据传播规律“按图索骥”，避免其死灰复燃。

第二，营销号归属于运营机构。各个营销号的传播矩阵是依靠特殊的关联关系形成的，从主体角度看，这种关系就是“多号一主”。实践中，经常存在一个营销公司、一个团队同时运营上千个账号，也存在多个账号主体归属的公司与其他公司形成的关联关系。这种营销号运作依靠“大带小”“事件带号”“号带事件”“传播流”等特殊方式进行。

按照现行法律规定，网络实名制施行“前台自愿，后台实名”的方式，尽管多个营销号属于同一个主体，但网民受众并不知情，在特殊时期和特殊事件中，“万口一辞”的传播效果往往会严重误导社会公众。从治理层面讲，仅封杀数个违规账号，对背后运营者而言，顶多算“丢卒保车”，他们依靠关联关系，很快就能恢复传播矩阵，事后依然可以活跃于网络。因此，对恶意营销号的治理核心在于线上线下相统一，线上封禁违法违规账号及其关联账号，线下依法追究运营者责任，实施信用联合惩戒机制，对涉案运营公司及其直接负责人，应依法适用行业禁入制度。

第三，营销号发布信息属于商业表达。商业表达与一般表达不同，商业表达的目的在于获取商业利益，对此，法律规制与注意义务应高于一般性表达行为。从境外比较法来看，无论是美国，还是欧盟，对商业表达边界的判定与一般公民表达适用标准都不一样，商业表达承担的法律义务明显高于一般表达。这样做的主要原因在于，商主体从商业表达和公众的关注中直接获利，所以他们应受更高的法律标准约束。

从账号传播影响力来看，营销账号的粉丝数量很大，其表达受众人数众多，更大的影响力意味着更大的社会责任和法律责任。按照网络主体责任理论标准，账号责任也应分为法律责任、社会责任和道德责任。营销号因其受众群体庞大，应承担的社会责任就更大，道德标准也应提升。简言之，大V与一般账号应遵守的社会责任不同，粉丝越多的账号所承担的社会责任和道德责任也就越多。从这个角度看，相较于普通人而言，大V承担的内容审核责任和注意义务应更多。

第四，营销号发布的内容普遍存在问题。从网络法治实践看，几乎在所有网络谣言事件、炒作事件、低俗事件的传播过程中，营销号都是关键传播节点和主要传播者。从营销号发布的内容来看，这些账号之所以更愿意发布违规信息，其核心在于迎合流量需求，而一切追求流量的运营目的会导致谣言、低俗、炒作等信息成为最佳传播内容。

特别是在某些特殊时期，谣言信息和炒作信息的传播呈几何形扩散趋势，其原因都在于营销号疯狂介入。这些账号不仅矩阵转载，而且通过标题党、配图、节选、更改等方式将违规信息“变种”升级，从一个账号传播到另一个账号，从一个平台传播到另一个平台。只要有了流量，相关广告收益、养号收益和电商收益效果就会显现出来。

从知识产权角度来看，营销号的原创内容并不多，大部分都是以复制粘贴等方式获得，然后再以标题党的方式表现出来。随着网络技术的发展，大量营销号开始采用AI方式完成稿件。机器人写稿运用最娴熟的当属营销号，它们先通过“爬虫”获取物料，然后进行拼接，再用AI配图和排版，最后人工进行标题设计，于是一篇网红文在几分钟之内就被炮制出来。AI炮制网红文的成本很低，但版权人维权很难，因为剽窃的文章来自“拼凑”，有的拼凑来自数十篇文章，这些偷来的文章甚至能够顺利通过“查重系统”和“原创系统”的监测，可见单独的版权人想主张权利是非常困难的。

第五，营销号非常善于规避法律责任。营销号在发布、炮制和传播谣言信息时，一般会先以小号的方式将信息加以发布，再通过中等号进行转载、带话题评论，最后使用大号进行转载。如果在中小号发布信息过程中，发现有非营销号转载，特别是非营销号的大V转载时，这些后续大号就会转载那些非营销号的转载。这种“转载套转载”的方式，往往会掩盖传播路径，即便最后被证实是谣言，传播获利的营销号也会以“法不责众”和转载抗辩进行规避。从以往网络治理实践看，这种规避方式既会混淆用户视听，也加大了法律制裁的难度。

网络恶意营销的主要表现形式包括：①虚假摆拍、编造虚假情节引流；②统一话术同质化文案，编造爱国爽文或极端民族主义文案攫取流量；③冒充政府、官方名义吸引用户等。微信、小红书、抖音等社交平台此前已多次对恶意营销现象出台相应的规范性要求。2022年4月，微信安全中心发布《关于治理微信个人账号“恶意营销行为”公告》，[①] 其主要内容包括对于发布刷单类信息、虚假夸大类信息，典型如减肥、增高、丰胸等“黑五类”营销信息账号予以封禁治理公示，并为用户提供具体投诉步骤指引；小红书、抖音等平台针对“佛媛”“同质化爱国”流量舆情热点，发布

① 《微信：关于治理微信个人账号“恶意营销行为”的公告》，载环球网，https://china.huanqiu.com/article/47alklrRPzS，2023年6月18日访问。

“勿打造虚假人设”“理性爱国”等相关提示。①

根据笔者的调查研究，可以发现，类似恶意营销现象仍然时有发生，并出现诱导性大、迷惑性强、效仿速度快等特质，即在某一形式的虚假营销出现后会迅速在各大平台上出现病毒式复制，例如曾被多家官方媒体点名的“刑满释放人员恶意营销”事件。此类信息的突出表现是造谣成本较低，引流作用明显，类似账号行为易与平台形成收割流量合谋，平台甚至给予推流等鼓励性手段，由此产生屡禁不止的治理难题。

二、营销号乱象分类梳理

（一）爱国主题同质化文案恶意营销类

此类营销号，打着“爱国”的名号，却大肆批量创造同质化文案，对社会造成了不良影响。

1. 同质化“爱国文案”

2021 年 9 月，有一批文案内容均为“我们没有生在和平年代，而是生在一个好国家”的视频在抖音等平台呈现刷屏式传播，视频主要内容均为主播以第一人称讲述自己在中国边疆地区被边防特警官兵保护，声称自己在海边或江边架起支架用手机拍摄视频，身后 50 米左右停着一辆边防特警车，边防武警官兵为了保护人民的安全站成人墙面对境外方向，把人民挡在身后。主播随即表示想起阿富汗人民正处于水深火热之中，自豪于祖国国泰民安，并向观众索要点赞，此类视频在抖音上最高点击量超过 50 万。②该事件发生后，共青团中央官方微信公众号发文点名批评，抖音方面对此类内容巡查下架，并在首页予以“请勿借用‘爱国情怀’进行营销”等提示。

2. 公共卫生事件期间“华商太难”体“通稿式”造谣

在 2020 年新冠病毒感染初期，部分微信公众号上出现多篇涉海外华人

---

① 《央媒痛批，永久封禁！“佛媛”是诚心礼佛还是欲壑难填?》，载澎湃新闻网，https：//www. thepaper. cn/newsDetail_forward_14645919，2023 年 6 月 18 日访问。

② 张照栋：《文案都不改，“爱国”视频成批出现 共青团批评：爱国不是生意》，载观察者网，https：//www. guancha. cn/politics/2021_09_29_609114. shtml，2023 年 6 月 18 日访问。

的文章，标题均为“疫情之下的××国，店铺关门歇业，华人有家难回，××国华商太难了”[1]等类似内容，提及国家包括但不限于俄罗斯、葡萄牙、匈牙利、土耳其等，此类文章在海外华人圈及国内留学生父母群体中引发恐慌，严重影响了部分海外华人的生活。警方及网信执法部门调查后发现此类文章内容均源自同一控制人控制的位于福建省福清市的三家公司，公司旗下共控制着数十个公众号，福建省福清市人民法院认为在疫情防控的特殊时期，编造、传播虚假疫情信息给防控工作带来干扰，对社会秩序造成负面影响，判处3名被告人1年3个月至8个月的有期徒刑。[2]

正常运营原创公众号的目标通常是打造人设IP，但类似“华商太难体”恶意营销账号则更类似机器分发，通过工业流水线方式攫取流量，通过工业化生产方式复制增值，在流量竞争中占据优势，并借助一键分发工具在公众号、百家号、大鱼号、搜狐号等平台中以不同账号出现。此类同质化营销号表现为单篇阅读量畸高、后台粉丝数量较少、平均阅读量不稳定等特征，用户关注后即可发现文章质量较低，缺乏人格化特征，因此后台粉丝数较少。但是，因为同类文章的复制成本较低，背后公司往往手握大量账号，能够在短时间内实现大量传播，以较低成本产出大量套路化洗稿文、复制文。

3. “洋五毛”利用“热爱中国”人设吸粉赚取流量

在B站、抖音及快手等平台上，以俄罗斯籍网红“伏拉夫”为代表的外国人主播通过在视频中反复高喊“厉害了，我的中国”“我爱中国”“我要成为一个真正的中国人”等，立“爱中国”人设，进而吸粉接广告捞金，其视频同质化严重，内容空洞，有外国人网红甚至出现为吹捧华为手机而当众踩碎苹果手机等恶意引流行为。

---

① 《疫情让海外华人有家难回？扒一扒“通稿式造谣”的营销号什么来头》，载澎湃新闻网，https：//www. thepaper. cn/newsDetail_forward_6571441，2023年6月8日访问。

② 杨杰：《炮制“华商太难了”涉疫谣言，福建福清三男子投案自首获刑》，载澎湃新闻网，https：//news. sina. com. cn/c/2021－05－06/doc－ikmyaawc3671090. shtml，2023年6月8日访问。

（二）捏造虚假“情感类情节”引流

此类虚假内容在抖音、快手等平台中均有出现，其中小红书作为以年轻女性用户为主体的平台表现突出。此类内容的主要运作模式表现为：素人账号分享感情故事，其中多以出轨、分手、离婚、婆媳关系等敏感话题为主，并对此类内容展开连续更新，通过赚取流量后开始变现。2021 年 8 月，千瓜公布数据显示，近一个月内小红书“情感两性”达人前五名的笔记点赞量超过 192 万次，平台内大量素人靠分享情感故事，获得关注和讨论，从而晋升为达人。抖音、快手等存在大量下沉用户的平台中，连麦调解、连麦倾诉感情问题等形式表现突出，如快手平台直播情感类频道中，大量情感主播在直播间帮忙解决各种家庭纠纷，如婆媳关系等，当事人在和主播连麦时，大量出现争吵等激烈矛盾性内容，但类似内容往往吸引流量，甚至由此出现部分“麦手”公司，即专职介绍素人与情感类主播连麦吸引流量，公司雇用上百名编剧、场控、运营，以及助理、专职演员等，配合主播进行情感调解。相关媒体披露内容显示，单人麦的行业通用价码是每小时 25 元，双人麦每人每小时 70 ~ 80 元，三人麦每人每小时 200 ~ 240 元。线下演员则相对价格更贵，会根据“麦手”露脸的程度决定价位，如戴口罩是每场 300 ~ 400 元，全部露脸是每场 800 ~ 1000 元，素人演员借此获得收入，平台内主播通过与素人合作收获流量资源，并实现后期带货等转型。

（三）“立人设”式恶意营销

近年来，“立人设”式恶意营销出现批量化趋势，部分人设在一段时间内引发关注后，人们一拥而上，大量 MCN 机构入局养号，培养一批流量账号后，开始迅速变现式割韭菜。由于同类账号在短时间内同时出现，所以容易在网上引发舆论舆情，反向推动对于类似账号的关注。例如，此前出现的“佛媛”事件，意为在寺庙等场合穿着暴露或卖弄性感的网红博主，这类内容中照片、文案同质化严重，但在短时间内，部分用户通过关注此类现象，进而对关键词进行检索，会为此类账号注入大量流量，于是账号主体“养号”成功后可通过变卖账号、接广告等方式赚取利润。针对这一现象，抖音、小红书等平台清理、封禁了多个该类型账号。此外，平台在搜索场景内，针对相关行为提供了温馨提示，当用户搜索“佛媛”时，搜索结果页会提示“做真实的自己，才会被人长久喜爱。请对虚假人设、借机营销行为说不”。

部分刑满释放人员以“刑满释放”等内容为标签吸引流量，做“励志网红”,[①] 并直播带货、经营粉丝群，也可归入“人设式”恶意营销行为。2023 年 1 月 22 日，微信公众号“中国网络视听节目服务协会”发布消息表示，已全面排查清理以“刑满释放”为标签的搞笑、卖惨、博取流量的不良网络视听内容。截至 2023 年 1 月 21 日晚，共排查处置违规账号 222 个，清理违规内容 3345 条，下架相关话题 207 个，强化对相关用户的头像、昵称、简介、背景图等基本信息的审核力度，如禁止账号在用户名及简介中使用“刑满释放”“出狱”“服刑”等表述，平台强制对账号进行用户资料重置，同时限制用户修改资料的期限为 7 天。在关键词上，围绕搜索、评论等环节，梳理汇总 83 组关键词对直接搜索内容、搜索联想词等进行严格限制，严防相关违规信息再次出现。[②]

（四）冒充官方、警方等账号恶意营销

微信公众号平台中，××发布、××美食、××楼市风云等账号命名模式被快速复制到全国所有的城市，其中突出表现为以乡镇为代表的公众号，因其具有较强的垂直属性，对某些县乡地区缺乏媒介素养的用户具有较强的迷惑性。例如，某一县城类似地域号可能同时存在数十个以上，但账号主体可能并非本地用户；还可能混淆发布主体，如冒充警方予以官方发布，或在发布公众号的文章头图中使用“官方发布”等字样，具有较大

---

① 王选辉：《专家谈“刑释人员变网红”：坚决抵制美化服刑，需正当谋生》，载澎湃新闻网，https://www.thepaper.cn/newsDetail_forward_21629690，2023 年 6 月 8 日访问。

② 《中国网络视听节目服务协会：坚决抵制刑满释放人员通过短视频和网络直播博取流量》，载光明网，https://tech.gmw.cn/2023-01/22/content_36318870.htm，2023 年 6 月 15 日访问。

的迷惑性。

此前上海市网信办对超过40家违规自媒体账号依法予以处置，处置的公众微信号名称包括“国际要闻”“人民栏目网”“环球要闻”“上海百事通”“上海最资讯”等,[①] 这些账号发布的虚假信息包括升学、就业、疫情防控、楼市信息、医保等与本地市民生活相关的内容，对区域舆情生态具有较强的负面影响。

（五）捏造情节“卖惨式”摆拍恶意营销

此类恶意内容多针对农村等地区，聚焦于老人儿童等社会普遍意义上的弱势群体，通过对此类人士生活状况的夸大或恶意捏造进行营销，如此前凉山等地区频繁出现“卖惨”式带货、“悲情”式营销，以及攀枝花芒果“大量滞销”导致农民“亏得血本无归”等内容。针对此类现象，凉山州市场监督管理局等五部门联合印发《凉山州网络市场“卖惨”营销等虚假助农信息专项整治方案》,[②] 对此类现象在全州范围内开展专项联合整治。

类似现象还包括入驻抖音、快手的部分博主，他们以“帮助贫困老人”为旗号，集中拍摄农村地区老人儿童等内容来吸引流量。

三、网络营销号乱象影响分析

（一）利用“阴谋论”视角解释相关政策

同质化“爱国爽文”内容可能引发谣言传播，继而引发民众层面的不理智群体性行为，如某些营销号动辄就称“国外股市崩盘”，极易引发不理智投资行为。同时，部分专业政治、经济政策被阴谋论曲解，也容易引发国内民众的敌对情绪，误导受众对于世情国情的基本认知，炮制狭隘、极端化的思维范式和极端民族主义话语体系。“爱国”“扶贫”“助农”“城乡

① 《上海“清朗”专项行动取得明显成效，下架1840个违规App》，载澎湃新闻网，https://www.thepaper.cn/newsDetail_forward_10312671，2023年6月18日访问。

② 《凉山：部门联动 开展网络市场“卖惨”营销等虚假助农信息专项整治》，载凉山州人民政府网，https://liangshan.scol.com.cn/rdxw/202110/58315687.html，2023年6月8日访问。

差距”等议题因自带强烈的情感属性，更易博取关注和流量，容易引发共情并在社交平台上引发“病毒式”传播与情绪极端化，通过点赞转发、评论等行为，产生情绪循环，进而形成一种强大的情绪声势，获得更广泛的传播力和影响力，并最终导致一种扩张性、压倒性的情绪，影响舆情生态。

（二）以爱国、扶贫等形式掩盖产品低劣实质

从社交媒体短视频、“爆文”创作到文艺作品创作，蹭爱国、扶贫、助农等流量的创作者都抱有一种投机取巧的捷径心态，因此这类作品往往内容低劣，专业水平低下，由此可能涉嫌欺骗消费者、夸大营销等问题。

（三）媚俗、庸俗、低俗内容霸屏，影响网络生态秩序

婆媳关系、男女关系等内容是以小红书为代表的女性受众居多的平台的“流量密码”，这类内容也容易对网络生态环境造成影响，同时这类内容通常具有媚俗、庸俗、低俗等特质，影响公众观感。

四、建议对策

（一）加强同质化洗稿公司源头化治理

类似“华商真难”的系列文章发布者系同一公司，该模式已出现成熟化产业链，部分互联网传播公司使用相同模板大量分发相同内容，以求触达分散化受众。大量公司手握数千账号以实现快速变现，主要方式包括“软广植入”“贴片广告”“私域流量变现”“赞赏”和返佣商品推广等，公众号主体交易通常根据账号的所属类目、粉丝数量、是否有留言功能、阅读数量及打开率不同而定价不同。因此，对于此类手握大量账号的公司，应当加强监管；对于部分长期洗稿、发布低质量内容、内容原创度不足的账号背后的公司，应当及时进行约谈或采取其他行政监管手段。

（二）加强平台流量补贴计划监管，防止“唯流量论”

恶意营销屡禁不止，根源在于其内容有固定受众，且具有引流属性，与平台逐利形成合谋，由此导致除公众号外，恶意营销普遍存在于大量有流量补贴的平台，包括图文形式、视频形式等。2015 年以来，各平台相继

推出流量补贴计划，由此导致恶意营销为吸引流量而产出大量低质化、同质化内容。因此，对于平台流量补贴计划，应当防止单纯的“唯流量论”，督促各平台在流量基础上，对优质内容给予扶持，防止机械化分发洗稿内容的账号以“劣币驱逐良币”的形式损害平台生态。

（三）设置账号命名、头图“黑名单”制度

针对目前伪官方发布账号泛滥的现象，笔者建议，应当对各地政府公众号、抖音账号等给予显著提示，并对头图文字、账号命名采取“黑名单”机制，即非必要不允许使用地名命名账号，不允许在头图中使用“××发布”“××提示”等字样，或采用其他显著方式将各平台中官方账号进行区隔，防止以官方为名的恶意营销成为谣言温床。

（四）强化 MCN 机构对于旗下主播的管理监督制度

目前，主播背靠 MCN 机构已成为行业的主要生态形式，大量利用虚假情感调解、树立虚假人设的主播背后实际上为 MCN 机构操盘设定，因此应当对类似违规主播实施封禁措施，倒逼 MCN 机构对营销尺度进行自我提升、自我监督。平台发现类似现象后，除对主播本人进行处理外，还应当同时对 MCN 机构进行信用评定评级，对于存在较多违规的主播公司进行监管或清退。

（五）平台设置专门的助农、扶贫等平台内带货渠道

直播助农等行为在本质上反映了直播对于新农村建设可能的促进渠道，有利于在当下产销信息不对称的情况下打破壁垒，提升农民生活质量。因此，对于此类行为，平台不应因噎废食，可通过专门助农、扶贫等渠道，对农民或农户资质进行审核认证后，开通直播带货或其他销售渠道，避免卖惨式营销消费网民同情心，同时营造互联网助农、富农的风清气正的网络环境。

流量经济与自媒体治理[①]

从产业发展角度看，流量经济已经成为当下互联网经济的主要形态，主要表现方式为流量变现。从互联网市场层面分析，如果说流量变现是流量经济的主要目的，那么自媒体就是流量经济变现的重要主体。如果我们要厘清自媒体传播伦理与法律治理问题，就必须从以下路径入手分析。

一、流量变现的类型

本文结合互联网技术、产业与市场发展、自媒体形态等角度，可以将互联网流量经济分为以下三大类型。

第一种类型，流量转化关注度，即平台、自媒体通过流量分割的方式，对公域流量或私域流量进行自动或人工的分割，并在此过程中获得收益。

对网络平台而言，所有的流量均出自整体流量池，具体分割到单一自媒体身上，一般通过以下三种途径：一是通过算法分发的方式；二是通过主动人工调整分配的方式；三是通过自媒体购买的方式。以上三种流量分发方式中，算法分发方式会结合用户偏好，使平台的传播效果最好。后两种分割流量方式，则是在第一种方式的基础上，基于平台对社会责任、时政类新闻传播责任和社会道德责任的承担而衍生出来的流量分配方式。

从自媒体角度看，自我流量产生于私域流量，是对自己流量的有偿分割，是自媒体（特别是直播、短视频类）变现的主要方式。例如，直播间人气高的主播，会给送出礼物最多的人进行“点关注”服务，即号召自己的粉丝进入点关注最多人的直播间，或对其关注，或购买其产品。在直播

① 朱巍：《互联网流量经济背景下的自媒体治理》，载《青年记者》2021年第7期。

产业大火之前，私域流量的变现方式往往通过广告完成，直播产业盛行之后，变现最佳的方式就是依靠流量有偿分割、流量引流等。特别是，MCN机构入场后，网红与MCN机构之间商业化分割私域流量的现象日渐凸显，甚至在很多平台都出现了“汇率”，即三元人民币换一个关注。

第二种类型，流量转化为电商活动。随着快手、抖音电商化属性的加强，加之淘宝直播等垂直类电商平台的发展，电商销售成为流量变现的主要渠道。一个直播间能销售多少货品，在很大程度上取决于直播间在线人数的多少。垂直类电商平台一般采用“从货到人”的营销模式，即用户对某种货品存在购买需求，平台则以直播介绍货品和折扣相结合的方式吸引流量。而非电商垂直类平台，如快手、抖音等，其用户主要是以社交、娱乐为目的，直播间的销售只是社交的“副产品”。

除了直播类自媒体，其他自媒体更多地通过发布内容嵌入购买深度链接、引流和跳转的方式达到销售目的。万法归宗，自媒体总是努力将流量直接转化为购买力。

第三种类型，流量转化为商业广告。流量对商业广告的转化是自媒体最早的变现模式之一。但近年来，随着“网络水军”等黑色产业的活跃，消费转化率与点击量比率越来越低，故该产业日渐萎缩。

值得关注的是，从广告市场角度看，广告主按照点击次数判断传播效果来付费的模式正逐渐被广告转化率所替代。判断某一消费行为到底是不是由某一自媒体引流而来，是一个技术问题。最近几年，自媒体电商市场出现了利用区块链技术演化而成的“锁定码”，即每个自媒体传播的商业链接都存在独一无二的“锁定码”，通过“锁定码”转化的消费者，再通过区块链智能合约的方式进行分成提现。技术的变革使自媒体广告极有可能在未来重获新生。

二、自媒体获取流量的特征与本质

通过以上关于自媒体变现方式的梳理，我们接下来分析流量经济背景下，自媒体获取流量的特点与本质。

首先，流量是自媒体变现的基础。流量变现看似是个中性词，但如果结合最近这些年的自媒体传播乱象，就会得出结论："流量为王"是乱象产生的根本原因。从传播效率角度看，猎奇、媚俗、庸俗、恶俗、色情等内容，往往是最吸引关注的传播内容。在流量为王的背景下，"丑角"变现成为现实。无论是扮丑的马某国，还是违反道德底线的劣迹艺人，或者是炫富的网红，再或者是因违法行为出圈的刑满释放人员，都在短时间内获取了大量的流量关注。这些关注和流量，如果没有法律监管，或者缺乏公共利益和善良风俗约束，那么"黑"与"红"之间的流量转化，就会变得非常有效。

其次，行为是获取流量的渠道。如果通过传播效果验证某一行为能够达到获取流量的效果，模仿者就会趋之若鹜。例如，之前曝光出来的"少女妈妈"事件，大量未成年人看到发布少女怀孕的信息就可以获得大量流量，导致短时间内以"少女妈妈"作为标签的网络短视频大量涌现。又如，吃播博主以损害身心健康的表演和浪费食品为吸引点，导致大量草根网红跟风模仿。

所以，当某一行为获取了流量却违反法律法规或者善良风俗时，若没有得到及时有效的监管，势必会造成大量模仿行为的出现。互联网"反智"现象的本质就是如此，当很多人进行模仿的时候，这个行为性质就会被重新定义。逐渐发展下去，能否获取流量就成为评价某一行为的最重要标准，网络价值观也就会严重偏离现实价值观。

最后，黑色产业与流量如影随形。网络传统黑色产业仅存在于技术和商业领域，如个人信息买卖、虚假评价、商业诋毁、虚假点击与虚假销售等。随着流量经济的发展，网络黑色产业逐渐向传播伦理进行侵蚀。网络黑色产业新形态中，最典型的当数"蹭热度""蹭流量"。

前有"大衣哥"，后有"拉面哥"，本来在生活中比较平凡的人，因为某一事件而被"网红"后，这些平凡人就会被当成流量的"工具人"。而他们一旦成为流量的工具，其生活隐私和安宁甚至人格尊严等都会被互联网吞噬。这里既有"拉面哥"等正面褒义的流量带入，也有"饭圈文化"中被群起攻之的网络暴力文化，还有利用民众怜悯心、猎奇心、窥私心的贬义流量，更有滥用网民朴实的爱国心的道德绑架文化等。这种黑色产业不同于传统黑色产业，更倾向于形成舆论旋涡，希望制造、激化和利用网民心态，宣泄网络情绪，转化为流量以间接获利，而这种行为对互联网法治与舆论安全，以及对当事人及其家属个人权益，都会造成巨大的损害。

三、流量经济与自媒体传播乱象下的治理思路

结合流量经济与自媒体传播乱象，以现有法律法规和技术为着眼点，综合他律与自律规则，笔者从平台主体责任和传播者伦理义务等角度，提出以下三点治理思路和建议。

（一）算法监管

不论从传播效率角度还是技术加持角度看，算法在自媒体传播中都起到中流砥柱的作用。自媒体流量的多寡，看似依靠内容为王与公私域流量的分割，但其实所有流量的基础性分割仍掌握在平台手中。平台通过大数据分析、匹配，以算法作为主要手段，在流量上游进行调控，在流量中游进行分配，在流量下游进行监管。

算法并不仅是程序，也并非单一的技术。算法本质上是互联网平台分割流量的工具，是将有限的资源进行匹配的方式，是连接信息接收者与发布者之间的纽带，也是大数据商业化使用与人工智能深度学习的展现渠道。从平台主体责任角度看，算法必须具有法律属性、道德属性与社会属性。

从自媒体作品与流量池匹配的关系看，算法的决策主要依靠大数据对作品传播的预测，以及在预测与结果之间修正的学习过程。可见，在技术层面，决定算法分割流量的根本因素在于网民的大数据偏好。从这个角度讲，有什么样的网民，就会有什么样的大数据，也就会有什么样的自媒体作品展现。反过来讲，什么样的作品被更多地展现，就会吸引什么样的自媒体内容。正因为如此，各个平台用户群体也多有不同，自媒体作品展现也大致与群体画像相匹配。

因此，治理自媒体乱象的核心和抓手，就在于平台算法的监管干预。如果任由“流量为王”，缺乏法治与道德，那么没有社会责任承担的算法必将成为自媒体乱象的始作俑者，当然互联网平台也难辞其咎。我们反推某一违规作品大火出圈时，需要考虑的因素不仅包括作品发布者或网民的好恶，更应考虑平台的算法这个关键性因素。

（二）流量治理

前文提到的流量变现的几种方式中，自媒体广告引流、电商变现引流等类型，在目前适用的《广告法》《电子商务法》《互联网广告管理办法》和《网络交易监督管理办法》等法律法规中，规定的内容都是比较抽象的，缺乏具体有效的法律依据。以直播流量带货为例，在市场监管实践中，仍存在主播带货行为究竟是销售行为还是广告行为的争议，甚至还存在适用《反不正当竞争法》的案例。

正是法律对流量转化电商变现性质的模糊规定，导致对于变现的法律约束力大打折扣。实践中，很少有平台会对变现流量合法性进行预先审核，更不会对流量流动方向进行把控。表面上看，“拉面哥”虽然获得了巨大流量，且有成百上千的直播人群通过对工具人“拉面哥”的直播获得流量，但这些偶发性流量不可能支撑起自媒体长期变现的可能。而收割短线流量之人，不乏销售假货、虚假宣传、侵害消费者权益之辈。通过那些围观直播“拉面哥”的主播们建立起来的流量一级市场，再间接转化为以不法电商经营者为主体的二级市场变现。从法律角度看，流量产生者与制造者，都缺乏法律应有的定位，流量就在法律监管“白”与“黑”处游走，并最终流向违法洼地。

对于那些只为刷礼物多的人“点关注”的主播们，在法律上应给予广告发布者的定性，即从谁那里引流，若出现问题，谁就应该承担广告发布者责任。从流量经济角度看，互联网广告类别早已超过传统广告模式，流量引流和关注，应该成为互联网广告活动的重要主体。如果立法和执法能够在流量引流问题上设置必要的主体责任，那么就有利于从根本上解决流量获取、流量转化的合法性问题，减少传播过程中的合规问题。

（三）传播伦理治理

从法律角度讲，法律是最低等级的道德，谈伦理问题的前提应该是在缺乏法律规定或者法律规定不完善的情况下，才有价值。随着我国《网络安全法》《民法典》《个人信息保护法》等相关法律陆续出台，很多传播伦理问题已经有了具体法律规定。

第一，在自媒体传播过程中，必须尊重公民人格权。由隐私权衍生出来的安宁权、个人信息权；由名誉权衍生出来的新闻核实责任、审核义务；由肖像权衍生出来的声音权、商业形象权；由名誉权衍生出来的信用权、商誉权等，都已经被明文规定在《民法典》人格权编中。对于媒体属性越来越强的自媒体而言，其必须遵守传播过程中的法律底线。

第二，必须积极履行平台主体责任。任何平台的法律责任都是平等的，但社会责任和道德责任又都是不同的，越大的平台就应有越高的社会责任和道德责任。同理，平台对点击量越高的作品、占有流量越大的作品、直播间人气越高的直播的审核责任也应越高。平台主体责任不仅写进了《民法典》，还在《网络安全法》、国家网信办等出台的部门规章中多有体现。平台主体责任并非否定流量经济，而是要求平台在追求经济利益的同时，必须承担起基本的审核义务，把控流量方向，杜绝网络不良文化对社会公共利益的影响，避免舆论被错误导向，保护好网民特别是未成年人的合法权益，保障国家利益。这些主体责任履行的抓手，不仅在于制度层面，更在于算法、人工智能、大数据商业使用等技术层面。

第三，建立健全的自媒体信用监管机制。对违反法律、传播伦理的自媒体，除了应承担法律法规明文规定的责任，平台也应依法对相关账号及实际控制人进行信用惩戒。这种信用惩戒包括信用积分可视化、明确信用等级对应的权限、划清信用与流量之间的关系、建立跨平台的信用联合惩戒、实现连接线上线下的信用联动制等，其中特别是要建立起自媒体信用等级与流量配比之间的对应关系，通过对算法、大数据与人工智能的信用基数融入，将信用转化为流量的重要奖惩标准。

网络涉娱信息的治理思路

2021年10月，《中央网信办秘书局关于进一步加强娱乐明星网上信息规范相关工作的通知》（以下简称《明星信息规范通知》）正式施行，旨在加强娱乐明星网络信息治理，构建网络清朗空间，并通过对网络涉娱信息传播导向、内容呈现、账号管理和舆情处置等15个具体方面的规定，进一步划清网络传播秩序的法治底线。

一、负面清单的确立

网络经济在创造价值的同时，也可能衍生出扭曲的价值观。长期以来，流量成为商业价值的代名词，更大的流量意味着更多的商业利益。在“流量至上主义”的影响下，流量和数据成为评价个体、作品和行为的唯一标准。“流量至上主义”否认了评价个体、作品和行为的现实社会标准，抛弃了公序良俗和公共利益原则，侵害了受众知情权，扰乱了市场秩序，造成了网络传播秩序混乱。为获取流量，大量畸形审美、炫富拜金、奢靡享乐、“冷饭热炒”、“三俗出位”等不良信息充斥着网络环境。

娱乐明星作为公众人物，比普通人拥有更大的社会知名度和更强的舆论动员能力、传播力，因此他们也应承担更高的社会责任和道德标准。《明星信息规范通知》从法律法规底线、价值观导向、隐私权利、信息真实、传播秩序等多维度规范了涉娱信息负面传播清单。特别是《明星信息规范通知》将不得为“违法失德”明星的复出造势宣传列入负面传播清单，进一步明确了法律红线和道德底线是作为娱乐明星等公众人物从业资格的前提条件，绝不允许触线，也不允许个别组织或个人利用网络舆论试图洗白。另外，《明星信息规范规定》再次从两大方面强调了“饭圈”的秩序规制问题：一方面，不得对其他明星进行诋毁造谣，不得挑动粉丝之间“互撕”的对立攻击；另一方面，明星应依法善用影响力，不得利用其对粉丝的影响力进行非法集资、诱导消费、诱导打投筹款等行为。

二、明确涉娱信息网络展示规范

“娱乐至上”是网络时代流量至上的代名词，涉娱八卦信息既不符合社会主义核心价值观，也不属于互联网向上向善弘扬正能量的范畴。涉娱信息作为社会信息的一部分，不能也不应成为全网关注的首要信息。长期以来，娱乐新闻大比例盘踞网络头条，娱乐明星及其经纪公司甚至可以通过购买头条的方式，炮制、引导、煽动舆论，以牺牲社会公共利益和网络传播秩序为代价，达到其商业目的。

说到底，娱乐明星也是普通劳动者，“饭圈”生态与流量经济催生了娱乐明星的“造神运动”。明星的动态评论、商业代言、公告回应等社会活动，以及其他作秀行为，都被其背后有组织的商业机构以网络信息传播矩阵的方式放大——以网络形成的舆情，伴随洗脑式非理性追星模式，裹挟网民形成“沉默的螺旋”，再配以算法推荐和购买榜单，达到“造神式”传播效果。这种传播“套路”，为平台获取流量和商业机构收割流量创造了舆论基础。

《明星信息规范通知》明确了“自然传播”原则，对购买热搜、榜单、话题等非自然传播方式进行了必要限制，有利于保障公众知情权，维护良好的信息网络传播法治秩序。同时，《明星信息规范通知》也对个别明星“借树开花”“傍热点”等非法炒作、过度解读、片面曲解权威信息源的行为加以限制，确保了权威信源的严肃性和公信力。

明星从事公益活动，本身就是其作为公众人物的应有之义，属于社会责任履行的必要范围。个别明星团队借此进行恶意营销，把公益活动当成秀场，将商业推广与公益活动捆绑营销。《明星信息规范通知》对此作出了明确的否定性规定，即不得“恶意蹭热点进行营销炒作”。

三、夯实账号监管责任

对于互联网平台而言，明星就是流量的代名词，很多平台非常重视明星入驻带来的流量，赋予这些账号的权限也相对很大。实践中，平台对明星账号管理方面存在很多顾虑：一方面，平台需要明星制造流量；另一方面，平台担心对明星账号依法监管，可能导致明星“转移阵地”，迁徙到其他平台，进而带走平台用户。这种“投鼠忌器”的心态，让平台无法对明星账号实现有效的管理。

首先，《明星信息规范通知》对平台管理明星账号责任进行了分类，将明星、经纪公司、粉丝团和娱乐等涉娱账号都全面纳入管理范围。其次，《明星信息规范通知》要求平台对这些明星账号进行分类分级管理，并向网信部门定期报备，实行动态监管。再次，明星网络言行标准，应与自身社会影响力所承担的社会责任相适应，平台应对热点敏感等社会话题中的明星账号言论导向进行有效监管。最后，《明星信息规范通知》明确了对违法失德明星采取的“联合惩戒机制”，全网统一标准，以后不会再出现某个违法失德艺人在一个平台被封杀，便“借尸还魂”转移到其他平台“曲线”复出的乱象。

值得关注的是，《明星信息规范通知》对涉娱账号及其所属 MCN 机构的连带责任问题作出具体规定。对于那些长期进行网络控评、引战、爆黑料、八卦、营销炒作、“冷饭热炒”、标题党、炮制舆论、煽动极端情绪等公众极为反感的违法违规公众账号，平台应从严处理。同时，该文件还明确规定，从事违法违规行为的涉娱账号与其 MCN 机构旗下的其他账号，应承担连带责任。

可见，未来的治理思路是不允许出现“以乱象换流量”“法不责众”的情况，不允许个别违法失德艺人出现“东边不亮西边亮”“打一枪换一个地方”的乱象，当然也不允许个别 MCN 机构以拼凑的传播矩阵搞乱网络传播秩序的情形出现。

四、强化舆情处置机制

网络平台应积极夯实平台主体责任，对爆料明星隐私等违法犯罪行为，以及粉丝群体性冲突等可能引发社会广泛关注的信息，必须纳入舆情监测体系，并及时向主管部门报告。

虽然网络信息的传播速度很快，但如果爆料出来的信息是虚假的话，传播速度快只能加重虚假信息带来的危害。实践中，广泛存在虚拟账号通过炮制虚假信息来获取流量、攻击他人、造谣伤人等乱象。涉娱信息中出现的“小号传播 + 大号转发”“据网传”等匿名爆料层出不穷，如不加以监管，既可能伤害无辜明星的人格尊严，引发网络舆论并进而毁掉其职业道路，也可能损害公众知情权和公共秩序。因此，《明星信息规范通知》规定，平台对涉娱爆料账号应进行复核，如果相关账号的真实身份信息无法确定的，应进行标记，并向社会公示。同时，还应及时督促明星通过官方账号发声，号召粉丝理性对待，避免舆情发酵。

网络寄拍乱象治理思路

一、网络寄拍的类型

“寄拍”意为网店商家将商品寄给接单模特，模特拍完照片后将商品寄回，并将照片发送给店家，店家将照片用于评价自己的商品，或用于商品详情展示、“种草”等，并向模特以各种形式支付一定的酬劳。

寄拍商品以女装、手机壳等生活物品为主，接单模特多为年轻女性。取酬方式主要分为五类：①商家返佣金的“佣金单”；②拍完照片后商品送给模特作为报酬的“送拍单”；③模特拍衣服，商家送诸如项链一类的廉价商品的“AB单”；④素人拍摄放在商品详情页的“主图单”；⑤自己拍下商品，然后由商家返款给模特，模特拍完买家秀后收取佣金的“假拍单”。在此类单子中，为了增加真实性，模特一般还需要浏览商品详情页，增加商品的真实点击数据，截图发给商家确认，拍下商品后，商家会私下返款。

为绕开平台监管，寄拍行业出现一系列“黑话”，如用“宋拍”代替“送拍”、“涌”或者“拥”代替“佣金”、“帆”代替“返款”等，部分涉诈寄拍还会使用指定聊天软件，以规避QQ、微信等平台审核。

目前，与“模特”对接寄拍业务的主体多为中介平台而非电商商家，此类中介平台往往通过QQ群等社交平台进行推广，要求模特缴纳一定数额的会费后才能够加入“接单群”，或通过其发送链接中的软件进行接单。笔者通过加入部分群聊进行参与式观察，以及对相关案件报道进行梳理，发现目前寄拍行业存在刷单、涉黄、诈骗等问题。

针对这一情况，部分社交平台已经有所反馈。例如，笔者在豆瓣平台搜索“寄拍”后，弹出提示称“根据相关法律法规和政策，搜索结果未予显示，请尝试其他查询词”；在小红书搜索“寄拍”则同样会发布风险提示。

二、网络寄拍存在的问题

（一）寄拍兼职要求缴纳“会费”或下载非正规 App

笔者在 QQ 群搜索栏中以“寄拍”为关键词进行检索，即出现大量以“寄拍网拍交流群”为名的 QQ 群，群成员数量多为一两百人。此类 QQ 群名为交流群，实则多为幌子，加群后即会自动提示添加群主、管理员微信或 QQ 等进行私聊，缴费后拉入真正的接单群或正式开始接单。

笔者以年轻女性为头像添加多名群主微信后发现，接单报价时单个商品费用为 40～200 元；也有部分单子可以将货品拍下，收到货品后返图，无须寄回商品，称为“送拍”。此类寄拍通常要求缴纳一定数额的“会费”或“培训管理费”后，才能被拉入“接单群”，会费从 20 元、70 元到上百元。

笔者通过访谈尝试过寄拍行业的大学生得知，部分发单者在缴纳会费前承诺“简单”“高薪”“好上手”，但实际参与者缴纳会费后发现部分商家要求烦琐，如拍摄角度、质量、拍摄环境等，如“5 件衣服需要两到三个背景出图，衣服必须熨烫不能皱；模特必须化妆，拍摄角度不能太低或者太高，不要戴口罩，不要挡脸”等，部分人还会出现入群后无合适单子可接等问题。

同时，为避免模特收到货品后扣留货品或不返图，部分商家或中介要求寄拍者缴纳押金，商家和中间经纪人对出图时间也作出详细的规定，如“收到货后两天内出图，拖一天扣 5 元押金”或者“两天内出不了图直接扣一半押金”。部分商品押金畸高，如一件售价 50 元左右的短袖的押金为 200 元，一条售价不足 20 元的项链的押金达 100 元。此外，很多商家对寄拍商品的寄回环节也有许多要求，如衣服吊牌不能损坏、不能沾上粉底口红等污渍这些基本要求，也有很多商家甚至要求衣服的包装袋子也不能少，一件衣服要放一个袋子，少一个袋子都会扣押金。

（二）群内部分成员为涉黄产业从业人员

寄拍行业QQ群中也潜伏着部分涉黄产业从业人员。笔者加入几个群聊后，即有群成员加好友私聊，并询问诱导是否愿意参与“有偿陪睡”“聊天员”等色情交易。笔者经过调研发现，该行业从“牵线人”到从业者存在大量学生群体，因此涉黄从业者蒙混其中可能造成恶劣影响。

（三）部分寄拍实为“刷单”诈骗变种

由于商家担心模特不按照要求提交照片、退还货品，往往会要求模特支付押金。部分中介可能利用这一环节编造虚假的招聘信息来招募网拍模特，骗取相应的押金。还有部分商家可能发布高价商品，提出由模特先下单后返款的要求，承诺下单后会在几分钟内退款，但是下单后以各种理由要求模特自行完成订单、点击确认收货等，商家便可以逃避平台追责，以订单已完成为由拒绝退款。

部分用户加入寄拍平台后，对方会要求其下载App接单，为了能从平台“分配”到更多的单子，模特需要在寄拍平台内“做任务”提升自己的等级，而这些“小任务”就是刷单。为了掩人耳目，骗子首先是用“做任务”来包装，又许诺完成任务后会返高额佣金。最初，模特能够在这些任务中获得些许甜头，在刷单后顺利拿到佣金。随着模特放松警惕，平台会锁定账户内的余额，或者提出用户“信誉分”不够，要想把钱拿出来就必须去接金额更高的“海淘”“团购”单。为了更快“升级”接到寄拍单，也为了能够拿回账户内的余额，有些模特会不断充钱去完成“任务”，进而被骗取大量钱财。这类诈骗的基本逻辑与刷单基本相同。

（四）部分App名为寄拍实为传销式拉人返现

笔者加入其中一个寄拍QQ群后，群内助手即要求下载一款名为“麻豆酱”的App进行“接单”。笔者下载并注册该款App后发现，其首页名为“明日之冠”活动，实为邀请他人注册完成任务后获得奖励，依据直接下级升级会员人数和间接下级会员人数不同，分为“新秀”“闪亮”“璀璨”“皇冠”等级别，其中“璀璨”要求直接下级升级会员叠加达到39人，间接下级升级会员叠加达到99人；“皇冠”要求“培养”3个下级达到“璀璨”。其他团队的“经纪人”朋友圈中同样也有类似拉人入伙返佣等活动宣传。

三、法律风险与问题透视

（一）商家委托中介获取寄拍好评涉嫌虚假宣传、不正当竞争

“寄拍”本意是希望模特拍出高质量商品图并发布在评论区，目的是提高商品销量。但模特并非真实消费者，其发布的评论亦不构成真实评价，并会通过此类晒图“种草”行为获得利润，这实际上已经构成了虚假广告，属于不正当竞争行为。

根据2021年8月9日杭州市市场监督管理局对杭州缦云里餐饮管理有限公司涉嫌虚假宣传（不正当竞争行为）案作出的行政处罚决定，[①] 委托他人刷好评行为扰乱了正常的竞争秩序，侵害了消费者权益，当事人上述行为涉嫌违反《反不正当竞争法》第8条的相关规定，即“经营者不得对其商品的性能、功能、质量、销售状况、用户评价、曾获荣誉等作虚假或者引人误解的商业宣传，欺骗、误导消费者。经营者不得通过组织虚假交易等方式，帮助其他经营者进行虚假或者引人误解的商业宣传”。当事人为获取竞争优势及交易机会，委托其他经营者招募大众点评用户到店免费用餐刷好评，从而实现其大众点评网“缦云里花园餐厅”主要页面展示的用户评价及星级评分虚高，欺骗、误导消费者及相关公众，违反了《反不正当竞争法》第8条第1款的规定，构成虚假宣传行为。

为商家牵线的中介机构和平台，同样涉嫌构成不正当竞争。根据2021年10月12日上海市奉贤区市场监督管理局对于上海本浩文化传播有限公司涉嫌不正当竞争案作出的行政处罚决定，[②] 当事人为商家提供大众点评代运营

① 浙江省杭州市市场监督管理局行政处罚决定书，杭市监处罚〔2021〕2005号。

② 上海市奉贤区市场监督管理局行政处罚决定书，沪市监奉处〔2021〕262021000302号。

的过程中，组织、策划并通过第三方渠道寻找“刷手”，从而帮助上述商家分别虚构团购订单量及好评量，违反了《反不正当竞争法》第8条第2款的规定，即“经营者不得通过组织虚假交易等方式，帮助其他经营者进行虚假或者引人误解的商业宣传”。

《不正当竞争法》第20条第1款规定：“经营者违反本法第八条规定对其商品作虚假或者引人误解的商业宣传，或者通过组织虚假交易等方式帮助其他经营者进行虚假或者引人误解的商业宣传的，由监督检查部门责令停止违法行为，处二十万元以上一百万元以下的罚款；情节严重的，处一百万元以上二百万元以下的罚款，可以吊销营业执照。”同时，《电子商务法》第17条规定：“电子商务经营者应当全面、真实、准确、及时地披露商品或者服务信息，保障消费者的知情权和选择权。电子商务经营者不得以虚构交易、编造用户评价等方式进行虚假或者引人误解的商业宣传，欺骗、误导消费者。”通过上述规定可知，在寄拍过程中，商家与模特之间并无真实交易的意思表示，构成虚假交易，因此中介方及商家涉嫌虚假宣传、不正当竞争。

（二）中介骗取用户“会费”“刷单”等行为涉嫌诈骗

部分中介在介绍用户加入“接单群”时，称需要缴纳几十元到上百元不等的会费，但在收到钱款后即与用户切断联系。另一部分中介以寄拍为名，行“刷单”之实，将用户拉入刷单群后，先让其领取“新手任务”，如关注公众号、刷赞等，快速返还小额佣金，骗取受害人信任，此后诱导其下载刷单App，诱骗受害人在App中充值以提升等级，后以“任务未完成”等理由要求受害人继续加大投入。

以上两类行为均以非法占有为目的，使用欺骗方法，骗取数额较大的公私财物。根据我国《刑法》第266条规定，诈骗公私财物，数额较大的，处3年以下有期徒刑、拘役或者管制，并处或者单处罚金；数额巨大或者有其他严重情节的，处3年以上10年以下有期徒刑，并处罚金；数额特别巨大或者有其他特别严重情节的，处10年以上有期徒刑或者无期徒刑，并处罚金或者没收财产。本法另有规定的，依照规定。

（三）在群内引诱进行色情交易涉嫌组织、介绍卖淫犯罪

大部分寄拍群成员主要为年轻女性，多名经营者、从业者为学生群体。该行业兼职者的年龄偏小，社会辨别能力较低，多数有赚“外快”“生活费”等补贴生活的紧迫需求，容易成为不法者的“猎物”，同时在群内的拉拢者或涉嫌组织、介绍卖淫罪。其中，组织卖淫罪是指以招募、雇用、强迫、引诱、容留等手段，控制多人从事卖淫并构成犯罪的行为。我国《刑法》第358条规定，组织他人卖淫或者强迫他人卖淫的，处5年以上10年以下有期徒刑，并处罚金。协助组织他人卖淫的，处5年以下有期徒刑，并处罚金；情节严重的，处5年以上10年以下有期徒刑，并处罚金。介绍卖淫罪是指介绍他人卖淫并构成犯罪的行为。我国《刑法》第359条第1款规定，犯本罪的，处5年以下有期徒刑、拘役或者管制，并处罚金；情节严重的，处5年以上有期徒刑，并处罚金。

另外，根据《治安管理处罚法》第67条规定，引诱、容留、介绍他人卖淫的，处10日以上15日以下拘留，可以并处5000元以下罚款；情节较轻的，处5日以下拘留或者500元以下罚款。

（四）部分寄拍App涉嫌构成组织、领导传销活动罪

针对部分寄拍群要求下载App，并拉人头进行返现，部分管理人员朋友圈也出现类似内容的现象，或构成组织、领导传销活动罪。根据我国《刑法》第224条规定，组织、领导传销活动指的是组织、领导以推销商品、提供服务等经营活动为名，要求参加者以缴纳费用或者购买商品、服务等方式获得加入资格，并按照一定顺序组成层级，直接或者间接以发展人员的数量作为计酬或者返利依据，引诱、胁迫参加者继续发展他人参加，骗取财物，扰乱经济社会秩序的传销活动。犯本罪的，处5年以下有期徒刑或者拘役，并处罚金；情节严重的，处5年以上有期徒刑，并处罚金。

（五）寄拍产业易滋生恶性竞争“内卷”，损害电商行业健康运行

随着电商经济及分享经济的兴起，产品销量、评价等因素日益成为消

费者购物时的重要参考依据，但是不良商家破坏市场规则，违背商业道德，企图以虚构交易、好评、删除不良评价等形式为自己或他人提升信用水平，利用刷单炒信吸引流量、打压竞争、误导消费者，谋取不正当利益。某些不守规矩的电商从业者破坏了规则，反而“甩锅”给市场环境，甚至存在“刷单找死、不刷单等死”的说法。在不少商家眼里，刷单行为似乎成了不得已而为之的无奈之选，但是此类行为反而导致各电商平台陷入恶性竞争，用户无法直观辨别产品质量，可能极大地损害用户消费的积极性和信心。

四、建议与对策

（一）电商平台应加强监督用户账号，对活跃账号进行重点筛查

目前，寄拍照片发布的平台多为淘宝、微店、拼多多等。因此，平台应当履行对于账号监管的主体责任，对于评论频繁的账号进行重点监管，对机器人发布的照片和评论等进行监督，避免“水军”刷屏。在技术上，加强对于类似内容的辨识，在产品推荐算法、搜索排名方面，不宜唯好评论、销量论，部署有效的风控策略，及时跟踪交易量、评论量异常的商家，同时积极对接监管部门，主动提供线索，配合调查执法，形成多方协力的综合治理体系。

（二）监管机构应对QQ群等寄拍“诈骗”平台进行定向批量处理

目前，QQ群搜索栏输入“寄拍”等关键词仍会触发大量相关群聊，监管机构应当对此类QQ群进行监管，必要时予以清除，避免类似群组成为滋生违法信息等内容的温床。

（三）相关单位应加强对通过链接下载App行为的治理

“寄拍”“刷单”等黑灰产业的发展严重依赖于非法App、平台等寄生。类似平台或提供绕开监管的沟通交流服务，或直接“派单”“发布任务”。2021年4月23日，工业和信息化部通报了138款侵害用户权益行为的App，一些中小企业开发的App成了违规的重灾区。应用商店上架门槛偏低，正是多年来App市场乱象难以根治的重要原因。部分公司提供App上架一条

龙服务，涉及代理申请账号、代理申请软件著作权、代理进行 App 预审等，也为非法 App 上线提供了便利。[①] 根据笔者调研发现，类似非法 App 多为通过对方给出的链接而非在应用商店进行下载，监管机构下一步应对通过类似链接下载 App 的行为加大监管力度。

（四）应加强对于大学生等重点群体的思想教育、反诈教育

通过本次调查发现，大量寄拍参与者与经营者为在校大学生。因此，加强对于年轻人（尤其是在校大学生）的普法宣传教育是非常必要的。相关单位可督促各大高校通过线上讲座、交流、下发文件、发布推送等方式，加强对于类似产业违法性的知识普及以及对于黑灰产业“套路”的释明，督促大学生将重心放在自身的学习工作上，避免被网络中“月入上万”“兼职”等信息洗脑，从而遭受财产或其他损失。

---

① 赵鹏：《最严新政约束 APP 过度索权》，载澎湃新闻网，https://www.thepaper.cn/newsDetail_forward_12438417，2023 年 6 月 20 日访问。

网络自习室乱象治理思路

网络自习室的实质是具有社交性质的互联网工具。从实践看，其本质是社交，获利渠道包括虚拟道具、广告和其他增值服务。从目前媒体报道看，相关问题主要包括以下五个方面。

第一，网络实名登记制度落空。网络自习室登录注册可以通过微信、QQ 等间接登录的方式完成，平台对落实网络真实身份认证的制度存在明显不足。例如，小学生往往可以通过成年人的微信账号登录完成注册。

对此，笔者建议，应严格落实网络真实身份认证制度，特别是针对未成年人个人信息、头像管理、个人简介等注册信息，平台应严格把关。

第二，未成年人保护制度落空。首先，未成年人真实身份认证制度落空，平台没有尽到对账号、使用者、注册者关联身份验证的义务。其次，未成年人防沉迷制度落空，据调研看，几乎没有平台针对未成年人的使用时长进行限制。再次，未成年人消费限制落空，平台对未成年人充值服务没有任何限制，既没有青少年保护模式，也没有家长监护模式，存在很多未成年人违规大量充值的事件。最后，相关社交保护和举报模式没有落实，在没有家长监护模式的情况下，未成年人发布信息、接受信息和展现信息都没有任何保护模式。

对此，笔者建议，网信管理部门应要求平台进行专项整改，在未成年人保护模式和家长监护模式完成之前，不得继续经营网络自习室。

第三，泛娱乐化和社交化。网络自习室本来是为了相互督促学习而建立的，但参与者发布的信息或展现出来的信息往往多涉及非学习领域，如“饭圈文化”、游戏文化和交友文化。实践中，大量自习室留言涉及找对象、追星和游戏组队等话题。无疑，社交化逐渐成为网络自习室获取流量的基础性特征，但值得注意的是，参与者大多以未成年人为主，平台若对此缺乏监管，没有设置一键防护等必要功能，也没有对不良信息进行过滤，则很容易出现问题。

对此，笔者建议，平台应建立以实名注册、IP显示为基础，针对强社交性和信息交互性监管的配套体系，应设置人工智能监测和人工日常巡查体系。

第四，低俗违规信息泛滥。实践中，自习是可以旁观的，第三人也可以通过连麦等方式与用户进行交流。据媒体报道，包括违法、违规或不良信息在内的网络连麦、发布和展示充斥自习室。缺乏监管的网络自习室已经成为孕育不法侵害者的温床。

对此，笔者建议，督促平台实施类似直播熔断的制度，建立黑白名单制度，封禁账号应与线下身份一致，避免侵害反复出现。

第五，广告侵扰严重。在自习过程中，相关屏幕经常出现食品等广告信息，有的信息附带销售链接，有的已经影响到学生学习安宁，甚至出现游戏广告等。

对此，笔者建议，平台应严格按照《广告法》等相关规定，对广告信息和电商信息进行审核，同时也要避免对学生过度打扰。

IP 代理灰色产业治理思路

一、平台上线 IP 属地显示功能乱象的背景

根据《互联网用户账号信息管理规定》（国家互联网信息办公室令第10号）第12条规定，互联网信息服务提供者应当在互联网用户账号信息页面展示合理范围内的互联网用户账号的互联网协议（IP）地址归属地信息，便于公众对公共利益实施监督。

为净化网络环境，各大互联网平台近年来陆续上线展示 IP 属地功能。2022年4月28日，微博发布公告称，站方于同年3月上线展示用户 IP 属地功能，站方将在此基础上于4月28日进行产品和新功能上线，全量放开评论展示发评 IP 属地小尾巴功能，同时上线个人主页一级页面展示 IP 属地功能。同时，今日头条、抖音、小红书、快手、知乎等平台也宣布拟上线展示账号 IP 属地的功能。①

随着平台上线展示 IP 属地功能，不少博主纷纷“翻车”，一批“假装”系网红被迫露出原形。例如，博主“英国那些事儿”的 IP 属地显示为广东、“娜娜在英国”的 IP 属地显示为广东、“疯狂的俄罗斯”的 IP 属地显示为北京。展示 IP 属地功能的上线，让不少平日里习惯打造人设的明星、网红尴尬不已，与此同时相关的“付费 IP 代理”灰色产业也浮出水面。例如，2022年4月30日，微博某用户在8分钟内将其 IP 属地依次从美国、日本等国外属地变更到河北、四川等国内省份。某些电商平台滋生 IP 属地代

---

① 微博管理员：《IP 属地功能升级公告》，载新浪微博，https：//weibo. com/1934183965/LqvYeCdBu，2022年5月8日访问。

理业务，商家标榜批发走量国内外 IP，国内静态 IP 代理服务一天的价格在 4～10 元，承诺出售即删档，不实名，地区多，无任何限制且不卡不掉线。国外动态 IP 代理则一般按月订阅，价格为每月 200 元左右。面对此种现象，闲鱼二手平台负责人表示，平台相关部门正在处理此类“不建议售卖商品”，并对相关链接进行下架。但是，笔者在闲鱼 App 和百度浏览器以“IP”“国外 IP 购买”为关键词进行检索，仍找到了多个提供“IP 代理”的商家和广告。

二、IP 变更的原理分析

更改 IP 属地的实质是对网络数据进行处理。一般网民要实现 IP 属地的更改往往会寻找 IP 代理服务。IP 代理服务是一种特殊的网络服务，允许一个网络终端（一般为客户端）通过该服务与另一个网络终端（一般为服务器）进行非直接连接。通俗来说，IP 代理服务是一种能变换不同地区登录 IP 地址的互联网接入服务。正规 IP 代理需在网络监管部门备案。正规的 IP 代理可以起到防火墙的作用，抵挡电脑病毒，防止黑客攻击，设置不同访问权限等。非法 IP 代理则通过“虚假 IP 属地”的服务器，实现 IP 属地的变更。

IP 代理主要是通过虚拟服务器实现的。每一台设备在访问网络时，都有且只有一个对应的身份，这就是 IP 地址。IP 地址一般是由运营商根据上网设备所在区域进行分配的。修改 IP 地址的原理，就是让使用者的数据流量经过代理服务器，在代理服务器里将使用者发送数据报文里记录 IP 地址的字段，改成代理服务器的 IP 地址，再发送到社交平台上。此时，社交平台在检验 IP 地址的时候，显示的就不是使用者的真实 IP 地址，而是代理平台的 IP 地址。同样地，社交平台返回使用者设备的内容，也是先回到代理服务器，再由代理服务器转回到使用者的设备上。这样就实现了 IP 属地的更改。

三、IP 变更的法律隐患

（一）泄露个人隐私

用户一旦使用了这些“黑代理 IP”，用户数据和信息将会以“社交平台—代理服务器—用户设备”的顺序进行传递。正因如此，使用代理服务器可能存在一定的安全隐患，因为通常提供代理服务器的第三方的可靠性存疑。建立联系后，黑客和病毒很可能入侵用户的主机，用户使用代理 IP 产生的浏览记录、账号密码、支付信息等都有可能因此泄露，用户的数据信息存在被用于其他用途的风险。

（二）个人账号存在封号风险

用户使用代理服务器修改 IP 属地，网络平台可通过一些技术手段进行甄别，如果频繁地使用“修改后的 IP 属地”，个人账号可能被封号。一般来说，代理平台并不可能只为一个用户服务，如果平台发现有很多用户发送的数据显示的都是同一个 IP 地址，就可以把这个 IP 地址判断为一个异常的 IP 地址，进而将其屏蔽掉。此外，当平台对 IP 属地修改现象进行严厉打击时，这一类 IP 代理虚假地址将会被列入黑名单，而使用这些修改 IP 地址的账户也有可能被列入黑名单，进而影响个人的征信情况。

（三）可能涉嫌违法犯罪

用户故意或恶意修改 IP 属地可能是出于某种不正当目的，部分不法分子可能利用这种方式实施网络暴力、网络诈骗等。通过各种虚假服务器地址传播各类谣言，实施诈骗、涉黄涉赌等各种违法犯罪行为，恶化网络环境，破坏社会秩序。例如，重庆市荣昌区人民法院作出的判决中，被告通过修改 IP 地址等工具在互联网上冒充 QQ 号码主人进行诈骗，被判诈骗罪。[①] 广东省惠州市惠城区人民法院作出的判决中，被告因在网络赌球中下

---

① 符某川、黄某德诈骗案，重庆市荣昌区人民法院刑事判决书，(2019) 渝 0153 刑初 348 号。

单投注，且通过租用用于修改 IP 地址的远程服务器来核对赌博对账单据，最终被判赌博罪。[①]

四、更改 IP 属地应承担的法律责任

（一）民事责任

用户更改 IP 属地若用于传播虚假信息、造谣、污蔑他人等行为，会侵犯他人的名誉权。根据《民法典》侵权责任编的相关规定，任何组织或者个人不得以侮辱、诽谤等方式侵害他人的名誉权。捏造、歪曲事实、使用侮辱性言辞等贬损他人名誉的，需要承担民事责任，如停止侵害、排除妨碍、消除危险、消除影响、恢复名誉、赔礼道歉等。

（二）行政责任

非法 IP 代理服务的买卖双方实质上都对计算机信息进行了破坏，根据《治安管理处罚法》第 29 条规定，有下列行为之一的，处 5 日以下拘留；情节较重的，处 5 日以上 10 日以下拘留：①违反国家规定，侵入计算机信息系统，造成危害的；②违反国家规定，对计算机信息系统功能进行删除、修改、增加、干扰，造成计算机信息系统不能正常运行的；③违反国家规定，对计算机信息系统中存储、处理、传输的数据和应用程序进行删除、修改、增加的；④故意制作、传播计算机病毒等破坏性程序，影响计算机信息系统正常运行的。

（三）刑事责任

更改 IP 属地应承担的刑事责任，主要包括以下四类。

1. 非法经营罪

卖家私自搭建、经营虚拟专用网络（VPN）服务，属于违法行为；卖家非法经营，严重扰乱市场秩序，或涉嫌非法经营罪。根据《刑法》第 225 条

---

① 何某辉、王某乐开设赌场案，广东省惠州市惠城区人民法院刑事判决书，（2016）粤 1302 刑初 328 号。

规定，实施非法经营行为，扰乱市场秩序，情节严重的，处5年以下有期徒刑或者拘役，并处或者单处违法所得1倍以上5倍以下罚金；情节特别严重的，处5年以上有期徒刑，并处违法所得1倍以上5倍以下罚金或者没收财产。

2. 破坏计算机信息系统罪

网民如果明知IP代理公司的行为属于违法行为，明知可能会侵害、损坏、破坏他人计算机信息系统，仍故意购买IP地址篡改服务，则涉嫌构成共同犯罪，情节严重的，则以破坏计算机信息系统罪追究刑事责任。① 根据《刑法》第286条规定，违反国家规定，对计算机信息系统功能进行删除、修改、增加、干扰，造成计算机信息系统不能正常运行，后果严重的，处5年以下有期徒刑或者拘役；后果特别严重的，处5年以上有期徒刑。

3. 帮助信息网络犯罪活动罪

如果卖家明知他人利用信息网络实施犯罪，为其犯罪提供技术支持，情节严重的，涉嫌构成帮助信息网络犯罪活动罪。② 根据《刑法》第287条之二的规定，明知他人利用信息网络实施犯罪，为其犯罪提供互联网接入、服务器托管、网络存储、通信传输等技术支持，或者提供广告推广、支付结算等帮助，情节严重的，处3年以下有期徒刑或者拘役，并处或者单处罚金。

4. 侵犯公民个人信息罪

如果擅自恶意篡改他人的IP属地，涉嫌构成侵犯公民个人信息罪。根据《刑法》第253条之一第3款规定，窃取或者以其他方法非法获取公民个人信息，情节严重的，处3年以下有期徒刑或者拘役；情节特别严重的，处3年以上7年以下有期徒刑，并处罚金。

五、治理思路

（一）压实平台责任，各大平台加大监管力度

电商平台、浏览器运营商应加大监管力度，除通过设置AI算法对敏感

---

① 周立波：《论网络安全的刑法保护》，华东政法大学2021年硕士学位论文。

② 同注①。

词进行屏蔽外，还需加强建设人工审查队伍，加大对商家的审核力度和处罚力度，斩断相关交易途径，减少有关黑灰产业交易。此外，各大平台还应提高监管的主动性，做好可能存在黑灰产业交易的预警方案，提前设置“敏感词”。同时，从源头管住IP代理商，尽可能防止后续衍生犯罪的发生，对于频繁变更IP属地或存在虚假显示行为而被大量举报的营利性账号，平台应进一步提高监控管理力度，及时做出账号关停处理，设立用户黑名单制度，将多次修改IP属地且屡教不改的用户纳入黑名单，并将其网络行为与个人征信挂钩。

（二）强化行政监管，加大对“IP代理”黑灰产业的打击力度

目前，我国对动态IP代理的监管相对滞后，监管部门对此应灵活运用法律法规开展行业和生态治理，加强监管IP属地代理技术，提升监管执法水平。监管部门应共治共享，强化政企合作、警民合作，推动政府、平台、企业、商户、用户形成合力，[①] 可以设置举报投诉平台，构建依法打击网络黑灰产业的最有力链条，营造安全有序、风清气正的良好网络生态。

（三）加强宣传工作，提升宣传效应

一方面，加大普法宣传，提升网民的法律意识，了解非法IP代理可能存在的风险，让用户自觉抵制非法IP代理买卖活动。用户寻找IP代理对自己的IP属地进行修改，会导致个人隐私泄露的风险增大，也可能需要承担相应的民事和刑事责任。另一方面，对展示IP属地政策的合理性、合法性进行宣传，只有用户内心认同该政策，政策才能发挥出最大的效力。网络并非法外之地，IP后面永远是真实的本我，用户坚守法治底线，杜绝别有用心的技术“伪装”，这是对自己负责，也是在为营造风清气正的网络环境奉献力量。

① 王枫梧：《网络黑灰产犯罪生成模式与多元治理机制研究》，载《浙江警察学院学报》2022年第4期。

金融市场虚假维权的治理思路

一、维权资质问题

根据《证券法》的相关规定，对于投资者与发行人、证券公司等发生纠纷的，双方可以向投资者保护机构（现为中证中小投资者服务中心有限责任公司和中国证券投资者保护基金有限责任公司）申请调解。投资者保护机构对损害投资者利益的行为，可以依法支持投资者向人民法院提起诉讼。[①]

根据最高人民法院发布的《关于进一步加强金融审判工作的若干意见》（2021 年修改）的规定，支持证券投资者保护机构以诉讼代表人的身份接受投资者委托提起诉讼或者提供专门法律服务，拓展投资者维权方式。根据《最高人民法院关于证券纠纷代表人诉讼若干问题的规定》（法释〔2020〕5 号）第 1 条规定，证券纠纷代表人诉讼包括因证券市场虚假陈述、内幕交易、操纵市场等行为引发的普通代表人诉讼和特别代表人诉讼。

从现行法律规定的角度看，法律支持的证券投资类维权事由一般不包括投资失败、商业风险等纯投资风险，相关维权主体主要依靠证券投资者保护机构来完成。目前，虚假维权代理中的主体，一般不属于证券投资者保护机构，也没有相关授权。维权原因往往是投资失败、商业风险或其他商业损失。

---

① 刘磊、魏亭玮:《投保机构诉讼费用交纳问题探讨》，载《投资者》2021 年第 2 期。

二、行为的违法性质

（一）以网络公开发文的方式扰乱金融秩序

实践中，此类行为以标题党、煽动性表达、承诺高回报等方式作出，往往配以国家相关文件的偏向性解读、误读或恶意引导。相关信息的性质属于违法信息，不仅损害金融证券机构商誉，还影响我国证券市场稳定，容易造成严重的金融风险。

（二）侵害个人信息权

在虚假维权过程中，需要当事人提供详细的个人信息、金融账号信息等敏感信息。这些信息汇总后，成为虚假维权机构再次售卖或精准诈骗的基础。按照我国《网络安全法》《个人信息保护法》及《刑法》中关于侵犯公民个人信息罪的相关规定，这类行为属于严重违法行为。

（三）涉及敲诈勒索

虚假维权机构在掌握大量案源后，以维权沟通为幌子，对涉事机构进行敲诈勒索。涉事机构在多方面因素影响下，实际上会按照比例进行相应补偿。虚假维权机构以此获取大量不法利益。在性质上，此类谈判维权形式符合敲诈勒索的主要特征，情节严重的，应以敲诈勒索罪论处。

（四）涉及寻衅滋事

维权机构在与涉事机构沟通未果后，往往以投资者的名义提起诉讼，在诉讼过程中，其又经常以大量使用煽动性表达、误导性表述等方式，对涉事机构进行“碰瓷”，直至诉求获得满足。此类维权机构所发布和传播的信息，多以断章取义的虚假信息、耸人听闻的标题党信息和煽动情绪的表达为主。从信息内容上看，这类信息属于寻衅滋事类信息。

（五）涉及虚假经营

相关维权机构与网络平台个别管理者合作，以提高发布信息的便利性和传播信息的快速性。也就是说，通过个别人员的操控，达到花钱发帖、花钱删帖的效果。同时，此类机构也会与网络公关公司合作，以极小的成本换取社会关注，或者通过虚假点击和矩阵传播等方式发酵事件。此类行为，基本符合虚假经营罪的范畴。

三、措施建议

综合上述分析，笔者在此提出以下四点建议。

第一，金融类信息发布，应严格按照国家网信办出台的《互联网用户公众账号信息服务管理规定》的要求，对发布人进行资质认定。任何平台均需对相关信息发布者进行资质审核备案，对于超范围发布、小号发布大号转发、热门信息等应严格监管。

第二，对可能引发社会舆论重大影响，造成金融市场动荡和社会群体事件的信息，应经评估备案后才可传播。网络平台应严格按照国家网信办发布的平台主体责任、网络信息内容生态治理等规定夯实主体责任。

第三，平台应自查自纠，对内外勾结的网络公关行为，引入数据检测体系，对可能造成金融市场动荡或社会稳定的舆情信息，应依法及时向主管部门报告。

第四，建议国家网信管理部门、公安机关、检察机关和银保监会等联合发布对虚假维权组织的专项整治行动。该行动内容主要包括：①对金融类、司法类账号主体的资质认定；②加强相关信息内容的审核；③构建涉及犯罪的移送机制；④加强真假维权的甄别机构、滥用诉权等认定；⑤落实平台主体责任；⑥加强线上线下治理行动的统一协调。

第五编

发展中的网民权益保护

发展中的网民权益

保护网民合法权益是增进人民福祉的关键点，明确网民合法权益的内涵和外延，是促进网络法治化发展的重要抓手。按照现有法律体系，《民法典》中规定的人格权益是网民权益类型化的核心。但仅有《民法典》所规定的人格权益仍不足以满足人民群众日益增长的权益需求。笔者认为，网民合法权益还应包括以下两方面内容：一是作为消费者、用户、服务接受者的网民合法权益；二是根据网民的具体类别划分出的妇女合法权益、未成年人合法权益、老年人合法权益等权利外延。除此之外，伴随互联网技术发展实践衍生出来的权利内容，诸如个人信息权利、数据权利、知情权利、自我决定权利等，也应纳入新时代网民合法权益的未来发展范畴。

一、网民与用户的区别和联系

按照《民法典》总则编和人格权编的相关规定，公民、法人、非法人组织等都属于民事主体，符合网民主体的性质特征。按照《网络安全法》的相关规定，我国网络实名制属于“前台自愿，后台实名”，每一个网络昵称背后都有一个民事主体，且没有对民事主体作出身份特殊性限制。在电商时代，《电子商务法》明确了平台内经营者需要进行商事登记，每一个商事主体都是一个民事主体，符合网民权利的特征。

传统消费者法律体系中并不存在“用户权”，这种权利实际是被消费者权所覆盖。随着互联网经济发展，共享经济、意愿经济、关注度经济、社交经济等新经济模式的出现，互联网平台不断进化衍生，逐渐呈现一种趋势，即用户权开始脱离消费者权成为新的权利主体。

用户权与消费者权之间的差别，根源在于用户与消费者之间的分离。

传统经济形态中，消费者就是消费行为的主体，消费行为具有单一性，几乎没有衍生行为。例如，普通消费者在购车后，就确立了该车的自驾车性质，注册网络服务平台就是为了享受服务，上传视频和图片就是为了分享。这类行为对于商家而言，就是单纯的消费行为，很难出现后续衍生行为。

然而，互联网下半场到来后，单一消费行为变得很难界定。买车的目的并不一定用于自驾，有可能在不改变车辆性质的情况下，从事网约车商业活动；注册网络服务平台后，在自己消费的同时，还可能通过共享经济、意愿经济和社交经济进行经营活动；上传的视频和图片早已不单纯是分享快乐，关注度经济和社交经济早已经分别纳入重要的商业范畴。

因此，互联网平台的进化和移动端的普及，让商业行为逐渐融入民事行为中，新型消费模式和“互联网＋”使作为平台相对方的消费者身份变得复杂，往往超过了《消费者权益保护法》第2条关于消费者身份界定的范围。从这个角度讲，《消费者权益保护法》关于消费者身份的定义变得过时，与此同时，《电子商务法》对平台内经营者主体登记身份的规定，又极大地促进了消费者向用户转变的必然性。

在社交电商中，用户经济体系表现出的特点更为耀眼。以牛奶为例，网络购买单盒牛奶的价格为10元，但一次性购买200盒牛奶，单盒价格就是8元，买得越多，价格越便宜。价格的空间，让社交发挥了价值，很多人愿意一次性购买数百甚至上千盒牛奶，在自己喝的同时，又通过网络社交平台向他人推销售卖，赚取的差价弥补全家人喝牛奶的花费。这种既自己喝又售卖的行为，若单纯定性为消费者，则可能有所偏差。进一步来讲，如果平台设置规则，规定通过社交平台转发购买链接的人，成功销售一瓶，就可以获得奖励，那么这个转发、售卖并获得奖励的人，到底还是不是消费者呢？

在平台经济中，用户的一个行为将更为复杂。一个大V发布了自己在某餐厅吃饭的视频，获取了超高点击率，这种行为有可能源自生活的分享，更有可能是商家通过自媒体发布的广告。对社交平台而言，无法判断个体发布信息的目的，单从表象分析的话，《广告法》等规范是否适用于个体表达，就成为判断用户行为和消费者行为的重要分水岭。

以美国为例，商业表达是否适用宪法第一修正案，经历了几十年的较量，直至今日，商业性表达和纯粹民事表达在司法判决中仍具有较大的差别。互联网下半场让民事行为与商业行为融合起来，平台相对方的个体身份——消费者，这种具有倾向性保护的身份，很难再准确适用。反之，适用用户这个中立的身份则更为灵活，加之运用契约、数据、人工智能等制度与技术，偏重行为，而非把身份作为判断标准，将更有利于互联网经济发展与消费者权益保护。

一方面，互联网下半场的红利使很多消费者转型为用户，在《消费者权益保护法》第2条没有修改之前，用户与消费者之间的性质还存在认定上的困难。另一方面，《电子商务法》将经营主体纳入主体登记范围（仅有几项例外），客观上将用户行为的复杂性变得简单化了，但这种非黑即白的认定标准，从长远上看，并不利于用户经济的发展。笔者认为，未来修法时，应扩大主体登记例外情形的解释范围，预留出互联网下半场复杂经济的发展空间。

二、网民权利的特点及类别

网民权利主要表现为以下四个特点。其一，虚拟性。网民维权主体应以依法注册的真实身份为基础，在维权举报前，向举报部门提交真实身份证明。其二，特殊性。根据国家网信办颁布的《互联网用户账号信息管理规定》《互联网用户公众账号信息服务管理规定》等规定，互联网新闻、医疗卫生、教育、金融、司法等领域的账号通常需要具备特殊资质，维权举报时，需要对此重点认定。其三，保护性。《民法典》及最高人民法院关于人格权的指导判例通过对网名、网络形象、网络名誉权、隐私权与个人信息等设立特殊保护制度，对人格权进行保护。其四，衍生性。网络技术与权利相结合产生了新的权利体系，如安宁权、删除权、被遗忘权、注销权等仅在网络世界存在。

根据现行法律法规保护的各项网民权益，可将网民合法权利分为四大体系，即民事法律权利体系、消费者权益保护权利体系、个人信息保护权利体系以及特殊群体权利体系，具体如下所述。

一是民事权利。按照《民法典》相关规定，网民人格权利分为两大类权利，即一般人格权和具体人格权。其中，一般人格权包括人身自由权与人格尊严权，其是对具体人格权的补充和解释；具体人格权包括身体权、健康权、生命权中的物质性人格权，以及肖像权、姓名权、声音权、名称权、名誉权、信用权、隐私权等权利。除《民法典》之外，我国《著作权法》《商标法》等知识产权法律制度中关于人身权利的规定，也属于民事权利体系。

二是消费者权利。按照《消费者权益保护法》相关规定，消费者享有知情权、公平交易权、安全保障权、人格尊严、批评监督权等九大权利。在此基础上，其又衍生出来评价权、后悔权、自我决定权等特殊网络权利。

三是个人信息权利。按照《个人信息保护法》《民法典》等法律规定，个人信息权利包括注销权、知情权、选择权、查询权、复制权、异议权、删除权等权利。

四是特殊群体权利。按照《未成年人保护法》《妇女权益保障法》《老年人权益保障法》《残疾人保障法》等规定，相关特殊主体依法享有特殊权益。按照《未成年人保护法》网络保护专章中的规定，未成年人享有网络保护的最高等级权利，责任主体也是最多的。妇女权益保护中，对女性的平等权、反歧视权、反骚扰权、反家暴权等权利作出了特殊性规定。老年人权益保护中，反歧视、被优待权等都被写进了相关法律。残疾人权益保护中，被扶持权、康复权等被明确纳入了相关法律。

三、维权渠道

（一）举报

现实中，举报渠道主要分为三大类别。其一，按照网民与平台签署的“网民协议”“服务协议”，网民可以依据相关内容，向网络平台进行举报。其二，网民按照《网络安全法》第12条、《互联网内容生态治理规定》第

6条和第7条规定向相关部门举报维权。其三，除了网民人格权利等合法权益，根据《消费者权益保护法》《广告法》《未成年人保护法》《妇女权益保障法》《老年人权益保障法》《著作权法》等法律赋予的其他权利，网民可以按照相应特殊权利的请求权基础，举报至相应管理部门。以上举报途径不是竞合关系，网民可以任意选择其中一种，也可以选择多种。网民在举报的同时，不影响其同时采取诉讼方式来维护权益。

（二）提出通知删除规则

通知删除规则，又称避风港规则，是指当权利人发现网络用户利用网络服务实施侵权行为时，其有权通知网络服务提供者采取删除、屏蔽、断开链接等必要措施。该规则在《信息网络传播权保护条例》中最早被确立，之后在《电子商务法》和《民法典》中被逐步完善。根据法律位阶关系，《民法典》的适用应优先于《信息网络传播权保护条例》。

（三）提起诉讼或仲裁

当侵权人利用信息网络侵害公民人身权益时，公民可依《民法典》侵权责任编向人民法院提起诉讼。根据《最高人民法院关于审理利用信息网络侵害人身权益民事纠纷案件适用法律若干问题的规定》（2020年修正）的相关内容，此类利用信息网络侵害人身权益的民事纠纷案件中，原告一般为人身权益受到侵害的人，被告一般为利用信息网络侵害他人人身权益的网络用户，但原告可追加涉嫌侵权的网络服务提供者为共同被告或第三人。在法院管辖权方面，此类纠纷案件一般由侵权行为地或被告住所地人民法院管辖，由于侵权行为地辐射范围较广，包括被诉侵权行为的计算机终端设备所在地、侵权结果发生地和被侵权人住所地，此时所依据的请求权基础是侵权责任。另外，用户和平台之间签署的“网民协议”“服务协议”中，有规定仲裁条款的，用户可以按照相关协议，选择以仲裁方式维护自己权益。

网络账号与网络安全

盘点近年来出现的网络乱象，其中最让老百姓深恶痛绝的，莫过于利用网络虚拟作掩护，进行网络诈骗、散布谣言、网络暴力等违法活动。历数几乎所有的网络犯罪，背后都有伪造账号、人设、职业等网络“李鬼”的影子。互联网账号的本质，是网民现实身份在互联网的映射，是现实世界在网络世界的“孪生”。互联网法治基础核心的本质就是网络账号法治化问题。

一、真实身份认证问题

我国对网络实名制的规范源自2012年全国人大常委会出台的《关于加强网络信息保护的决定》，之后经《网络安全法》再次予以明确，并通过国家网信部门陆续出台的相关规范性文件加以夯实。不过，直至今日，账号实名制问题仍未彻底解决，并主要体现在以下三个方面。

第一，手机号码间接实名问题。按照电信法律规定，一个身份证件可以注册五个手机号码，手机号码私下交易或通过“黑市”进行非法流动，导致相关网络实名注册信息存在巨大“水分”。“网络水军”、网暴人员等账号大多以非个人信息注册登录。实践中，只有少数业务，如金融支付、直播开启、账号认证等业务需要通过本人手持身份证、人脸识别等进行全面认证。其余业务均可通过手机号码登录、验证码登录，甚至游客登录等方式完成。因此，笔者认为，下一步的工作重点，应从立法工作转移到落实法律规定上，全面分步骤地进行账号真实身份认证制度工作。

第二，账号租售情况已形成黑产业链。多年来，游戏账号租售已经形成成熟商业模式，分时段出租、不分年龄出售、账号共享等现象形成了固有模式。租售账号类型不仅包括游戏账号，还包括自媒体账号、大V账号、直播账号、“小号水军”、“马甲”账号，甚至出现过群组账号租售现象。租售账号形成的临时性传播矩阵，会统一发布信息，有统一文案，具有极强的社会动员能力，存在巨大的安全隐患。游戏账号租售行业每年已经达到百亿规模，租售对象包括成年人和未成年人，而这对于未成年人防沉迷保护系统的建立极为有害。按照网络实名制要求，账号应实名注册、登录和使用，一旦出现租售账号行为，甚至出现公开化的市场行为，将对网络法治化进程产生极大的危害。对此，笔者认为，对于互联网账号管理来说，不能将希望寄托于市场自律或者市场调节，仅做到“能而不欲”的自律是不够的，而应在技术上、制度上和监管上，做到账号管理的“欲而不能”。

第三，现有注册个人信息不完善。网络真实身份认证制度的基础是真实，信息应包括人脸识别、身份信息、联系方式等必要信息。实践中，平台一般仅能获取手机号码信息，其余信息均不在实名范围之内，除非额外使用技术侦查手段，否则一般情况下很难查询到线下具体的实名人信息。以网络侵权案件为例，能够最终查询到线下行为人真实信息的案件少之又少。缺乏实名信息的认证制度，很难对网络违法违规乱象形成有效震慑。

二、网络真实身份认证制度的重要性

相较于缺乏网络实名认证信息的“小号”“马甲号”“租售号”“营销号”而言，一些网络认证账号的信息又必须是真实、有效、具体和公开的，如专家、学者、官员的账号信息等。在很多社会性问题引发网络讨论时，认证用户的发声一旦出现与社会公众期待不相符的情况，有组织的网络暴力就会随即展开，如“刨祖坟”“查论文”“@所在单位”“群体攻击”等行为变得随处可见。而互联网舆论一旦形成沉默的螺旋，依法发声的认证用户必将遭受巨大的网暴压力，由此产生的寒蝉效应使这些人日后大多选择三缄其口，网络反智现象就随之产生。特别是当这些问题损害到商业主体的经济利益时，在有社会动员能力和组织能力的行为人的组织下，极易形成“乌合之众”，大量网民对发声人口诛笔伐，造成社会性死亡的后果。因此，真正有社会责任感和专业水平的专家、组织和机构，越来越多地选择远离舆论场。长此以往，网络舆论就会被能够获取更多账号统一行动的行为人控制，网络反智文化或将导致网络舆论场被“阉割”。

在舆论场争夺控制权的阵地战中，传播矩阵的组织者往往通过“一人多号”“群组战斗”等方式，以少量的线下人员操作大量账号并集中时间发布相互印证的信息，进而达到左右舆论的效果。这些组织者通过统一文案、统一组织、统一行动、统一口径等行为，以标题党煽动同理心，利用仇官仇富心态，裹挟舆论，干扰视听，进而达到左右舆论、干扰司法、影响政策、打击竞争对手等目的。这些行为均是通过大量可操作账号完成的，这些账号大多集中在个别人手中，通过简单的技术操作流程予以操作，从而实现赚取广告费、公关费、勒索费等目的。因此，看似影响舆论的行为多种多样，但核心均在于对账号数量掌控的多寡，如果剔除租售账号、虚假注册账号和僵尸账号等，影响舆论的行为就很难实现。

三、监管联动的必要性

目前对网络账号监管所采取的措施，大多局限于禁言、封号、限权等。实践中，绝大部分具有社会动员能力的账号背后都有公关组织和公司。此类具有社会动员能力的组织和公司通过大号带小号、“灌粉”、买粉、租售账号等形式，早已形成拥有大量自媒体账号、KOL 账号、“马甲”账号的巨型传播矩阵，个别账号被采取必要措施后，其背后的营销行为并不会停止，而是通过“换马甲”、购买账号等方式很快卷土重来。因此，对违法账号的管理，应着重构建线上线下统一监管机制，按照互联网生态圈监管模式对关联账号、背后注册人员、注册公司、相关团队账号等进行一并查处。

对具有社会动员能力的违规账号，应设立信用监管机制，设立行业准入门槛，建立健全“超级账号”的评估机制。对于认证账号，依法对司法、卫生、经济、教育等行业进行资质认定，强化对 KOL 账号话语权的审核力度。

四、假冒账号的治理思路

现实中，不乏有人利用假冒账号、高仿账号、虚假认证账号、虚假注册账号等使公众混淆，并利用公众对特定人物、机构和组织的信任，进行电信诈骗活动。尽管国家网信办及时出台和修订了《互联网用户公众账号信息服务管理规定》等新规，进一步完善了账号认证制度，但并未从根本上解决问题。实践中，仍存在大量利用账号名称、简介、头像、“马甲”等从事非法引流、导流、欺诈、骗点击等的行为。

特别是利用虚假国家机关工作人员、国家机构、权威专家、新闻媒体发布虚假信息引流的情况仍比较严重。新冠病毒感染防控期间，广州警方曾查获了一个专门在微信公众号发布诸如《广州危机！明日戒严封城》等虚假新闻并骗取老年人信任的团伙。该团伙交代，每人都有多部手机，操控大量账号使点击量虚高，骗取公众信任，并通过多个账号相互印证的方式达到互信互证的效果。媒体也多次曝出电信诈骗的犯罪嫌疑人，将受害人拉入几百人的虚假账号群，而群内除了受害人，其余几百个账号均由犯罪嫌疑人统一操控。① 这种以多个虚假账号增加信任度的群组欺诈现象，反映出账号安全问题仍未得到有效解决。

五、僵尸账号的治理难点

目前缺乏对僵尸账号数量的具体统计，但网络世界存在僵尸账号在业内已是普遍共识。僵尸账号主要有以下四个类型：一是注册之后长期不使用的账号；二是人工批量注册的账号；三是因长期不使用而被盗用的账号；四是盗取他人信息后克隆的账号。

---

① 《典型案例：广州“4·17”网络引流案》，载广东省公安厅网，http://gdga.gd.gov.cn/gkmlpt/content/2/2606/post_2606641.html#1069，2023 年 6 月 20 日访问。

僵尸账号并不是“沉迷账号”，目前在技术层面，僵尸账号被操控较为容易，通过程序算法等技术，能够将僵尸账号更改身份、关注、介绍，甚至还可以达到僵尸账号互相关注，被操控评论点赞和转发。僵尸账号本身仅涉及原注册人的个人信息安全问题，但经技术处理后的僵尸账号则成为影响网络舆论、具有社会动员能力和传播关键节点的“矩阵关键”。

对僵尸账号的认定本身存在技术问题，只有在平台全力配合的情况下，才有可能真正找出僵尸账号并进行清理。然而，判断僵尸账号的标准，在一定程度上又被技术所左右。实践中，有些僵尸账号能够保证日活，能够完成签到、加入话题、评论、点赞等行为，在表面上无法做到真实有效判断。具体解决方案，还应从真实身份认证制度入手，缺乏身份信息、移动电话验证码、人脸识别的账号，不论是否有日活，都应纳入僵尸账号的治理范围。

六、虚假身份注册治理

按照《网络安全法》等相关法律规定，网民在使用网络服务时，需使用真实身份注册账号。网络实名认证制度的核心，就是确保网络虚拟行为依托于真实身份，确保电子商务、信息传播、网络安全的诚信可靠。如果这项制度在注册账号时就落空，就会让那些卖假货的主播、蹭热度发布虚假信息的营销号、从事电信诈骗的犯罪分子等有机可乘。实践中，依旧存在冒用他人身份注册的账号、机器批量注册的虚假账号、非法买卖的账号等乱象。谣言、假货、网络暴力、网络诋毁、电信诈骗、网络赌博等网络犯罪行为，大多源自这些“李鬼”账号，广大网民对此更是深恶痛绝。

《互联网用户公众账号信息服务管理规定》重申了账号的实名认证制度，将冒用他人身份、不提供真实身份等虚假注册行为纳入违法行为，网络服务提供者不得为“李鬼”提供任何网络服务。当然，客观上讲，这也要求网络服务提供者在用户注册时，必须提升技术标准和业务水平，不得让“李鬼”们滥竽充数。

七、特殊资质主体认证

职业认证信息是网络账号对外表现的重要身份，网民对账号的认可与判断，大多来自发布信息主体的认证职业。个别违法分子利用虚假认证的身份，冒充、冒用职业信息，以"李鬼"的身份实施售卖假货、网络行医、电信诈骗等违法行为。近年来，网络上频繁出现的乱象包括套个白大褂就冒充医生的"医托"、在厂房车间冒充店主老板以及在田间地头冒充农民等。假职业再加上假人设，成了网络骗子的隐形衣。

《互联网用户公众账号信息服务管理规定》明确指出，网络认证的职业信息必须与个人的真实职业信息相一致，这就从根本上替消费者和用户把好了关，刺穿了骗子们的面纱，让"李鬼"们无所遁形。

现实生活中，某些特殊领域的职业，依法需要事先取得相关资质，如从事法律服务工作的律师、在医院工作的医生、金融机构工作者等，都需要经过长期的专业教育并取得相关执业资质。线下需要资质，线上当然需要按照资质进行认证。同时，这些需要相关资质的职业身份，往往在社会中有较高的可信度，很多网络骗子利用老百姓对某种职业的信任和尊重，以"借树开花"的方式，冒用职业身份主体进行虚假注册，进而利用虚假身份做信任"背书"，开展电信诈骗、销售假货和传播虚假信息。

特别是在时政类新闻报道等方面，按照国家法律规定，从事网络新闻信息服务和网络出版服务时，需要依法获取行政许可。但实践中，大量营销号本没有许可资质，却在注册账号时利用网络昵称打起了"擦边球"。这些网名与新闻机构名称高度相似，以假乱真，使用耸人听闻的标题、煽动性极强的文案，再配以断章取义的视频片段，以获取流量为目的，不仅损害了新闻真实性和当事人的合法权益，还不利于维护社会稳定。

《互联网用户公众账号信息服务管理规定》对此特别强调，从事互联网新闻信息服务、网络出版服务，或者申请注册从事经济、教育、卫生医疗、司法等领域信息内容生产的账号，网络信息服务提供者必须对包括行政许可、服务资质、职业资格、专业背景等在内的相关资料进行核验并予以标记。可见，在特殊资质身份认证方面，《互联网用户公众账号信息服务管理规定》不仅旨在杜绝虚假身份注册和职业身份认证，而且剑指那些冒用特殊主体资质的乱象，以求从各个角度保护好老百姓的知情权等合法权利。

八、属地显示治理

近年来，在直播带货、海外代购、网络评论、信息发布等方面，存在大量账号虚假冒用的情况。例如，从事海外代购的微商谎称自己在境外，直播带货的主播假称自己在产地，发表评论的网友冒称自己在当地，网络乱带节奏的大 V 其实是在境外，这些情况比比皆是。然而，微博、抖音等社交平台通过公示账号省级属地的方式，让大量依靠虚假地域贩卖假货、发布虚假消息、违法宣传、扰乱网络秩序的“李鬼”账号人设崩塌，露出了马脚。也正是这种展示 IP 属地制度，更好地保护了消费者的合法权益，多维度地促进了网络真实与诚实信用。

从公共利益角度考量，《互联网用户公众账号信息服务管理规定》为了便于公众实施监督，明确规定网络信息服务提供者应当在网络账号信息页面，展示合理范围内的属地信息。这样的规定完全符合《个人信息保护法》关于合理使用的相关规定，剑指“李鬼”的虚假人设不仅有利于维护消费者的合法权益，还在虚假信息治理和维护国家安全层面起到了非常重要的作用。

算法的消费者权益保护

算法是网络技术发展到一定阶段的产物，一般来说，算法被认定为是一种有限、确定、有效并适合用计算机程序来实现的解决问题的方法，是计算机科学的基础。[①] 随着网络技术与网络商业的融合发展，算法从最初的计算逻辑设计逐渐拓宽适用领域，涵盖电子商务、内容分发、广告发放、用户匹配、价格标记等商业应用的各个方面。算法作为一种技术，本身就是双刃剑，在满足商业需求的同时，也造成了价格歧视、算法黑箱、“二选一”等乱象，严重侵害了消费者的合法权益。算法歧视、算法黑箱和算法权力，成为网络商业时代侵害消费者知情权、自由选择权和公平交易权的主要工具。

近几年，世界各国纷纷对算法进行了专门性立法。以美国为例，自2018年以来，美国政府针对算法在商业和道德等方面表现出来的突出问题，密集出台数十部相关法案，包括《偏见性算法威慑法案》（2018年）、《保护美国公民免受危险算法侵害法案》（2019年）、《算法问责法案》（2021年）、《司法算法法案》（2021年）、《反恶意算法正义法案》（2021年）等。这些法案将算法技术与人格权利、用户权利和商业惯例相结合，旨在厘清技术发展与公平正义之间的关系。

我国目前针对算法的特别立法，尚未上升至法律层面，仅在《个人信息保护法》《电子商务法》《未成年人保护法》等部门法中增加了相关专门性条款。在法规层面，自2022年3月1日起，由国家网信办等四部委联合

---

① ［美］罗伯特·塞奇威克、凯文·韦恩：《算法》（第四版），谢路云译，人民邮电出版社2012年版，第6页。

出台的《互联网信息服务算法推荐管理规定》正式施行。这部新规是我国针对算法的第一部专门性规定，其从新闻推荐、用户权益保护、内容安全到劳动权利保护等作出了全新的规定。除此之外，《关于加强互联网信息服务算法综合治理的指导意见》《国家发展改革委等部门关于推动平台经济规范健康持续发展的若干意见》（发改高技〔2021〕1872 号）等文件，也都从不同角度对算法治理作出了规定。

在网络新经济时代，算法是保护消费者权利的关键所在。在算法的统领下，无论是人工智能、大数据、物联网等技术，还是电子商务、人脸识别、精准营销等应用，或者是共享经济、元宇宙经济和关注度经济等商业模式，都是围绕算法逻辑进行运作的。消费者权利是用户权益的集中体现，在算法时代的关键抓手就是算法权益的实现。算法作为计算逻辑，一旦与商业逻辑相结合，其作为技术的中立性，必然受到商业诉求的重大影响。算法歧视、算法黑箱与算法权力，很可能会演化成网络商业平台对消费者权益侵害的工具。笔者认为，站在消费者权益保护的角度，可以从算法技术逻辑层面，将消费者的算法权益分为以下五大类别。

一、算法逻辑的有限公示

从本质上讲，算法作为网络平台自身运作的技术方法，属于著作权保护或商业秘密保护的范围。《最高人民法院关于审理侵犯商业秘密民事案件适用法律若干问题的规定》中对此也有规定，认为算法应属于《反不正当竞争法》关于技术信息类别的商业秘密。

然而，算法不仅是平台自身运作的技术基础，还是用户使用、交易和接受服务的基础。因此，平台必须按照《消费者权益保护法》中对消费者知情权的规定，满足用户必要限度内的知情权。那么算法作为商业秘密的性质与作为服务用户技术的公开性质之间就存在矛盾，而这种矛盾一直持续到 2021 年修订《互联网用户公众账号信息服务管理规定》后才得以解决。该规定采用“适当方式”这样的表述，要求平台必须向用户在一定程度和方式上公开算法。在消费者权益保护工作中，我们对“适当”一词，应结合算法原理、算法目的和运行机制等方面进行理解适用。此处规定的公开应属于“有限公开”，即并非公开计算机语言和算法程序，而是向用户公开与其权益有关的类型，如采集信息范围、算法运作逻辑、算法使用的时限和影响范围、用户进入和退出机制等。具体公开方式分为主动公开和被动公开两种类别。其中，前者指的是网络平台通过“用户协议”对算法与个人信息合理使用的内容进行公示；后者指的是向用户提供退出、质疑和投诉渠道的公示。

在俞某林诉淘宝网络服务合同案[①]中，浙江省杭州市中级人民法院驳回了用户要求平台公开算法逻辑的诉讼请求。该案在当时看来，算法应属于商业秘密的范围，平台可以不公开。但按照2021年出台的《互联网用户公众账号信息服务管理规定》，基于算法可能涉及用户重大权益问题，淘宝网应向用户公示算法目的、算法原理和运行机制等方面的信息。

二、消费者算法退出选择权

供消费者使用的网络平台服务中的绝大部分类别都被纳入了算法统筹的范围。例如，在电子商务、内容分发、搜索服务、兴趣点标记等方面，用户的选择权利都是在算法推荐下产生的。按照《消费者权益保护法》的立法宗旨，消费选择权应在商业推荐权利之上，但在算法世界中，任何消费者都无法在算法分发之外，自主行使选择权。这种逻辑定位，不仅导致消费者的自由选择权受到损害，而且必然会产生“二选一”、大数据杀熟等严重侵害消费者权益的情况。

消费者算法退出选择权包含三层含义：一是网络平台应向消费者提供不针对其个人特征的选项；二是消费者有权查看、选择自身大数据标签的权利；三是网络平台应赋予用户退出算法推荐的渠道。消费者算法退出选

① 浙江省杭州市中级人民法院民事判决书，(2020)浙01民终5101号。

择权在我国现有法律中的基础依据包括《电子商务法》和《个人信息保护法》。必须指出的是，按照现有法律规定，即便用户选择关闭算法或者禁止对其个人信息进行采集，网络平台在一般情况下，也不得因此停止对消费者的服务。

三、算法公示权与自我决定权

消费者的自我决定权建立在算法公示权之上，如同消费者知情权是其他基本权利的基础一样，落实算法退出机制的前提是，必须首先强化消费者对算法影响自身权益的认知程度。按照《互联网用户公众账号信息服务管理规定》的相关内容，算法对消费者权益“造成重大影响的”，消费者有权要求平台予以说明解释。实践中，“重大影响”包括以下三个方面的内容。

第一，因算法衍生出来的价格歧视，即大数据杀熟。价格歧视源自经济学术语，目前被广泛应用于网络价格差异化使用中。价格歧视的目的在于，基于消费者行为大数据的判断，按照不同的消费者剩余，网络平台实施不同的价格标记。之所以民间形象称其为“杀熟”，就是因为价格歧视的基础在于对老用户大数据的分析。利用大数据采用的价格歧视，在《电子商务法》和相关部委出台的关于反垄断的规定中都明确予以禁止。消费者一旦出现可能遭遇价格歧视的情况，就有权要求网络平台进行说明解释。这里必须指出，并非所有的“价格歧视”都是违法的，如按照《深圳经济特区数据条例》的规定，在平台进行“拉新”“随机交易”或符合商业惯例的交易，在一定程度上也是可以豁免的。

第二，因算法衍生出来的人格权歧视。按照《互联网用户公众账号信息服务管理规定》的相关内容，平台不得对用户设置违背伦理道德、违反法律法规的算法模型，不得将违法信息或不良信息作为关键词并对用户进行算法推荐。除此之外，算法对人格权的歧视，还体现为对特定人群的歧视。在我国，相关案件尚未出现，但在美国已经发生过类似诉讼。YouTube

作为视频网站，曾将“同性”等关键词作为非法内容，利用算法对比不予推荐。该平台用户在美国法院对该算法提起了相关诉讼，其认为平台不合理地适用算法逻辑，侵害了用户的表达权利。更有代表性的案例是，在美国曾有位因驾车枪击事件被判入狱的人，名叫卢米斯，此人出狱后，该州惩戒部门通过Compas系统，运用大数据与算法预判卢米斯有较高的再次犯罪的风险。卢米斯认为，自己没有再次犯罪，却被算法预判为可能犯罪，算法侵害了他的合法权利，最终诉至美国联邦最高法院。美国联邦最高法院最终认定，算法运用在司法中符合中立性和客观性，[①] 不认为算法判断侵害了卢米斯的合法权利。尽管该案以算法胜利结束，但在实践中，算法对人群、人种、地域、财富和教育程度等因素可能出现歧视的争议却一直存在。[②] 例如，低收入人群消费者，在搜索酒类项目时，系统大多推荐廉价酒类，而高收入人群消费者则被推荐高端酒类。此类差异化推荐对消费者而言，可能涉及消费者人格尊严的相关问题，若将此类问题延伸，还将会涉及民族、种族、宗教信仰和职业等相关敏感信息，这些问题势必与《个人信息保护法》中的敏感信息相关联。目前，我国尚未出现因算法对人格权歧视而侵害消费者人格尊严的案例。如果将算法歧视与《民法典》人格权编中的相关规定相结合，此类案件的消费者诉求，很可能被我国司法实践所支持。

第三，算法推荐产生的“信息茧房”。在算法经济中，消费者能接收的信息，并非源自自主选择，而是算法推荐。从消费者自主选择权角度看，算法代替消费者自身对信息的拣选，很可能侵害消费者的知情权和自由选择权，导致其陷入“信息茧房”之中。算法推荐的信息，既包括内容分发信息、搜索引擎信息和兴趣点推荐信息，也包括商业推广信息。那么，对

---

① 李忠颖、陶彦伶：《论智能裁判中的个人信息保护》，载《渤海大学学报（哲学社会科学版）》2021年第2期。

② 《有法庭开始用人工智能审判了，真的可以?》，载界面新闻，https://www.jiemian.com/article/1268805.html，2023年6月7日访问。

于算法依据对消费者个人信息和行为数据的判断而推送的推荐信息，消费者作为最终接收者，当然可以依据《个人信息保护法》等法律规定，要求平台事先说明算法推荐规则、采集数据范围、适用场景模式。网络平台也应依法设置用户对自己数据标签的查询、拣选和退出渠道。

四、网络平台对算法推荐内容的责任新形态

消费者通过网络信息服务接收到的信息，可分为两大类：一类是自然搜索、自主查找和非经推送的信息；另一类是经过算法匹配后推荐的信息。这些推送信息如果对消费者造成侵害，针对第一类信息，应对网络平台适用《民法典》（第1195条、第1196条）规定的通知删除规则，而针对第二类信息，则应对网络平台适用《民法典》（第1197条）规定的“知道规则”。在刘某莉诉快手网络侵权案①中，北京市第四中级人民法院认为快手平台通过算法推送的内容含有侵权信息，网络平台对算法推荐内容应予以事先监管，快手平台未能通过技术手段监管到具有明确侮辱性的言论，故应与侵权人承担连带责任。

可见，算法推荐的一般信息内容、商业信息内容和信息流广告等，一旦出现虚假信息、侵权信息或违法信息，即便内容是由其他用户创作发送的，但基于算法推荐产生的平台监管责任，网络平台也应承担连带责任。从平台责任角度看，对于网络平台通过算法推荐分发的内容，网络平台都不会因其自身网络服务提供者的身份而免责，或以通知删除规则进行抗辩，而应直接按照《民法典》第1197条规定的“知道规则”，与直接侵权人、违法信息发布者承担连带责任。从这个角度看，算法推荐技术的出现，在提高商业匹配效率的同时，也增加了网络平台承担责任的风险。

五、特殊群体的算法权利

网络经济时代下，用户权利与消费者权利有时重合，有时分离。相较

① 北京市第四中级人民法院民事判决书，（2020）京04民终53号。

于网络平台而言，依靠平台获取工作机会和就业机会的从业者，虽然是平台用户，但并非传统意义上的消费者。这里所称的从业者，指的是《电子商务法》中所称的平台内经营者，以及承担外卖、广告主、主播、快递业等服务的劳动者和经营者。

从业者的算法权利保护，是消费者权利保护的重要组成方面。在平台经济背景下，相较于强势地位的平台，消费者和从业者都属于弱势地位，如果从业者权利无法得到有效保护，将直接或间接地对消费者的合法权利产生重大影响。

（一）“二选一”中的算法影响

从国家市场监督管理总局对阿里巴巴和美团的行政处罚[①]来看，算法问题已经成为市场支配地位认定和实施滥用市场支配地位的关键性因素。以上被处罚的两家企业，使用算法控制平台内经营者所获流量的多少、监控平台内经营者是否执行“二选一”的经营模式，同时还通过算法降权等方式强化其垄断市场的地位。尽管“二选一”问题属于反垄断和竞争法范畴，但如果算法在垄断市场问题上，充当着协助者角色，那么这种阻碍竞争和攫取垄断利益的行为最终危害的仍是广大消费者。因此，从业者对平台要求算法层面的公平，在本质上与消费者诉求是一致的。

（二）算法对劳动者权利的影响

国内《人物》杂志发表的《外卖骑手，困在系统里》，通过人物事例的方式展现出算法对平台劳动者的苛刻。[②] 这篇文章所引发的巨大社会舆情，促使国家网信办等四部委在修订《互联网用户公众账号信息服务管理规定》时，增加了算法应该保护劳动者获取报酬、获得休息和奖惩权利等相关规定。也就是说，在设计算法模型时，除了考虑商业利益，还应重点考虑包括消费者权利、劳动者权利和社会责任等在内的因素。

① 国家市场监督管理总局作出的行政处罚决定书，国市监处〔2021〕28 号、国市监处〔2021〕74 号。

② 赖祐萱：《外卖骑手，困在系统里》，载微信公众号“人物”，2020 年 9 月 8 日发布。

意大利波洛尼亚运输业劳动者工会将本国一外卖平台诉至法院，该案中平台员工认为，该平台的算法只考虑骑手是否参加工作，却不考虑骑手未参加工作的原因，如因疾病、未成年子女等合法原因而未能完成工作时，平台仍然会降低骑手的评分。法院认为，基于劳动者的自由性而认为未赴约和延迟取消工作的原因无关紧要，必定会使劳动者遭受差别对待，这是典型的间接歧视，[①] 并最终判定平台赔偿劳动者5万欧元。

由上文论述可知，算法在司法层面已经不被认为属于完全技术中立的类别，网络平台作为算法制定者，应承担相关法律责任。

（三）未成年人的算法保护

《未成年人保护法》在2020年修订后，增加了网络保护专章，其中涉及防沉迷、反网络暴力、个人信息保护等方面规定，这些都与算法应用密切相关。未成年人作为消费者中的特殊群体，在个人信息、信息分发模式、场景模板和消费模式等方面，都与其他消费者的算法模式不同。《互联网用户公众账号信息服务管理规定》中，也对未成年人用户适用算法模式作出了特别规定。

从这个角度说，算法将消费人群精准划分的功能，应依法适用于保护未成年人合法权益，而非引诱其成瘾、过度消费或模仿危险动作。家长作为监护人，在必要的情况下，可以依据《民法典》中关于监护人方面的规定，以及《未成年人保护法》的相关规定，向网络平台主张包括公示、说明和解释算法模式、算法侵权赔偿在内的法律责任。

① 罗志敏：《算法歧视的司法审查——意大利户户送有限责任公司算法歧视案评析》，载《交大法学》2021年第2期。

用户的个人信息与隐私权保护[①]

2021 年 8 月 20 日，全国人大常委会正式通过了《个人信息保护法》，与之前颁布的《网络安全法》《数据安全法》与《个人信息保护法》一并构建起中国新时代信息安全法律保障体系。

一、个人信息保护原则与权利类别

《个人信息保护法》一经问世，就肩负起统领其他法律法规对个人信息保护的作用。该法所确立的针对权利人的“最小伤害”“公开透明”“准确完整”“合理使用”“合理目的”等原则是对先前相关法律关于个人信息使用“合法性、正当性、必要性”原则的扩展和补充。未来新的立法中，凡是涉及个人信息保护问题的，都应遵守《个人信息保护法》所确定的基本原则，任何规定都不得与之相冲突。

例如，饭店采用扫码点餐前，要求获取我们的个人信息授权的行为，就可能因超出了必要性原则和合理使用原则而被认定为侵权行为，因为点餐行为与获取个人信息之间并无必要性关联。又如，导航服务开启时，获取我们的位置信息是必要的，但平台偷偷开启摄像头或语音传输等功能，就违反了《个人信息保护法》规定的“最小伤害原则”，属于违法行为。从这个角度讲，《个人信息保护法》就是保护我们权利的“门神”。

《个人信息保护法》是个体权利在个人信息保护领域的新旗帜，极大地扩展和补充了《民法典》《消费者权益保护法》等民事法律关于个人信息权利的范围。该法将个人权利独立成章，赋予了公民个体对自己信息的自我

① 朱巍：《个人信息保护“法时代”到来了》，载《科学大观园》2021 年第 18 期。

决定权和充分的知情权。

“我的权利我做主”在《个人信息保护法》中得到了具体体现。老百姓依法享有对自己信息的查询权、复制权、删除权、更正权、保持完整性和准确性权、投诉权、要求说明权和诉讼权。这些新型权利基本构成了适应大数据时代个人信息保护的权利保护体系。特别是对死者个人信息保护的问题，该法也作出规定，这意味着死者近亲属也可以为维护自身利益行使权利。这无疑对死者人格利益和生者合法权益的保护是非常有利的，极大地扩展了个人信息保护的时空性。

《个人信息保护法》出台前，用户在接受互联网产品和服务时，仅享有注册权，很少有人尝试过“注销权”。对于很多 App 或网络服务，我们不再使用的时候，便随手从手机中删除，却忘记了之前留在平台的注册信息、身份信息和行为数据，事实上这些信息并不会因为个人删除 App 行为而自行消失。《个人信息保护法》出台后，用户一旦停止使用某款网络服务，在删除应用的同时，平台也应依法对用户现存信息进行删除，确保用户个人信息不会成为那些“睡眠应用”的非法财产。

二、信息处理者的义务与责任

《个人信息保护法》出台后，老百姓对自身的权利要求，就转化成互联网平台等信息处理者的法定义务。如果信息处理者做得不好，就可能面临高达 5000 万元或营收 5% 的高额罚款，直至被吊销营业执照和停业整顿。如此高的违法成本，在很大程度上势必会震慑不法侵害行为，减少互联网技术的滥用。

我们在日常生活中，经常遇到同一款产品对不同人显示的价格不一样，甚至不同型号手机显示的价格也都不同。一般来说，拥有越高消费能力、多次使用的熟客、缺乏比价能力的人群，价格就会更高，反之则会偏低，这就是老百姓深恶痛绝的“大数据杀熟”。

《个人信息保护法》第 24 条将“反大数据杀熟”正式写入法律，明确要求网络平台等个人信息处理者，不得利用个人信息和自动化决策，对个人在交易价格和交易条件上进行“价格歧视”。具体明确的法律规定配合巨额天价处罚，有助于从源头上彻底遏制大数据杀熟乱象，保障消费者公平交易的权利。

针对平台利用用户行为数据产生“用户画像”而发送“精准广告”的问题，《个人信息保护法》明确赋予了老百姓说“不”的权利。该法给予平台两个选项，要么为用户提供不针对个人特征的选项，要么明确给予用户拒绝的权利和渠道。该法实施之后，当用户的兴趣点都被平台捕捉并成为精准营销的对象时，用户可以依据《个人信息保护法》的相关规定，要求平台提供非个性化选项或者直截了当地加以拒绝。

三、隐私权的网络保护

两人之间的聊天、对话、行为，在对方不知情的情况下，被另一方偷拍偷录下来，或发布于网上，或交于法院作证据，或提交给第三人作旁证。在一般情况下，按照有关证据的法律规定，偷拍偷录的证据会受到合法性的质疑。尤其是在被偷拍偷录人不知情的情况下，加以剪辑，断章取义，再加上醒目的标题和文案，则完全可以达到污名化一个人、一件事或一个行为的效果。对于这种行为，我们在网上已经屡见不鲜了。看似依靠这些东西获取的个体的舆论胜利，往往导致寒蝉效应，使社会群体发生信任危机。

《民法典》里明文规定了隐私权，即公民都有保护自己的私密信息、私密行为和私密空间不被侵害的权利。这里所说的隐私权当然包括“与有隐私”，即一些事情是两个人之间的事情，那些私密的行为、表达都是限于二人之间，任何一个人都有义务保守私密。在一些特殊场合，基于人与人之间的信任、环境产生的影响等作出的表达，其表达内容本身可能并不适合对外公开。那么，处于此环境下的相对人都应成为保守相互隐私的义务人，不仅建立在道德上，还应建立在法律上。

当然，如果一些私密活动本身就涉及违法活动，或表达指向的是违反宪法和法律规定的情况，那么此种类型因其违法性质当然就不涉及隐私权保护的问题。同时，表达或行为的场合也是限制隐私权行使的条件。例如，在网络直播中的表达、在聊天群里的表达、面向不特定多数人的表达等，这些表达因场所的公开性，个体隐私权就有了一定的贬损，很难再主张权利。

两人的电话通话、即时通信工具聊天、短信等“点对点”的沟通，应属于典型隐私权保护的范围。两人之间的沟通内容仅限于相对人之间，任何人的偷拍偷录行为，都可能造成对相对人隐私权的侵害。如果再将其放置网络，甚至加以剪辑进行传播，则构成对隐私权的侵害。被侵权人可以按照《民法典》中关于隐私权与网络侵权的相关规定，要求传播平台采取必要措施以维护自己的合法权利。

从技术角度说，越来越多的“一键录音”“一键录像”等功能层出不穷，这使个体隐私权被侵害的可能性变大。之所以一些手机生产商将拍照设置成较响亮的“咔嚓”声音，并非技术达不到静音效果，而是尊重被拍摄者权利的表现。某系统的手机无法使用通话录音功能，亦并非技术达不到，而是技术应在隐私面前有所回避。因受大型公共卫生事件影响，人们线上工作机会增加，群工作、电话沟通和视频会议等成为主要方式，平台在技术角度应充分考虑商业秘密、个人隐私、知识产权等保护问题，对技术性录音录像等行为必须告知全体参加人员，在征求同意后方可进行。

人与人之间的信任关系，不应因技术进步而瓦解，技术在带来更好沟通的同时，也应充分考虑隐私保护的必要性。君子的慎独标准，往往只能存在于道德要求层面，每个人不可能无时无刻地“照本宣科”。在我们传统观念里，讲话层面的“分远近”“分里外”“分场合”也属于公序良俗。个别人出于不同目的，利用相对人对自己的信任，搞录音录像，甚至依靠这些对他人的行为污名化，这不仅违反了法律，还损害了我们努力构建起来的信任社会。

如果因个别行为导致人人自危，隐私权落实不到位，将使社会成本极大地提升。缺乏了信任基础，人与人之间的交往就会变得小心翼翼，信任成本的增加必然导致经济社会效率的极大降低。互相不信任，互相不放心，长此以往，本来方便生活的手机，就会变成导致灾难的“手雷”。

安宁权写进《民法典》的意义[①]

《民法典》人格权编正式将“私人生活安宁”纳入隐私权保护范围，将安宁权与私密空间、活动和信息并列，作为隐私权的重要组成部分。

长期以来，安宁权一直作为学理上的概念存在，没有被正式纳入法律。随着网络技术和经济的发展，安宁权逐渐得到立法者的重视，于2012年首次被全国人大常委会写进《关于加强网络信息保护的决定》。该决定第7条确立了公民在固定电话、移动电话和电子邮箱中拒绝商业广告的权利。拒绝商业广告是公民维护生活安宁的基本权利，也是隐私法在人格权保护体系中的有效延伸。

在此之前，“新浪微博社区公约”将“安宁权”首次正式亮相于众。该公约将私信骚扰、商业广告、频繁“@”等侵害用户网络空间安宁的行为，明确作为侵害安宁权的一种类别，权利人对此可以通过技术手段加以屏蔽，当然也可以依约举报平台进行处理。

可见，安宁权适用的情景，不仅包括线下的现实社会，更重要的是涵盖线上网络中的虚拟社区。从《民法典》的立法表现看，安宁权并没有正式从隐私权保护体系中分离出来，而是通过扩张解释隐私权的方式加以确定。

笔者认为，将安宁权纳入隐私权保护体系的立法原因应该有两点：一是隐私权足以涵盖安宁权保护，两个权利的内涵和外延重合较多，隐私权可以吸收安宁权；二是侵害安宁权的行为多以侵害个人信息为前提，如在

① 朱巍：《生活安宁权纳入隐私权是网络时代刚需》，载《新京报》2019年12月25日，第A04版。

获取公民电话、邮箱、用户名等前提下才能实施广告推销和信息骚扰，个人信息又是隐私权的重要组成方面，所以安宁权与隐私权相互关联、互为表里。

不过，笔者认为，安宁权与隐私权又存在不同的特征，在未来人格权法的发展过程中，安宁权应该完全独立出来，成为一项具体人格权。首先，安宁权适用场景超过隐私权。例如，邻里之间，楼下长期深夜有狗叫扰民，若按《民法典》规定，深夜狗叫扰民算得上是侵害生活安宁，若诉请法院，请求权基础单独定性为安宁权远比隐私权更为贴切。

其次，网络安宁权多是阻却骚扰的权利。例如，社交平台中，普遍存在“@”他人的行为，其中不乏骚扰等侵权行为。但这一行为并不需要得知用户的隐私信息，只要获得对方公开的账号名称即可，这并不属于侵害个人信息的情况。若是按照《民法典》规定，用户需要适用隐私权维护自己权利的话，这样的做法确实存在值得商榷之处。

最后，网络商业广告多种多样，其中很大一部分是以侵害用户安宁权的方式做出的。例如，弹窗广告、贴边广告、嵌入广告等，这些广告的发送有的是获取用户同意或符合网络经济实践需求的，但发送方式往往令人反感，甚至厌恶。所以，针对这些特殊广告，《广告法》等法律法规将“一键关闭”作为用户的基本权利之一。“一键关闭”本就属于用户安宁权范围，严格意义上讲，其并不属于用户隐私权。

尽管目前没有将安宁权彻底从隐私权中“独立”出来，但毕竟将其正式纳入了隐私法律保护体系，这对于我国人格权法律体系发展来说，已经起到了重要的积极作用。未来安宁权的适用空间很大，线上线下都可能成为维护公民生活安宁权利的重要抓手。具体而言，主要体现在以下四个方面。

第一，线上和线下的商业宣传需要严格遵守安宁权的基本原则。不被打扰是安宁权的核心内容，网络广告不是不能发送，而是要本着“事先同意”或“禁止即停”的基本原则发送。同时，广告发送形式必须符合安宁权的原则，那类“狗皮膏药”一样的弹窗、贴边等广告形式需要好好管一管了。

第二，邻里生活安宁又多了一个维权抓手。对于噪声、狗叫、广场舞等扰民行为，公民除了报警，还可以依据《民法典》安宁权的规定诉请法院，请求法院判决侵权方承担包括停止侵害、排除妨害在内的法律责任。[1]

第三，线上“防骚扰”等技术防控措施会做得越来越好。除了微博，其他社交平台会根据安宁权的规定，将用户被“打扰”的权利控制权交还给用户自己，通过自行设置拉黑、禁止评论、禁止“@”、禁止“#”话题等方式保护自己的权利。

第四，安宁权会给社会型公众人物更多的空间。艺人、网红等知名人物属于公众人物，他们的隐私权、肖像权等人格权要受到一定的贬损。但公众人物不涉及公共利益部分的，不被打扰、安宁生活的权利还是要被尊重。所以，安宁权更有利于保障公众人物的生活。

---

① 吴学安：《伸张“安宁权”需要多方给力》，载经济参考网，http：//dz. jjckb. cn/www/pages/webpage2009/html/2020 -01/21/content_60910. htm，2023 年 6 月 20 日访问。

金融信息是个人信息保护的重中之重[①]

据媒体称，某脱口秀演员的个人银行流水被银行内部违法违规查询，泄露给正在与其打官司的前单位。[②] 该事件一经曝光就引起社会的广泛关注，公众关心的不仅在于这一事件，更关心每一个人作为银行客户，这些年到底有多少个人信息被金融服务者以任何名义挪作他用。

从现行立法角度看，个人银行账户流水信息已经被各种法律所保护。《民法典》《个人信息保护法》中规定了隐私权与个人信息权，银行流水属于财产信息，是个人信息权的重要组成方面，任何人都不得侵害。《商业银行法》更是进一步明确了银行对存款人的保密义务。我国《刑法修正案（九）》特别规定了侵犯公民个人信息犯罪的罪名，最高人民法院和最高人民检察院也出台了相关司法解释，非常详尽地描述了侵害公民财产信息刑事立案标准所需要达到的数量，甚至还特别规定了那些在履行职责或提供服务的过程中，将获取的个人信息出售或提供他人的，刑事立案标准只需要达到普通案件的一半即可。

可见，我国立法对银行财产信息作为个人信息予以保护并无漏洞可言，更何况《中国人民银行金融消费者权益保护实施办法》（中国人民银行令〔2020〕第5号）这类针对金融信息安全的更详尽的规章也已出台或正在酝酿中。中国银保监会网站曾披露多家银行被依法作出行政处罚，案由多涉及数据报送等金融信息安全问题。为何在法律规定如此细致、法律处罚如此严格的情况下，仍有大量银行信息等金融信息违法泄露的情况出现呢？

---

① 朱巍：《目无规矩的江湖气正瓦解银行的立信之木》，载新京报网，https://www.bjnews.com.cn/detail/158916879315821.html，2023年6月20日访问。

② 参见中国银行保险监督管理委员会行政处罚决定书，银保监罚决字〔2021〕5号。

笔者认为，主要有以下三方面原因。

首先，银行业内部存在大小客户双标的潜规则。法律有规定，但仅作摆设，不仅不用，反倒成为特殊增值服务。银行服务中，财产信息查询不仅没有被当作银行义务，反倒成为大客户享受的特殊服务。在个别银行看来，客户分为三六九等，中小客户不是目的，而是手段。在银行内升职需要业绩，大客户是保证业绩的重要砝码。客户经理的职责就是不惜一切代价获取和保留这些大客户。“大客户至上”几乎成为所有银行的服务宗旨，越是在商业银行竞争激烈的市场，这种大小客户的双标现象就越严重。

其次，银行内部充满忽视规则的“江湖气”。查询、提供客户财产信息被白纸黑字地写入法律，也刻在了几乎所有银行的内部规则中。但实际上，能够获取客户包括征信信息、财产信息、账户信息等在内的敏感信息的权限，已经被下放到各个级别的工作人员手中。从银行内部管理机制看，只有小部分人才有查询银行后台数据的权利，只有经过一道又一道审核授权渠道才能获得相关信息，只有在客户本人持有有效证件和输入密码，以及公检法机关依照法律程序才能完成的所有制度保障，都淹没在银行内部浑浊的江湖气息中。谁有关系，谁有大客户，谁就能拿到权限，甚至可以在客户最需要保护的时候，将资料信息提供给他的对手，尽管双方都是银行的客户，差别就在于有大小之分。

前述提到的事件中，银行方面回应的是“未严格按照规定”，而没有称违规员工实施了违法行为，其主要理由就是大客户公司称该脱口秀演员账户为工资账户。必须指出的是，公司查询自己员工工资账户的行为并不是一个合法理由。尽管是公司自己的员工，但工资等薪酬一旦发给员工并进入私人账户，这部分财产和信息就成为员工私人权利的范畴。这是基本的法律素养，看似冠冕堂皇的借口实际就是“很难叫醒一个装睡的人”，这里面的规则更像是江湖规则，而非法律规则。

最后，金融信息安全被业绩所冲淡。中国银保监会事后发布对多家银行的处罚信息，其实是向公众展现了商业银行目前的实际状况。应报不报、漏报瞒报、错误报告、选择性遗漏、账户空报等违法违规情况，几乎全部出现在这些银行身上。对民众来说，银行金融行业最重要的就是稳健，商业银行所追求的金融利益与社会关注的金融安全之间的最终平衡点，就在于监管部门的有效监管和相关信息的绝对安全。

令人欣慰的是，中国银保监会这次果断出手，趁热打铁地进行了全面集中的案件处理，也算在一定程度上给了社会一个交代。但对多家涉事银行的处罚一共不到2000万元，后续整改措施也没有得到有效回应。而在某脱口秀演员事件中，银行的行为到底是违规还是违法，中国银保监会应及时给予回复。请不要忘记，除了金融类法律体系，还有一个刑法罪名叫侵犯公民个人信息罪。

互联网差异化服务的反思[①]

针对某网络热播剧，社会对此关注的不仅是剧情本身，更多的是视频平台借此推出了“超前点播模式”，即会员再充值50元购买VVIP可再多看6集。很多网民对此批评，认为购买的VIP已经具备收视资格，要想多追几集的话，平台还要额外收取费用，这种模式类似“割韭菜”，平台反复收费是不讲诚信的做法。这个事件的是是非非，还要从网络经济生态模式说起。

我国的互联网经济，一直是以免费经济为基础的。例如，我们使用的邮箱、聊天软件、美图，甚至游戏和音视频，绝大部分都不会向用户直接收取费用。那么平台花钱研发的游戏，花钱购买的版权和提供的服务，怎么可能让用户免费享受？平台靠什么赚钱呢？原来这些免费经济的背后，平台是依靠流量广告来获利的，如直接的广告收益、引流广告、网盟广告和精准广告等。

用户为了免费享受网络服务，就必须要接受广告推广，如弹窗类广告、贴边广告、网剧前的广告等。特别注意的是，像网剧这类剧前广告是无法拖拽的。这种以广告获利为基础的网络经济生态，是我国目前网络生态生存的前提。

在免费经济背景下，针对有不同消费能力和消费意愿的人群，平台又推出了“会员制”，即付费成为会员，就可以不看广告。这样做的性质，其实就是会员通过付费的方式，免掉了观看广告的烦恼。换句话说，在视频网站免费看网剧，要么用户需要缴纳费用成为会员，要么需要接受广告以

① 朱巍：《庆余年事件本质是互联网差异化服务》，载检察日报网，http：//tech. china. com. cn/internet/20191218/361877. shtml，2023年6月7日访问。

间接支付对价。再后来，随着网络经济生态的发展，越来越多的用户差异化需求和个性化需求出现，如果能付费免广告，那么为何不能付费做更多的事情呢？国外很多电视剧制作方，甚至将用户付费完全替代广告，他们所服务的人群也越来越窄，几乎只“在乎”付费群体的观看体验。例如，爆火美剧《权力的游戏》的背后制作方 HBO 公司仅靠会员的收费就完全收回制作成本，所以会员的意愿尤为重要，甚至可以左右剧情人物的生存状况。

相比之下，我国网剧会员制还仅停留在付费观看阶段，尚达不到欧美关注用户消费习惯和意愿的程度。网络热播剧的播出平台没有从单剧付费着手，而是从付费追剧入手，这种做法确实不太聪明。为单剧付费，会激励制作团队更加用心，不必考虑广告方和投资方的意愿，只需要维护好付费用户的体验即可，这种做法往往会制作出像《权力的游戏》这种无比精良的剧。但付费追剧就大大不同，整部剧都拍完了，用户付再多的费用，也不会影响制作，更谈不上左右剧情。更何况，剧中还夹杂广告，大量广告在很大程度上会影响拍摄效果，甚至会影响剧组选角色、台词和表演。

从用户权益角度看，用户付费追额外的剧集属于增值服务范畴，并没有直接违反法律。例如，我们去迪士尼乐园，购买的票仅是入园凭证，玩项目时需要排队等待，但如果再额外花钱购买更高的权限，就可以不用排队直接进入项目。不过，必须强调的是，平台的 VVIP 服务是后推出来的，之前用户购买会员时所同意的“网民协议”并没有将其写入。平台在迭代服务时，尤为关键之处在于要及时更新“网民协议”，并必须事先完全告知用户会员权限和其他增值服务类别。热剧超前点播事件，应该向平台提个醒，增值服务没问题，但要提前充分告知用户，钱花得明白，用户才能安心。

未成年人网络保护新模式

习近平总书记曾指出，“网络上还有很多乌七八糟的东西，未成年人心理发育不成熟，容易受到不良影响”。[①] 为营造未成年人良好网络环境，2021年，国家网信办开启了针对短视频、网络不良内容、防沉迷等七项严重影响未成年人身心健康的“清朗·暑假未成年人网络环境整治”专项行动。[②] 此次专项行动，将极大地净化互联网环境，确保青少年安全用网，解决千百万家长对于孩子的“互联网使用焦虑症”问题。

一、对未成年人网络权益特殊保护的必要性

为确保未成年人健康使用互联网，我国逐步构建起以《未成年人保护法》网络专章为核心，以“一法一决定”为两翼，以国家网信办出台的关于直播、群组、微博客、网络搜索等具体部门规章为基础的综合性法律体系。[③] 从法律角度看，我国未成年人网络权益保护法律体系已经基本建立。但从法律落实角度看，要确保法律法规切实执行，就必须将法律全面融入技术。

尽管防沉迷系统和青少年模式已被正式写入法律规定，但实践中总能出现“多账号切换”“一人多号”“人号不符”等规避技术系统的情况，甚

---

① 习近平：《“我们来共同关心这些教育问题”》，载教育部官网，http://www.moe.gov.cn/jyb_xwfb/xw_zt/moe_357/2021/2021_zt01/lianzuhui/lianzuhuii_xianchang/202103/t20210307_518145.html，2023年6月7日访问。

② 崔国强：《国家网信办部署开展“清朗”系列专项行动》，载中国政府网，https://www.gov.cn/xinwen/2021-05/09/content_5605434.htm，2023年6月7日访问。

③ 智春丽、管璇悦、曹雪盟：《数字时代，营造良好网络生态》，载《人民日报》2021年8月17日，第12版。

至还出现了相关黑灰产业链。如果法律仅停留在纸面，技术没有全面涵盖法律规定，那么再好的保护措施也仅是表面文章，隔靴搔痒。这也是2021年暑期专项行动重点治理的方向之一，即要将《未成年人保护法》的规定全面融入技术落实层面。

大部分新技术、新应用都被互联网企业当作追求商业利益的工具，很少真正地用于保护未成年人的合法权益。究其原因，一方面，新技术、新应用投入青少年权益保护中的资本回报率太低；另一方面，技术保护得越好，可能导致用户量越少，市场份额受到影响。①

从平台主体责任角度看，企业商业逐利应建立在全面履行法律责任的基础上，平台越大，其承担的社会责任和道德责任也就越大。提升技术对未成年人的保护，既是互联网平台夯实法律责任的前提，也是其履行主体责任的基础。未成年人是社会的未来，在任何时代，未成年人只能是技术保护的目的，而非榨取商业利益的手段。任何缺乏社会责任感的企业，在未成年人权益保护方面，一旦犯了错误，就很难被社会宽恕，这样的企业连未来都没有，更何谈商业价值。

法律应全面融入技术，在防沉迷系统建设中是如此，在短视频、直播、内容分发平台中更应如此。② 大数据时代下，系统在大数据分析的基础上，依靠算法对内容进行分发处理。孩子们看到的内容、接收到的信息、关心的话题、参与的活动大多是平台通过算法与数据拣选给他们的。平台在拣选推荐信息时，考虑因素不能仅专注于用户增加使用时长、日活和流量，更应充分考虑未成年人身心发展的阶段性和特殊性。互联网的海量信息，鱼龙混杂，既有芳草，也有毒株，前者有利，后者有害。互联网平台在落实法律义务方面的首要责任，就是将大数据、算法作为网络不良信息的过滤器，不允许不良信息通过热门、热搜、推荐、关键词等方式进入孩子视

① 智春丽、管璇悦、曹雪盟：《数字时代，营造良好网络生态》，载《人民日报》2021年8月17日，第12版。

② 同注①。

野之内。从这个角度看，有社会责任感的互联网平台就是家长监护权的延伸，反过来看，个别只追求商业利益、选择性忽视履行责任的平台就是带坏孩子的“帮凶”。现行法律规制和2021年的暑假专项行动，就是要制止和惩戒某些平台实施侵害未成年人权益的行为，敦促平台采取以法律融入技术的措施，进而保障未成年人的合法权益。

2020年，《未成年人保护法》经过修订，新增了网络保护这一专章，共计17个条文，并用很大篇幅将防止网络沉迷、内容安全保护、个人信息保护、入网实名制、防止网络欺凌等网络时代新出现的问题进行了全面规定，这也是本文重点分析的对象。另外，值得注意的是，2024年，《未成年人保护法》再次进行修正，更加完善了对未成年人的保护体系。

二、防止网络沉迷

2018年年初，世界卫生组织将“游戏成瘾”明确列入“国际疾病分类”名目，该项规定于2022年生效。按照世界卫生组织的定义，游戏成瘾病症包括无节制沉迷游戏、为了玩游戏忽视其他爱好和日常活动，以及明知沉迷会产生负面影响而无法自拔等情况。

当然，游戏成瘾的人群不仅包括未成年人，还包括成年人，但根据生理和心理成熟度来看，未成年人接触游戏和网络达到可上瘾性程度的比例会更高。从我国网络实践看，孩子沉迷网络问题已经成为社会问题，由是，近年来相关新的立法越来越多，《未成年人保护法》经2020年修订后，对此更是作了非常明确和详细的规定，具体如下所述。

（一）网络产品和服务提供者责任

《未成年人保护法》明确了网络产品和服务提供者不得向未成年人提供诱导其沉迷的产品和服务，至少包括以下三部分内容。其一，专门为未成年人设置时间、权限和消费的功能。笔者认为，这种设置应符合该法及其他法律法规的相关规定，如晚上10点至次日上午8点之间不得对未成年人提供网络游戏服务。同时，这种设置应该符合家长行使监护权的功能，如家长监护系统对子女网络活动内容、时长、类别和消费的监管。其二，网络游戏服务者应依法对未成年人登录游戏严格设置实名制门槛，按照国家统一设置的网络游戏实名认证系统，进行“人与账号”“账号与账号”之间的登录认证。其三，网络产品和服务提供者应设立“便捷、合理、有效”的投诉、举报渠道，同时明确除了有监管责任的家长、学校等主体，任何人和组织都有权进行举报和投诉。

（二）扩展监管主体

网络沉迷是严重侵害未成年人权益的行为，也是互联网技术发展在社会存在的最大弊端之一。对网络沉迷的治理，单靠家庭和学校，或者某一个部门或组织，都很难完成，这需要全社会进行综合治理。《未成年人保护法》第68条将防沉迷监管主体，从家长、学校、社会和教育管理部门，扩展到包括新闻出版、教育、卫生健康、文化和旅游、网信等部门在内的多个监管机关。同时，从以往的事后监管或“触发式”监管，发展为事先监管，定期开展宣传教育，监督网络产品和服务提供者的履行情况，指导家庭、学校和社会相互配合等。

（三）家庭与学校责任

未成年人的学习生活主要是在学校与家庭，因此学校和家庭自然而然地成为防止未成年人沉迷游戏、引导其正确使用网络的关键领域。首先，《未成年人保护法》明确，监护人应当在手机、平板电脑等终端安装未成年人保护软件，要将对孩子的网络安全教育延伸到技术保障层面。其次，智能终端生产者和销售者，应该预先安装未成年人上网保护软件，在技术上保障监护人对未成年人进行监管的权利。最后，监护人需要通过提高网络素养，以身作则，才能更好地保护孩子的网络权益。

《未成年人保护法》特别强调了学校在未成年人网络权益保护工作中的重要作用。该法从学校应当在学生上网的场所采取技术保障措施，到允许学校禁止学生携带智能终端产品进入课堂，从学校发现孩子沉迷行为到向家长告知，都作出了明确规定。值得注意的是，《未成年人保护法》特别规定了防止未成年人沉迷游戏的教育方式底线，即“不得以侵害未成年人身心健康”的方式对未成年人沉迷游戏进行干预。《未成年人保护法》将教育底线责任主体从学校、监护人扩展到“任何组织和个人”，可见以往出现的体罚、责骂甚至电击、药物等所谓的“治疗网瘾”的做法，都是违法行为。

三、未成年个人信息的特殊保护

2020年《未成年人保护法》修订之前，已经有相关法律法规对未成年人个人信息保护作出了规定。其一，《个人信息保护法》第15条规定，在对14周岁以下未成年人的信息处理前，必须取得监护人的同意。其二，《民法典》在隐私权与个人信息保护专章中，明确将征得未成年人的监护人的知情权和同意权，作为个人信息使用的合法性标准。民法体系中，18周岁以下的未成年人都纳入了监护人同意范围。其三，国家网信办在2019年出台了《儿童个人信息网络保护规定》（国家互联网信息办公室令第4号），从平台主体责任、监护人控制权、技术保障和责任承担等方面对儿童个人信息保护作了全面规定。

这些法律法规和部门规章奠定了我国未成年人个人信息保护的法律基础，有关内容在2020年《未成年人保护法》修订中特别加以重申，并主要包括以下三个方面。

第一，落实未成年人网络实名登记制度是网络权益保护的前提。时空分离是网络空间行为的最大特点，网络产品和服务提供者要履行对未成年人网络保护义务的前提是必须知道网络行为人的真实年龄等身份信息。从这个角度讲，未成年人网络实名登记是非常必要的，应结合网络产品、服务类别、安全软件和家长监护来共同推进。

第二，《未成年人保护法》赋予未成年人的监护人享有特殊权利。一方面，该法明确规定，在处理14周岁以下未成年人的个人信息时，监护人享有同意权。这里的同意权不是一个单独的权利，结合其他法律规定可知，其权利内容还应包括知情权、同意撤回权、自我决定权等。另一方面，监护人享有更正权。更正权适用的情形主要是因平台、第三人或孩子自己的原因而错误记录和登记的信息。更正权的范围不仅包括儿童个人信息，还应包括儿童网络行为产生的其他信息。更正权最早出现在美国，有关规定被形象地称为“橡皮擦”法案，即孩子长大后或家长直接有权利要求平台更正或删除言论等信息。孩子长大后或监护人还享有删除权。删除权不仅包括删除相关信息，还包括注销权。未成年人使用某款产品或服务时，依照法律法规，平台是可以获取相关个人信息和行为数据的，只要符合合法性、正当性和必要性原则，平台获取和处理相关信息时就不违法。但如果未成年人错误授权，或者不再使用，又或者监护人事后对此得知且不追认时，未成年人账号就应予以注销，产生的数据也应依法进行“脱敏”处理，即不可识别化处理。另外，账号注销后，平台应及时删除用户之前留下的数据。

第三，未成年人通过网络发布私密信息的，平台应采取必要措施。一方面，《未成年人保护法》将未成年人个人信息加以保护，也将未成年人发布的隐私信息进行了一定的限制。另一方面，立法者结合网络实践，将未成年人发布的自己的私密信息和他人的私密信息都列为特殊处理范围。这样做的原因有三点：一是避免未成年人的个人权利受到损害；二是避免校园欺凌、“人肉搜索”和网络暴力；三是避免未成年人因涉世未深，做出一些无法估量后果或将来会对其自身和他人产生重大影响的行为。

四、网络内容安全

经过2020年修订，《未成年人保护法》在保障未成年人网络内容安全方面，主要从正反两个层次进行规定。一方面，明确培养未成年人网络素养的责任主体，鼓励有利于未成年人身心健康的网络内容创作。另一方面，明确网信部门与其他相关部门一起承担监管工作，依法严惩危害未成年人身心健康的行为。

（一）未成年人网络内容分级

《未成年人保护法》虽然没有具体规定针对未成年人网络内容的分级制度，但明确了网信部门会同公安、文化和旅游、新闻出版、电影、广播电视等部门，根据未成年人的年龄段需求，确定可能影响未成年人身心健康的网络信息的内容种类、范围和判断标准。该法于2020年修订并实施后，按照未成年人年龄段需求划分的内容分级制度，可能会融入作品发布、时间段播放、内容审核、软件标准、游戏内容、短视频展现以及算法推荐等层面。按照《未成年人保护法》的相关规定，我国未来施行的分级制度也许不单由行业协会作出和执行，国家职能部门或成为标准制定、监管和执行的主要主体。

（二）自媒体发布作品提示义务

针对网络实践中存在的未成年人因模仿短视频等危险内容而造成人身伤害的事件，《未成年人保护法》要求在自媒体平台上传作品的用户，应负有针对未成年人安全的提示责任。例如，请勿模仿危险行为，情节纯属虚构，视频系剪辑而成等。如果上传用户不加提示的，自媒体平台不得传输相关信息。

（三）防止网络欺凌

《未成年人保护法》将防止网络欺凌作为网络内容安全的主要组成方面，并从以下三个角度全面防止网络欺凌。

第一，不得通过网络对未成年人进行侮辱、诽谤、威胁或恶意损害形象等欺凌行为。违法行为人不仅包括成年人，还包括未成年人。该法旨在保护未成年人权益，但并不排除对未成年人侵害他人权益应承担责任的情况。

第二，被欺凌的未成年人和监护人，都有权根据通知删除规则通知平台侵权或违法情况，平台在接到通知后应立即采取必要措施。结合其他法律来看，如果平台知道或应当知道存在某个网络欺凌行为，却没有及时采取必要措施的，被欺凌未成年人及其监护人也可以不经通知删除，直接请求法院判决平台承担连带责任。[①]

第三，平台在发现用户发布网络欺凌等伤害未成年人身心权益的内容时，应该及时采取必要措施，避免损害扩大。同时，也应保存相关信息，并及时向网信、公安等部门报告。

（四）游戏宣传限制

我国《广告法》有很多针对未成年人权益的保护条款，但在网络时代是较难落实的。例如，《广告法》（2021 年修正）第 39 条规定，禁止在中小学、幼儿园开展广告活动，也不允许在义务教育中课本、校车、教辅教材、文具等做商业广告。然而，在网络时代，中小学生上网课的机会越来越多，此时的网络平台其实就是学校课堂，网络学习资料就是教材和教辅材料，理论上来讲，这些都应作扩张解释并纳入《广告法》中关于禁止向未成年人投放商业广告的范围。

网络实践中，存在以网课为名义向未成年人推荐商品服务甚至网络游戏的商业广告。按照《广告法》规定，禁止在大众媒介发布对未成年人不利于身心健康的网络游戏广告。然而，实践中大量存在各种专门针对未成年人的游戏类广告。

2020 年《未成年人保护法》经修订后，明确了游戏服务提供者必须按照国家有关规定，对游戏产品进行分类，不得让未成年人接触到不适宜的游戏和游戏功能。该规定实际上是《广告法》在网络游戏商业广告领域，针对未成年人禁止性规定的重申和补强，也是防止未成年人沉迷网络游戏的重要手段。

---

① 柳婷婷：《区块链技术在不动产登记中的应用及其法律规制》，载《湖湘法学评论》2023 年第 2 期。

儿童个人信息网络保护的适用

2019年，国家网信办出台的《儿童个人信息网络保护规定》，旨在保护网络时代儿童“网络原住民”个人信息，[1] 落实《网络安全法》在未成年人群中的保护适用，划清儿童个人信息合理使用界限，这也是我国第一部未成年人数据保护专门法，必将深刻影响我国互联网产业发展方式，是网络法治化进程的重要组成方面。[2]

一、立法背景和比较法环境

《儿童个人信息网络保护规定》出台前，涉及未成年人权益和数据安全的法律渊源主要分为以下两大部分。一是以《未成年人保护法》为核心的基本权益保护法体系，包括2023年出台的《未成年人网络保护条例》（中华人民共和国国务院令第766号）、未成年人“防沉迷”自律系列规范、游戏分级制度讨论等。二是以《网络安全法》《个人信息保护法》和《关于加强网络信息保护的决定》等为核心的信息保护基本法体系。

从立法必要性角度看，一方面，未成年人权益基本立法中对儿童个人信息和权益作了基本规定，但缺乏在网络和个人信息方面的专门性规定；另一方面，信息保护基本法体系是针对所有数据安全与个人信息保护的基本法，没有对儿童信息数据安全作出特别规定。从这个角度讲，对儿童数据的保护立法存在过于抽象、无法落实的情况。[3]

---

① 盛小平、焦凤枝：《国内法律法规视角下的数据隐私治理》，载《图书馆论坛》2021年第6期。

② 朱巍：《儿童个人信息网络保护规定解读》，载《中国信息安全》2019年第10期。

③ 朱巍：《未成年人网络保护：齐抓共管“保护儿童的利益”》，载《网络传播》2020年第1期。

网络实践中，涉及儿童个人信息的产业发展很快，特别是网络课程、儿童应用、远程教学等技术应用的兴起，一再降低了孩子“触网”的年龄段。同时，针对孩子的儿童色情、电信诈骗、不良信息推荐、游戏沉迷等违法行为也日益增多，客观上需要加强对未成年人网络权益的全面立法保护。其中，儿童的个人信息保护是网络权益的基础，也是大数据精准营销、数据合理使用、防沉迷系统、家长监护体系、网络实名制的核心，因此对孩子进行专门的个人信息保护就成为重中之重。

从比较法角度看，关于儿童个人信息保护，存在美国和欧盟两大立法模式。其中，美国通过专门制定法典的方式加强了对孩子网络权益的保护。美国早在1998年就通过实施了《儿童在线隐私保护法》，对13岁以下的儿童个人信息保护给予了非常有意义的法律保护。美国式立法更多的是从保护指导的角度作出的，《儿童在线隐私保护法》与其说是一部法律，不如说更像是儿童信息保护的“使用说明书”。[①] 该法从平台资质审核到隐私政策内容，从隐私信息搜集告知义务到家长的同意权，从确保家长对儿童信息的全面控制权到保护儿童信息的合法程序，内容全面且涵盖范围广。但需要指出的是，这种立法模式属于指导性立法，立法的背景是1998年，那时候互联网的普及度和影响力较弱，远不及当今网络产业的发展规模。因此，美国式立法更突出的是“指导”和“原则”，而并非“划线”和惩罚。[②]

欧盟的相关立法背景与美国截然不同。首先，欧盟《通用数据保护条例》出台之前已经有实施了20多年的隐私保护“指令”，成员方自己也有大量相关法律性前置条款。其次，《通用数据保护条例》正式实施前，也相应提供了一定的窗口期，给予网络平台相应的缓冲时间。再次，《通用数据保护条例》出台时，网络产业发展已经成为第四次工业革命的核心，新技术、新应用层出不穷，技术发展速度超过了立法速度。最后，欧盟立法之时，整个欧洲互联网产业市场基本被美国等占据，产业基础不在自己立法

① 朱巍：《儿童个人信息网络保护规定解读》，载《中国信息安全》2019年第10期。

② 朱巍：《未成年人网络保护：齐抓共管“保护儿童的利益”》，载《网络传播》2020年第1期。

规划区之内。所以,《通用数据保护条例》对于数据保护更注重“划红线”和“巨额赔偿”处罚。[①]

《通用数据保护条例》对儿童个人信息保护没有设专门章节,而是将其纳入一般主体之中,也就是说,该条例所有关于数据信息的规定都适用于儿童个人信息保护。《通用数据保护条例》对孩子信息的特殊性规定,主要集中在平台充分告知和家长授权的基础上。从法律实施的角度看,《通用数据保护条例》没有过多涉及技术层面标准的规定,多处以“合理的努力”作出标准抽象性规定,其主要原因有两点:一是抽象地泛化标准,更能适应技术发展的脚步,避免立法滞后;二是巨额处罚作为后盾,让网络平台通过更高标准达到“合理的努力”,避免承担法律责任。[②]

从比较法讨论的角度看,美国专门的特殊性立法更具体,可操作性更强,平台义务和法律责任更加明确。欧盟立法看似抽象,背后却有巨大的违法成本,这就会让合理使用边界更为模糊,不利于平衡技术发展与儿童权益保护之间的关系。我国有关规定的出台,更像是美国式的立法,具有较强的指导性和操作性,不仅能够促使《网络安全法》更好地适用于儿童信息保护,还使平台在平衡技术发展与权益保护方面有更大的空间。

二、基本权利与原则

(一)正当必要原则

《儿童个人信息网络保护规定》第 11 条、第 12 条明确了平台收集、提供、存储和使用儿童个人信息的原因和期限。在收集儿童个人信息范围中,该文件明确规定了三个基本原则,即是否与提供服务相关、是否违反法律法规的规定以及是否遵守了网民协议的约定。其中,对于后两个原则,我们可以更好地作出判断,但对于第一个原则,判断起来就比较困难。对于平台收集信息的正当性和必要性,应至少结合三个标准来予以综合判断,

① 朱巍:《儿童个人信息网络保护规定解读》,载《中国信息安全》2019 年第 10 期。
② 同注①。

即业务类型、行业习惯和技术迭代。特别要强调的是技术迭代，实践中很多业务类型超范围收集个人信息，他们的抗辩多为技术迭代之后，原先的业务类别已经变化，但收集儿童信息的范围并没有随之变化，这就是典型的违法行为。例如，一个原本做智能定位的平台，需要事先采集儿童的位置信息，后来经过迭代之后，该平台放弃定位服务并改做母婴产品，但所收集的信息范围还包括儿童的位置信息，这就不符合正当必要性原则了，属于违法行为。

（二）监护人全面控制原则

纵观美国和欧盟关于儿童个人信息保护的法律，其中监护人全面控制原则是其共同的基本原则。我国《儿童个人信息网络保护规定》第 9 条、第 10 条、第 14 条、第 19 条、第 20 条等，都将监护人对被监护人的信息收集、处分、删除、拒绝、更正等权利落实到位。儿童个人信息权利保护的根本之处在于监护人的监护权，只有在监护权全面落实的基础上，才有可能做到充分保障。《儿童个人信息网络保护规定》从三个方面落实了监护人的全面控制权：一是平台的技术和制度上的配合；二是赋予监护人全程、全面和实时的监护权利；三是行业自律和社会责任的落实。

儿童个人信息保护中，监护人全面控制原则是儿童网络权益保护系列法规的基础。在针对未成年人的网络防沉迷系统中，家长能够监管孩子的前提就是真实身份信息认证制度。但实践中，仅靠身份注册时的识别是远远不够的，还需要在孩子每一次玩游戏、登录视频、消费产品时，平台进行诸如人脸识别、信息提示和手机短信告知等动态认证模式，而这势必需要获取儿童的相关信息。可见，儿童个人信息的收集使用，在很多情形下是保障孩子权益和确保家长监护权行使的基础。[①] 网络时代下，家长监护权全面履行，必须有法律制度和技术支持的配合，二者缺一不可。

（三）充分告知权

知情权既是用户权利的基础，也是家长监护权的基础。在缺乏充分告

---

① 朱巍：《儿童个人信息网络保护规定解读》，载《中国信息安全》2019 年第 10 期。

知的情况下，平台既有可能承担违约责任，也有可能承担侵害监护权和儿童个人信息权的侵权责任，更有可能承担违反《网络安全法》中的相关法律规定的责任。

《儿童个人信息网络保护规定》第 7 条、第 9 条、第 10 条、第 14 条等都将平台对用户及家长的告知权进行了详细说明。该规定第 10 条用列举的方式把平台需要告知的内容进行了类型化，基本涵盖了儿童个人信息保护的各个环节。值得注意的是，该条规定了关于“更正、删除”个人信息的权利，随后在第 20 条中又列举了平台应予以删除的类别。实际上，这两条规定是立法者结合互联网产业发展实践和国外立法，将“注销权”与“被遗忘权”灵活确立在该文件之中的体现。

注销权并非传统民事权利，甚至近年来互联网系列专门立法中也没有出现过该字样。注销权实际上是在《网络安全法》《关于加强网络信息保护的规定》实施之后，全国人大常委会在调研过程中，结合互联网实践总结出来的一种新型网络人格权，是发展中的人格权在网络领域的延伸。《儿童个人信息网络保护规定》中的注销权实际控制在家长手中，家长作为儿童的监护人，可以按照《网络安全法》和“网民协议”等相关规定，要求平台履行终止网络服务或注销服务，而一旦注销，后续的法律效果就展现出来，即平台应“及时”对儿童个人信息予以删除。注销权在《儿童个人信息网络保护规定》中进行了特殊强调，其主要目的就在于将注销行为与删除所有相关信息建立关联关系，明确删除儿童个人信息应该是家长行使注销权的法律后果，也是平台的法定义务。

对于被遗忘权，争议已久，即便欧盟将其写入《通用数据保护条例》，但从全世界范围看，被遗忘权的真正确立还有待时日。不过，在儿童个人信息保护方面，立法宜紧不宜松，应考虑从严立法。《儿童个人信息网络保护规定》第 19 条将被遗忘权的范围限定于“信息有误”的情形，这样的规定略显保守，缩小了被遗忘权在儿童个人信息保护中应有的重要地位。

（四）最小授权原则

最小授权原则是网络个人信息收集使用的基本原则之一，在我国一般存在于学理之中，此次写入法律文件尚属首次。《儿童个人信息网络保护规定》将最小授权原则规定在第15条，仅限于平台对其工作人员访问程序、内容等方面的限制，这主要是针对平台“内鬼”侵害儿童信息的情况。

最小授权原则本意要远远超过《儿童个人信息网络保护规定》第19条的内容，主要适用于用户对平台的个人信息授权范围、期限和告知范围等。该规定之所以将其仅限定在对其工作人员行为限制的范围之内，主要原因在于最小授权原则与《网络安全法》《关于加强网络信息保护的规定》中的“正当性和必要性”原则有所重合，且必要性原则在很大程度上可以吸收和涵盖最小授权原则。所以，该规定仅仅将其应用于对平台自身工作人员的限制上，具有一定的合理性。

三、平台主体责任

儿童个人信息网络保护，需要政府、社会、家长和平台共同努力，但其中有两个重要抓手，即监护人责任和平台主体责任。其中，平台主体责任不能仅停留在原则层面，而是必须落实到具体行为中。[①]《儿童个人信息网络保护规定》将平台责任和义务进行了非常明确的类型化规定，主要包括以下三大类。

（一）制度责任

《儿童个人信息网络保护规定》明确规定，“网民协议”必须要有儿童个人信息保护的专门条款，并有专人负责儿童个人信息保护。这里的“专人”，很多人会理解为普通法务人员，其实不然，按照国外互联网公司的一般做法，都会设立“首席隐私官”这样的岗位，而儿童个人信息是其重点负责的环节。《儿童个人信息网络保护规定》将最小授权原则也纳入平台内部风控制度体系，以减少信息泄露。

评估安全是制度责任的关键，该规定明确要求平台委托第三方处理信息或依法转移儿童个人信息时，要自行或委托第三方进行安全评估，其评

① 朱巍：《儿童个人信息网络保护规定解读》，载《中国信息安全》2019年第10期。

估目的是确保安全，这就说明儿童个人信息的安全是在效率之上的，不能为了效率而牺牲安全。以往对儿童个人信息保护多集中在事后处理，《儿童个人信息网络保护规定》将风险评估前置，做到了未雨绸缪。[①]

个人信息使用的“二次告知”原则确立于新浪微博诉脉脉非法抓取用户信息案[②]，主要是针对开放平台中个人信息保护的问题。《儿童个人信息网络保护规定》将其基本原则吸纳，首次将“二次告知”写入法律文件，以制度确立规则，以立法指引实践，这种做法是非常值得称道的。[③]

（二）社会责任

平台主体责任是由法律责任、社会责任和道德责任三部分构成的。《儿童个人信息网络保护规定》将社会责任明确规定在第 6 条中，主要是针对行业协会和行为准则而言的。表面上看，社会责任没有类型化，可能缺乏一定的执行力。但实际上，社会责任是根据平台影响力大小、受众多少和市场份额不断变化的，越大的企业就要承担越多的责任。因此，社会责任在立法上可能无法细化，只能以抽象的方式表现出来。《儿童个人信息网络保护规定》以“鼓励”的方式要求行业组织制定自律规范，法律是最低等级的道德，自律规范的制度一定比《儿童个人信息网络保护规定》的要求要高，这实际上就是通过立法的方式促进企业履行社会责任。

（三）技术责任

技术责任是法律责任最重要的落脚点之一，没有技术的支持，法律责任也就成了空中楼阁。《儿童个人信息网络保护规定》对儿童个人信息保存的技术“加密”、安全信息保护、安全管理责任等都延伸到了法律层面。技术责任已经不单纯是企业发展层面的问题，而是技术达不到条件，平台也就不能从事这方面的业务。技术的瓶颈，从产业角度扩展到了安全角度，并成为平台主体责任的主要组成部分。

---

① 朱巍：《儿童个人信息网络保护规定解读》，载《中国信息安全》2019 年第 10 期。

② 北京知识产权法院民事判决书，（2016）京 73 民终 588 号。

③ 同注①。

危险视频中未成年人模仿责任问题[①]

2019年，山东的两名未成年女孩，因观看并模仿网红易拉罐爆米花短视频，导致一死一伤的严重后果。自从短视频和直播平台兴起后，这类事件就常见于报端。从法律角度看，这类事件侵权责任的认定比较复杂，需要分层次和情况加以说明。

一、主播责任

主播既是视频的拍摄者、表演者和传播者，也是视频、直播流量红利的获得者。从经济学角度看，主播拍摄视频获取关注的主要目的是获得流量。以直播平台为例，流量变现的渠道有两大部分。一是直播人气和打赏获利，如拥有一两千万粉丝的主播每次直播时，在线人数有几十万人，每天一两个小时直播的打赏获利可能高达数十万元到上百万元不等。二是靠广告获利，如拥有一两千万粉丝的主播发布一条广告视频，费用几十万元到上百万元不等。

从流量变现角度看，主播拍摄的视频，必须要有较高的关注度，这样才能有机会变现。除了高品质、成本较高的视频，绝大多数主播获取关注度的快速通道，要么是低俗话题，要么是猎奇话题。山东的这起引发烧伤的视频，就属于猎奇类视频范围。

涉案网红拥有两千多万粉丝，是个不折不扣的大网红，单就其以往发布的视频看，大多具有相当的猎奇性和危险性。例如，用电池短路来点燃木头烤牛排，用灯泡做酒精灯，饮水机做火锅等。这些视频连专业人士表

---

① 朱巍：《女孩模仿危险视频出事故，主播与监护人谁该担责》，载人民网，http://media.people.com.cn/n1/2019/0917/c14677-31357735.html，2023年6月8日访问。

演起来都非常危险，更何况孩子模仿。

稍有常识的人，都会意识到这种视频表演具有相当的危险性，所以发布的视频很多并非一镜到底，而是采用多次剪辑等方式形成的。这类经过剪辑的视频，会极大地淡化观看者对危险的认识，更加强调娱乐性，容易误导公众，特别是未成年人。

法律层面的过错，并非全都指的是追求损害结果的直接过错，还应包括放任结果发生的间接过错。一个主播对自己作品的影响力理应有所判断，特别是拥有两三千万粉丝的大主播，明知自己的粉丝年龄层复杂，应该也应当知道这种视频播出后可能会有人模仿，更应知道酒精等易燃易爆产品的危害性。但在这个事件中，该主播在短视频中没有任何提醒、提示，反倒是在炫耀、表演和推广这类做法，仿佛这类危险行为就是家常便饭。这种行为，从法律责任认定角度看，应该知道却装作不知，应尽到的义务没有履行，这就是放任损害结果的发生，属于间接故意，当然应承担侵权责任。

从注意义务角度看，粉丝越多，注意义务也就应该越高。一个拥有几万粉丝的主播的注意义务一定比拥有上百万粉丝的主播的义务要低，拥有两千多万粉丝的大主播，其注意义务当然就该更高。特别需要指出的是，不论主播是个人还是公司，都是靠着粉丝数量和流量来赚钱的，从道义角度看，世界上也不存在仅享受赚钱的权利而完全忽视承担法律责任的情况。

山东这起事件，受害人及其监护人可以按照《民法典》等相关规定向该视频表演者主张包括损害赔偿、赔礼道歉、精神抚慰金等责任类型在内的侵权责任。但必须强调，这种责任并非全部责任，而是要根据过错和原因力来承担相应的责任。从国内外判例来看，这类事件的主要责任人仍是未成年人的监护人。

二、平台责任

在法律主体认定中，短视频平台属于网络服务提供者，而非内容提供者。按照《民法典》中的相关规定，平台原则上按照通知删除规则承担责任，但在一些法律规定的特殊情况下，也可能非经通知而直接承担责任，即适用红旗规则。我们以山东这起事件为例，做一个类型化的责任承担推演。

第一种情况，平台在这场悲剧出现之前，没有收到过任何针对该视频的投诉或举报，在事情出现后，第一时间下架了该视频，并对此类涉及危险类视频进行了彻查整改。在这种情况下，平台不承担侵权责任。反过来说，如果平台在之前就有收到针对该视频的投诉或举报，没有采取必要措施，或者事件出来后，仍没有采取任何整改措施，导致后面又有人受到损害的，平台就应该依法与主播承担连带责任。

第二种情况，如果该视频被算法“推上”热门，广为流传，导致更多未成年人看到此视频，此时的平台责任就出现异化。推荐分发属于算法的一种应用，推荐的前提必须是“人畜无害”，算法必须有法律性和道德性，没有经过合法性审核的视频不应进入算法推荐行列。根据《最高人民法院关于审理利用信息网络侵害人身权益民事纠纷案件适用法律若干问题的规定》等规定，这类算法推荐应属于“红旗规则”范围，也就是说，如果算法推荐了一个违法违规视频，平台就走出了“避风港”保护范围，需要与主播承担连带责任了。

第三种情况，该事件出现在某一平台上，其他平台应该以此为例，必须对此类视频彻底整改。如果在任一平台再出现因此类危险视频导致模仿损害的，其他平台因未能尽到安全保障义务的，也应承担侵权责任。

第四种情况，按照《网络安全法》等法律规定，所有用户和主播都应实名注册登记，如果事件发生后，发现该账户并非实名认证，平台无法提供真实身份信息的，平台也应承担侵权责任和其他法律责任。

第五种情况，因账号都是实名注册，平台对实名注册信息为未成年人的用户，应设置家长监护系统或青少年特殊保护模式，对未成年使用者应设置最高保护级别。

三、家长责任

家长责任，即监护人责任，是一种法定责任。从世界各国对此类事件的判例来看，一般来说，家长作为监护人需要承担第一责任。这起事件中，对于酒精这类危险物，孩子都能轻易找到，并付诸操作实践，这显然是家长监护不力造成的。如果此类事件出现在美国，按照该国法律，受害者的监护人可能除了面临牢狱之灾，其监护权能否维持都是一个未知数。

互联网时代的家长责任更为复杂，除了线下的日常监护，线上的家长监护系统、防沉迷系统、青少年保护模式等，都需要家长与平台密切配合才行。孩子监护属于社会共治的范围，仅靠平台、政府是不行的，家长、学校和社会也不能缺位，这样才能形成一个从法律到技术、由点到面的监护系统。

家长监护最重要的就是陪伴，这个事件中，如果孩子家长当时能在身边，或者早点关注孩子对什么感兴趣，尽早提出警示，可能悲剧就不会发生。互联网时代的家长陪伴更为重要，网络上鱼龙混杂，泥沙俱下，只有家长才能真正成为孩子的守护神。

四、如何确定责任主体

明确孩子到底是不是看了该主播的视频进而模仿才导致的惨案，成为处理本案的关键所在。这个问题属于程序法上的问题，举证并非很困难。

第一，根据《网络安全法》的相关规定，网络经营者应保存用户网络行为数据信息，若上升到诉讼阶段，法院可以依法调取后台数据，看看涉案当事人的账号，就可以知晓他们在出事前是否已经看过这个视频。

第二，如果看了多个同类型视频，如何确定是哪一个呢？如果最后数据显示，孩子们看过多个此类视频，那就需要走到下一步——责任分担问题，即在确定主播责任的同时，再确定多个视频主播内部的责任分担问题。

第三，多名主播和多个同类视频的责任分担，可以考虑按照视频影响程度和市场占有率来综合平衡，即粉丝量和播放量越高的主播，承担的责任就要更大一点。这种责任分担的理论，起源于美国的市场份额确定判例，即当无法分辨直接责任人的份额时，应考虑市场占有率，并以此作为确定责任承担比例的依据，这个原则已经开始被我国理论和司法实践所采纳。

第六编

网络直播与电商经济

网红经济形态与治理思路

一、网红经济形态

网红经济是粉丝经济的分支之一，网红经济的中心便是“网红”本人，其最早是伴随着网络社交、视频平台而逐步发展成熟起来的。从网红经济外延来看，网红经济中的“网红”不仅是指电商平台网红，游戏平台与其他直播平台中有经营、销售、促进消费能力的网红都可以成为网红经济下的主体，从而推动直播行业快速发展。[①] 因为网红经济是网红价值观的货币化，随着消费的升级，消费具有双重属性，一方面是围绕产品功能或服务所形成的自然属性，另一方面是商品或服务中所蕴含的文化、个性等价值观。

网红经济在本质上，可以看作由 MCN 机构、红人、社群、电商相互结合而形成的“四元一体”。网络红人通过自己的个人影响力在媒体上扮演了引导消费者消费的角色，也就是说，在各类产品和服务需要通过媒体快速、大规模地吸引消费者的注意力的情况下，网红群体可以通过聚集粉丝所获得的有效注意力，引导消费者在电商平台上进行消费，由此四者之间实现需求和被需求的关系。这种新兴的网红经济模式中，运营模式是通过生产迎合消费，以低成本获取关注度和知名度，以大数据快速得到需求信息，使人气、品牌和产品三位一体，有着其他经济模式难以匹敌的优势，关系稳定性高，可持续性强。

---

① 王霁阳、王欣：《网红经济下的直播行业发展研究》，载《北方经贸》2020 年第 4 期。

二、网红经济的发展状况及社会影响

根据中研普华产业研究院发布的《2022—2027年中国网红经济行业市场全景调研与发展前景预测报告》，网红经济的市场规模超过了千亿，且在短期内行业规模还会持续扩张，从电商平台的网红到电竞主播，再到移动视频，网红经济的产业链在不断壮大。①

（一）网红经济的发展历程

网红经济的发展，大致可以划分为以下四个阶段。

1. 网红1.0时代

最早的网红可追溯至1994年，安妮宝贝、韩寒、郭敬明、当年明月等写手在BBS等各大论坛走红，成为第一批网红，他们共同开启了网红1.0时代。② 他们诙谐幽默、风格迥异，反映出网络平台自由开放的特点，受到了广大网民的追崇。

2. 网红2.0时代

2000年前后，网红主要是在贴吧进行传播，芙蓉姐姐、奶茶妹妹等人在贴吧走红，以独特的造型或各类奇装异服与大众审美形成强烈对比。2009年，微博创立的“同时天下秀”开始创建微任务等红人相关辅助平台，开始培养网红，此时主要以图文为主。

3. 网红3.0时代

随着移动互联网和红人经济的发展，2015年之后，中国网红迎来了井喷期，以papi酱为代表的红人开始运用短视频的形式进行传播。2018年之后，天猫开始重视“双十一”和直播达人的孵化，电商红人开始进行引流，以李佳琦、罗永浩等红人为代表的博主迅速出圈，红人生态逐渐完善。

---

① 曾燕：《2023网红经济行业发展趋势及市场现状分析》，载中研网，https://www.chinairn.com/hyzx/20230315/175950829.shtml，2023年6月7日访问。

② 史晨菲：《网红经济的崛起及其影响研究》，载《现代商业》2020年第23期。

4. 网红 4.0 时代

随着元宇宙概念的出圈，越来越多的互联网企业将目光投向新兴技术，虚拟 IP 作为新生代红人入局红人新经济生态，红人的流量价值逐渐转向资产价值，红人的内容创作将转变为数字资产，并在虚拟世界展示、售卖和流通。这一时期以内容创作为主要生产要素，所产生的内容在虚拟世界可通过区块链技术实现去中心化存储，进而转化为虚拟世界的社交资产。①

（二）网红经济的发展现状

我国数字经济积极发展，2021 年产业数字化规模高达 37.2 万亿元人民币。② 同时，随着用户浏览和消费习惯逐渐向线上转移，以网红经济为基础开展的商业模式日益丰富，据统计测算，2024 年网红经济关联的产业市场规模有望突破 7 万亿元人民币。

网红经济中，从上游商品的品类来看，女装、食品等生活消费品的转化率较高。女装、美妆、亲子用品和日用百货等女性倾向的商品在直播中均有更好的转化效果。从下游消费者来看，年轻的女性用户是直播类内容的消费主力军，用户大多聚集于二线以上的城市。

（三）网红经济的积极作用

整体而言，网红经济对经济社会的发展是有促进作用的。网红经济让更多消费者个人用户（C 端用户），尤其是草根 C 端用户增加了变现渠道。互联网的高效性，大大降低了成为网红的门槛和成本。网红经济降低了推广成本，实现了定向精准营销，也迫使商家用户（B 端用户）关注市场变化，不断优化产品或服务，尝试营销转型，增强核心竞争力。这在一定程度上带动了实体经济的发展，解决了某些痛点。例如，新冠病毒感染发生后，央视新闻专门启动为湖北拼单公益直播带货活动，首先由主持人朱广权在央视直播间发起，短短两个多小时，引来 1.2 亿人围观，为湖北卖出价

① 上海艾瑞市场咨询有限公司：《2022 年中国红人新经济行业发展报告》，2022 年 7 月发布。

② 《产业数字化规模突破 37 万亿，新 IT 奔赴星辰大海》，载通信网，https：//tele.ofweek.com/2022－07/ART－8320500－8100－30568854.html，2023 年 6 月 7 日访问。

值超4000万元人民币的农产品。[①]

网红经济也成为观察移动互联时代的一扇窗口，可以从侧面折射出中国经济的活力与潜力。另外，以直播带货为主要形式的网红经济，不仅方便了消费者，使其实现足不出户就可消费购买，还创造了大量的工作岗位，如直播营销员、互联网营销师等。

三、网红流量变现的主要方式

（一）网红获取流量的主要方式

网红获取流量的方式主要有以下三种，具体如下所述。

1. 平台投流

平台投流是指平台向特定网红账号提供流量的行为，这令网红账号及其发布的内容可以被更多的平台用户浏览到。一般情况下，平台会基于两种原因向网红账号投流。其中，第一种是有偿投流，即网红或者MCN机构通过向平台支付对价的方式，获取平台的流量支持，平台因此获得经济利益。据了解，抖音、快手等平台均设置了有偿投流渠道，以满足网红用户的流量需求。第二种是平台无偿给予流量支持，这种投流方式往往与平台的发展战略相关。以抖音平台为例，前瞻产业研究院调查显示，抖音平台日活跃用户高达4.21亿人，用户日均使用时长高达104分钟，[②] 在同类网络平台领域内具有明显的流量优势。抖音平台致力于不断制造流量热点，维持平台自身的吸引力，吸引新用户加入，防止老用户流失，保障自身在短视频平台领域的头部地位。因此，抖音平台的投流经常用于制造热点内容，以便为用户带来新鲜感，如抖音扶持乡村振兴时，抖音用户“张同学”借此在两个月内涨粉1600多万，但在后续一年内仅涨粉200多万。又如，

---

① 《中央广播电视总台“品牌强国工程”2021年助力湖北公益直播带货活动在汉启动 首场直播农副产品卖货3144万元》，载央广网，https://www.cnr.cn/hubei/yw/20210408/t20210408_525456785.shtml，2023年6月7日访问。

② 《洞察2023：中国短视频行业竞争派系及竞争格局》，载腾讯新闻，https://new.qq.com/rain/a/20221226A054G600，2023年6月10日访问。

抖音扶持全民健身时，抖音用户“刘畊宏”借此机遇一度大热，但在势头过后，其热度锐减。[①]

2. 蹭热度、制造热点事件

蹭热度是指用户跟随实时热点事件在网络上发布相关信息，以吸引公众关注，最终获取流量的行为。许多网红会采用蹭热度的方式获取流量，因为该方式的成本较低，且易于吸引公众关注。但其十分考验网红团队的创作能力，团队需要在热点事件尚有影响力时，创造出有吸引力的内容，并且蹭热度越及时，获得的流量就越多，这也导致许多网红团队追求“极限创作”。但是，这些由“极限创作”模式创造的内容往往未经过严格审查，极易出现违反公序良俗、法律法规的情况。

此外，一些网红团队不拘泥于蹭热度，而是试图自己制造热点事件，成为热点事件本身，进而吸引公众注意力，获取流量。更有甚者，个别网红竟以违法、违背公序良俗的方式来获取流量。2022 年 11 月初，一则名为“为爱冲锋的勇士”的词条登上各平台热搜。在与该词条相关的网络视频中，一名头发染黄、只穿一双拖鞋的男子在翻越围墙，并被多名保安追赶，网传“视频中男子的妻子在山东一职业学院读书，当得知妻子在校另有男友后，他用三天三夜的时间从青岛骑共享单车赶到泰安，在进入学校后遭到保安和几名男同学的追赶阻拦”。在此之后，有网友冒充“为爱冲锋的勇士”进行直播带货。一周后，该视频中的男子本人在快手平台开启直播，澄清当日翻墙进入学校并非出于网传原因，而且并非骑车从青岛到泰安，网传信息均为网友杜撰，并且没有进行直播带货活动，其余主播均为冒名。[②]

3. 互相引流

网红们往往拥有忠实的粉丝群体，粉丝愿意听从网红的指挥和安排。因

① 《乡村振兴需要更多的“张同学”》，载中国经济网，http://views.ce.cn/view/ent/202112/06/t20211206_37145946.shtml，2023 年 6 月 10 日访问。

② 陈晨：《“为爱冲锋的勇士”是场闹剧 当事人开直播道歉》，载中国网，http://henan.china.com.cn/news/2022-11/26/content_42185489.htm，2023 年 6 月 10 日访问。

此，一些网红会通过与其他网红直播连麦、直播 PK 等方式，互相向自己的粉丝群体推荐对方，指挥粉丝为对方点关注，达到互相引流的目的。

（二）网红流量变现的方式

在获取流量后，如何将流量变现成为人们关注的重点。具体而言，实践中主要存在以下三种变现方式。

1. 直播带货

直播带货是指网红通过直播的方式向观众推广销售商品，并从中获取佣金的行为，这是目前最为普遍的流量变现方式之一。2020 年 4 月 22 日，人民日报发布《“直播带货”创新消费模式》一文，称线上新型消费模式不断涌现，在一定程度上弥补了由新冠病毒感染原因导致的线下消费缺口。直播带货顺应网络化、数字化、智能化的趋势，发挥出扩内需、促消费的作用，把复工复产与扩大内需结合起来，把被抑制的消费释放出来，推动经济转型升级。①

2. 用户打赏

网红在直播中向平台用户提供表演服务，平台用户对此向网红赠与虚拟礼物，网红可以将虚拟礼物提现为相应价值的货币，其中直播平台收取一定比例的费用。用户打赏是直播领域内最为传统的一种流量变现方式，但这类变现方式并不稳定，并且直播平台要从中收取大量的费用。若网红加入 MCN 机构，则还需要向 MCN 机构支付利润分成。

3. 商业广告

随着网红们在互联网领域的影响力逐步扩大，许多品牌方乐于与网红进行商业广告合作。网红的商业广告不同于传统的商业广告，其投放场所主要为网红活跃的互联网平台，其受众主要为网红的粉丝。此外，一些网红拥有技术团队，可以包揽设计、拍摄、制片等全流程商业广告制作环节。

---

① 孔方斌：《“直接带货”创新消费方式》，载《人民日报》2020 年 4 月 22 日，第 5 版。

四、网红经济乱象

（一）不当获取流量

网红经济中，流量是一项重要的生产要素，流量的大小决定着网红收入的多寡。因此，网红们希望获取更多的流量，而更多的流量意味着更多的经济利益。一些网红为此不惜采用违法违规、违背公序良俗的方式来获取流量。如前所述，网红获取流量的主要方式有平台投流、蹭热度和制造热点事件等，其中平台投流需经过平台审核，在平台的把控下，网红们难以越界，但蹭热度、制作热点事件则极易引发违法违规、违背公序良俗的情况。一方面，违法违规的内容往往更具吸引力，许多用户会出于好奇而点击此类内容，进而增加其热度，致使其传播范围更广泛，这也变相刺激网红们创作违法违规的内容或者在违法违规的边缘“试探”。另一方面，此类内容往往需要“极限创作”，在热点事件消退前发布内容才能蹭到热度。急切的创作导致内容创作者疏于审核，极易导致违法违规、违背公序良俗的内容出现。

（二）虚假宣传

虚假宣传问题一直是线上销售渠道的痛点问题。消费者在线下销售渠道购买商品时，可以检查商品的质量、状态、品质，并选择购买指定的商品。但消费者在线上渠道购买商品时，通常无法即刻检查商品的质量、状态、品质，导致其只能在收到实物商品时大呼上当。有的网红便利用线上销售渠道的特点，在销售过程中大肆进行虚假宣传，鼓吹商品的功用、质量、状态和品质，但其宣传内容与实际商品则相差甚远。2020 年，快手主播“时大漂亮”通过快手直播平台推广商品“茗挚碗装风味即食燕窝”。在直播过程中，该主播仅凭供货方提供的“卖点卡”等内容，加上其对商品的个人理解，即对商品进行直播推广，强调商品的燕窝含量足、功效好，但未提及商品的真实属性为风味饮料，这种存在引人误解的商业宣传行为，属于典型的虚假宣传行为。

（三）产品质量瑕疵

根据笔者多年调查，直播带货行业的平均佣金率应当在20%左右，即网红每卖出100元的商品，便可以获得20元的佣金收入。然而，许多网红在选择直播带货的商品时，往往将商业利益放在第一位，忽视了商品的质量。据业内人员透露，某网红面膜品牌曾以50%的佣金率寻找网红主播带货，当时各大平台网红主播均选择在直播带货中推广该商品。

五、现存问题与对策

（一）现存问题

目前关于网红经济的相关规定，主要集中在内容安全、广告治理和电子商务法治化等方面，已经形成了以《网络安全法》《民法典》《电子商务法》《广告法》及相关规定为核心、社会自律性规范为延伸的法律体系，其中包括民事法律、行政法规和刑事法律等，是一种较为完善的多维度法律政策系统。但从落实角度看，其仍存在较大的问题，具体如下所述。

第一，算法推荐机制下，缺乏对流量经济的人工干预、纠偏纠错机制。流量经济从线上延伸到线下，对实体经济造成影响的往往是短暂、极具破坏力和以牺牲社会公共利益为代价的短视行为。对一些因网红带动起来的产业，地方政府应充分考虑利弊，平衡双方利益，避免陷入唯流量旋涡。对于一些网红和网红代表的流量，应以“线上算法推荐+人工干预”的方式，从源头上进行调整，避免唯流量论，避免线上流量对线下实体过度冲击，避免演化成网络暴力与线上群体性事件，避免不良价值观导向等问题。

第二，网红经济在广告宣传方面的执法力度远远不够。大量软性违法广告和宣传用语层出不穷，极易绕过平台设置的审核程序，而没有按照《广告法》等相关规定严格落实。即便2023年出台了《互联网广告管理办法》，但对网红经济普遍存在的虚假代言、虚假宣传等违法违规行为，仍缺乏事先制约手段和有效的执法手段。因此，笔者建议针对网红电商、宣传问题等出台专门的具体规定。

第三，网红责任问题落实不到位。《最高人民法院关于审理网络消费纠纷案件适用法律若干问题的规定（一）》（法释〔2022〕8 号）中明确规定了网络直播间及其运营者的民事法律责任。但除了民事法律责任，该司法解释并未直接规定信用惩戒以及对涉事账号、MCN 机构、关联账号等的处理和处罚。笔者建议，对此应出台涉及网红经济主体责任类别的法律规定。

（二）分级分类管理对网红经济治理的意义

笔者认为，网红经济中，分级分类标准应尽快纳入立法。在以网络直播为代表的网红经济分级分类中，除了主体类别，认清其行为性质是直播类别适用不同法律法规的前提。相关账号因行为导致的信用权限高低，属于分级范畴。分类管理是适用法律的前提，分级管理则是平台自我监管的前提。因而，网红经济的分级分类治理，应及早写入法律。

网络直播的现状与治理

一、网络直播行业发展阶段分析

网络直播作为一种新兴产业，发展至今，其盈利模式已经从打赏获利逐步发展为以商业营销与直播带货相结合为主的新型电商模式。2018 年 8 月出台的《电子商务法》，因当时相关产业发展规模所限，并没有将直播带货列为具体电商模式，留下了立法隐患。同时，2016 年出台的《互联网广告管理暂行办法》（已失效）也没有将短视频、直播的商业“种草”行为明确规定为广告性质。所以，直播行业作为一种商业模式，从一开始在法律性质上就存在较大的争议，广告、打赏、电子商务等综合盈利体系导致实践中的较多问题得不到有效监管。①

从直播行业的发展看，大致可以分为三个阶段，即初始阶段、发展阶段和成熟阶段。其中，初始阶段主要是以秀场表演为主，打赏为主要的盈利模式；发展阶段开始出现广告、品牌宣传和电子商务等新模式；成熟阶段，电子商务成为头部平台盈利的主要渠道，广告和品牌宣传次之，打赏行为则渐渐缩小了盈利所占比重，从而进入直播行业的新时代。

（一）初始阶段：“秀场 + 打赏”

网络直播发展与网络技术的提升和网络虚拟身份的建构历程紧密相关，在网络流量时代初期，直播为用户提供了陪伴感与现场交互感，虚拟在场构成了现代人社交精神需求的重要组成部分，主播也因积累的私域流量，通过打赏等方式获取了高额回报。

---

① 朱巍：《网络直播带货监管难点问题分析》，载《青年记者》2022 年第 9 期。

1. 初始阶段模式概述

2005 年，9158 直播平台开启了秀场直播模式，着力于打造网上娱乐表演互动社区，其中主播提供才艺、陪聊、连麦等直播内容，平台则通过出售虚拟道具实现盈利，形成了“秀场 + 打赏”式闭环盈利模式雏形。六间房等平台开创官方签约主播模式，平台与主播双方形成约束关系，官方规定主播的直播内容、直播时长及个人待遇，帮助主播进行宣传推广。YY 语音转型演变为秀场直播后，开创工会模式，后期工会逐渐演变为经纪公司，这在某种意义上，可以视为 MCN 机构的前身，其主要作用是为主播策划内容、包装形象、寻找代言、联系商演、打造网络红人形象等。

2016 年作为“网络直播元年”，网络直播平台数量突破 300 家，直播用户规模达 3.44 亿人，占网民总体的 47.1%，整体营收入达 218.5 亿元，[①] 形成“千播大战”的鼎盛局面。秀场模式下，主播通过才艺、聊天等形式给予用户精神享受，用户通过虚拟道具进行打赏，平台从虚拟礼物的售价中抽取费用。

2. 初始阶段模式的局限

秀场模式在短暂成功之后逐渐式微，主播直播内容以获取流量为主要目的，内容违法违规情况时有出现，负面舆情也层出不穷。平台通过打赏抽成获取一定比例的费用，从这个角度看，流量将主播与平台的营业收入密切绑定。

第一，直播内容多以低俗违法获取流量。个别秀场直播平台迎合大众的低俗趣味，通过“擦边球”吸引关注，如 9158 直播平台、六间房平台曾多次因涉黄违规等问题受到行政处罚。

第二，直播内容同质化严重。在缺乏电子商务加持、缺乏商业广告收入的情况下，流量变现使网络传播内容趋同化严重。

---

① 《2022 年互联网直播行业研究报告》，载 21 经济网，http：//www.21jingji.com/article/20220304/herald/edfab79f3e1d4a27dbabedd0769932f6.html，2023 年 6 月 21 日访问。

第三，移动互联网在这个阶段尚未全面普及。网民上网具有针对性和实用性，移动端观看场景尚未普及，大量用户观看直播仍然采用PC端形式，因此在获取信息的场景上缺乏相应的配适度。

3. 初始阶段法律规制

网络直播发展初期，由于该行业属于新生事物，相关的法律规范仍处于探索阶段，其中国家网信办于2016年出台的《互联网直播服务管理规定》，标志着政府层面开始正式将网络直播这一互联网服务发展形态纳入监管范畴，对直播平台资质、主播实名认证、平台内容审核等方面作出规定，初步构建起“监管机构—平台—网络主播”的监管框架。这个阶段对网络直播行为、网络主播账号的管理，主要以意识形态安全、社会稳定、内容安全等方面为主。

（二）发展阶段：秀场+引流广告+打赏

在发展阶段，网络直播的模式有所发展和创新，对其进行严格监管逐步成为发展趋势。

1. 发展阶段模式概述

该阶段中，短视频软件（如快手、花椒等）迅速打开直播市场，用户原创内容（UGC）大量涌现，推动移动直播泛生活化发展，并为网络直播注入社交属性。2016年，快手短视频平台上线直播功能；2018年年底，抖音短视频平台开始发展直播业务，直播与短视频边界被打破，短视频为直播发挥引流功能，直播加强KOL个人IP属性，反哺短视频流量的模式成型。

2. 直播行业盈利点扩展到广告营收等综合层面

随着互联网普及率的显著提升，移动端硬件技术飞速发展，网络直播平台与主播意识到流量带来的巨大商业价值，并通过互联网广告等形式将流量变现。互联网广告收入比打赏收入更为稳定，而稳定的收入来源促进了网络直播行业的发展，主播行业中逐渐形成组织化、规模化、专业化的商业主体。

3. 发展阶段法律规制

监管层面，国家监管不断加码，行业规范初步形成。2017年1月1日，原文化部发布的《网络表演经营活动管理办法》（文市发〔2016〕33号）正式实施。该文件的内容与此前国家网信办发布的《互联网直播服务管理规定》的内容相比较，并未体现出明显突破，但这一文件的出台标志着文化行政部门开始介入对网络直播平台与主播行业的监管，该行业多主体监管、跨部门监管治理框架逐步搭建。

（三）成熟阶段：秀场＋广告＋电商＋新闻传播＋分享

在成熟阶段，网络直播可谓呈现全面开花的盛况，其模式更加丰富和完善，直播经济效应显著，同时也迎来了网络直播的法治时代。

1. 直播电商与品牌宣传类型崛起

第一，经营方式。根据参与主体性质，直播电商可分为由品牌方直接进行销售的“自营式”直播，以及通过网红、KOL、明星、职业电商主播等进行直播的“助营式”直播。

其中，“自营式”直播中，参与主体包括商家、平台、消费者三方，此种模式下，主播本人与商家合二为一，主播并不是独立参与主体。该模式下的主要法律关系包括消费者与商家之间的买卖合同关系，其行为受到《民法典》的保护与规制，消费者基于其与商家之间的买卖合同享有消费者权益，主播方作为销售者，其行为受到《消费者权益保护法》《电子商务法》《产品质量法》等的规制。在此类模式下的平台规则中，平台与消费者之间一般适用双方签订的“用户协议”，平台需要对商家资质、行为等进行形式审查，同时其可以受到避风港规则的保护。平台与商家之间属于线上入驻关系，受制于商家与平台双方之间签订的“入驻协议”，进而划分各自的职责与权利，承担相应的责任。

“助营式”直播模式较为复杂，参与主体包括主播、商家、消费者、平台，通常还有MCN机构作为主播经纪人介入。此种模式下，商家看重主播的粉丝、人气，邀请其进行销售，彼此之间构成一种委托关系。主播凭借自身声誉、外观形象对产品进行推介，一般被认为构成《广告法》中规定的形象代言人身份。因此，当出现争议时，主播、商家、平台都有可能承担《广告法》或《电子商务法》中规定的连带责任。

第二，主播构成。以粉丝体量划分，主播大致可分为头部主播、腰部主播与小微主播三类。其中，头部主播的粉丝人数一般超过千万，在全网具有较为明显的垄断效应，部分带货影视明星等也可归入此类。头部主播拥有专业运营公司，合作门槛较高，合作品牌方通常需要给予高额销售分成、坑位费，但同时可能存在坑位费、代言费过高而与实际销售额并不相符或刷单注水等问题。

腰部主播的粉丝人数通常在 10 万以上，具有较为稳定的粉丝群体，基本背靠成熟 MCN 机构或自行组建团队，拥有一定的自主选品能力，往往直接与厂家合作，以低价吸引粉丝购买，主要以销售分成盈利。

小微主播的粉丝人数一般在 1 万以下，在主播群体中所占比重最大，创业时间较短，粉丝黏性较差，无固定选品方向，最容易出现产品质量、售后、虚假宣传等问题。

第三，平台模式。以直播间所在平台类型进行区分，直播电商可分为电子商务平台和社交平台两大类别。其中，前者更侧重于销售商品或服务等垂直领域（又称垂类），后者则侧重于通过社交直播引流获取电商、打赏、广告等综合性收益。

传统电商平台，如淘宝、京东、拼多多等，主要通过直播间引流、销售和产品宣传等方式，将直播与传统电子商务、品牌宣传以及售后相衔接。社交类直播综合平台则通过社交直播等方式，将流量变现为电商和广告，进而实现电商营收增加。

传统电商平台的主要优势在于产业配套设施完善，管理模式成熟，且相较于社交类平台，其物流、金融、售后和评价等都更为完备，直播间观众多为品牌粉丝，对品牌有一定的认知度和信任度，观看直播主要是为了解目标商品的信息，获取相应优惠福利，呈现出明显的品牌导向，而非受制于特定主播影响。

社交平台的优势在于将达人、网红、KOL 等社交平台主播的娱乐性、社交性、人设性和信任关系等因素纳入综合盈利体系。社交平台电商带货的产品类目、品牌较为多样化，粉丝对喜爱的主播有较高的信任度，对产品的价格较为敏感。因此，在主播的加持下，社交平台电商更具号召力。同时，短视频社交平台入驻门槛更低，也更容易吸引草根创业者加入。

目前社交平台的电子商务发展势头较猛，在平台营收方面，已经超过打赏、广告等获利方式，成了更加综合的直播经济模式。同时，传统电商平台的直播业务，也逐渐扩展到社交层面，除了服务传统“购物粉”，还逐渐增加了社交等元素。可见，两大类型平台在未来发展中有同化趋势，但就目前经营模式、直播内容和营收比例来看，两大类型平台仍有较大区别。

2. 政务类新闻传播发展很快

在直播活动发展的成熟期，传统官方媒体开始下场，通过开放直播新闻、内容分享形式，提升自有新闻品牌对年轻用户的黏性。其主体机构包括非营利性的新闻事业单位，具有一定的公共利益属性，同时其营销部门与采编部门发挥合力，以其公共属性、权威性背书，以助农、脱贫等为亮点。以新闻传播为主的短视频、直播平台相较于社交和电商直播平台，更侧重时政类新闻的传播服务，成为政务类新媒体的重要组成部分。

3. 普惠式社交分享类直播发展

在移动互联网普及、网络资费下降、直播成本降低的趋势下，“全民直播”和“全民短视频”成为互联网产业发展的风口。此类直播账号的主体大多为普通网民，发布的相关内容也都属于日常生活分享，一般并不直接涉及打赏、电子商务、广告、品牌宣传等商业活动。

在直播活动发展的成熟期，随着直播平台提供的供应链、物流和选品等服务惠及普通网民，在社交分享类直播中也会出现一定的经营行为，这就进一步模糊了账号主体性质与行为的法律关系问题。

4. 成熟期的法律规制

网络直播作为一种新兴产业，自2016年肇始至今，其盈利模式相继从打赏获利逐步发展为以商业营销与直播带货相结合为主的新型电商模式。早期发展阶段中，相关立法较为滞后，并未对直播带货等新兴模式进行明确规定。直至2021年出台《网络交易监督管理办法》时，我国才首次将直播带货正式纳入法律监管范围。随后，国家网信办、国家广播电视总局等相关管理部门相继出台了对直播带货的专门管理规定。特别是2022年3月1日出台了《最高人民法院关于审理网络消费纠纷案件适用法律若干问题的规定（一）》，其中有一半条款是对直播带货适用法律的专门解释，从而正式开启了直播带货的法治时代。

二、直播中存在的法律问题

基于此前对“直播”的调研、案件检索以及文献研读，笔者对直播产业中的问题进行归纳总结，最终得出以下五大法律问题。

（一）未成年人网络直播打赏行为的法律效力问题

未成年人用户在直播用户中占据了较高的比例，未成年人直播打赏行为引发的纠纷频发。例如，笔者曾在黑猫投诉网检索“未成年人打赏”，查询到四百多条相关投诉信息。未成年人直播打赏问题引起了社会舆论的普遍关注。

（二）网络直播中的“色情”擦边问题

“涉黄”网络直播，是指行为人在网络直播中进行具有淫秽性的表演，如故意裸露身体敏感部位、性感擦边跳舞等。在全国“扫黄打非”工作的开展下，涉黄直播从一开始的赤裸相待到现在“戴上面纱”暧昧挑逗，开播时间从晚间到午夜，各大直播平台夜间成为低俗表演、在线招嫖的集聚地，甚至演变成“线上红灯区”。主播凭借各种“手段”赚取流量，获得打赏。

（三）直播间主播连麦PK乱象问题

连麦PK，意为在视频直播平台上，一名主播对另一名主播发起挑战，两人根据各自粉丝在规定时间内的打赏、人气产生相应分数，分数高者为胜，失败一方则会面临惩罚。当前，主播连麦PK乱象类别主要包括惩罚极尽低俗、卖惨引发用户打赏、串通剧本榨取流量、户外聚众直播引流、平台针对用户举报反馈迟延等。

（四）电商直播中各大主体应承担的责任问题

直播电商假冒伪劣产品销售泛滥，违法成本过低。根据北京市消费者协会发布的《直播带货消费调查报告》显示，截至2020年3月，近2/3的受访者表示，在直播购物时担心商品质量问题。中国消费者协会发布的《2021年“618”消费维权舆情分析报告》显示，直播带货的“槽点”主要集中在平台主播向网民兜售“三无”产品、假冒伪劣商品等方面。①

（五）网络直播行业成偷逃税重灾区问题

从网红主播林珊珊、雪梨因偷逃税被罚款超过9000万元，到薇娅偷逃税款超6亿元、被罚款13.41亿元后，网红主播出现“补税潮”，可以看出网红主播偷逃税行为严重，并由此引发公众对于社会贫富悬殊的愤懑，以及主播行业出现严重的信任危机。

三、相关案例统计与分析

基于在“实务中引出的法律问题”的类型化，通过威科先行进行检索，分别对类型化的直播产业问题的关键词进行检索，并将有关案例研读后，分析的具体情况如下所述。

（一）未成年人网络直播打赏行为的法律效力

以“未成年+直播+打赏+效力”为关键词进行法律检索，共得61篇文书，其中民事案件有56件，刑事案件有5件。鉴于打赏行为的法律效力问题，其主要涉及民事案件的“合同、准合同纠纷”。主要事由为未成年人在监护人不知情的情况下，将监护人的巨额财产消费于直播平台，未成年人处置财产的金额超出其民事责任范围能力范畴，且监护人以拒绝追认为由，要求确定“未成年人充值及打赏行为为无效民事行为”。其中，原告一

---

① 《北京市消费者协会直播带货消费调查报告》，载北京市消费者协会官网，http://www.bj315.org/xfdc/202006/t20200616_23781.shtml，2023年6月20日访问。

般为未成年人的法定代表人，被告一般为直播平台及打赏主播等。

从司法裁判实务看，对未成年人网络打赏行为的性质主要有三种认定，即服务合同说、网络购物合同说、赠与合同说。根据《民事诉讼法》（2021年修正）第67条第1款[①]规定，监护人一般难以提交相关证据以证明使用手机打赏的主体是未成年人。此外，根据《民法典》第146条第1款[②]规定，涉案合同一般也不存在合同当事人恶意串通损害监护人利益的情形，无论是未成年人还是监护人，其与直播平台公司签订的《用户服务协议》《充值服务协议》均为真实意思表示。所以，未成年人一方败诉的概率比较大或者难以完全胜诉。[③]

（二）网络直播中的“色情”擦边问题

以“直播+色情”为关键词进行法律检索，共得582篇文书，其中民事案件有163件，刑事案件有418件，行政案件有1件。民事案件中主要涉及“服务合同纠纷”，事由主要为直播平台为当事人推荐一些美女主播，这些主播搔首弄姿、跳低俗舞蹈、轻佻语音聊天，进而诱导当事人消费。原告主要是打赏行为人的家属，被告为打赏人及直播平台。在刑事案件中，主要涉及的罪名有制作、复制、出版、贩卖、传播淫秽物品牟利罪，事由主要为主播为牟利在直播平台上传播淫秽视频，或通过QQ等社交软件发送色情直播表演等，被告主要为主播、直播平台及MCN机构等。

从相关的裁判文书来看，法院对此类案件的争议焦点主要为以下三类：一是被告打赏人在直播平台的充值打赏行为的法律性质；二是被告打赏人以共同财产充值打赏的行为是否无效；三是是否存在色情等其他导致合同无效的情形。而法院的判决中均认为被告打赏人的打赏充值行为是意思自治的选择，且因打赏人的单次充值行为未超出家事代理范畴，法院需依据

① 《民事诉讼法》第67条第1款规定：“当事人对自己提出的主张，有责任提供证据。”

② 《民法典》第146条第1款规定：“行为人与相对人以虚假的意思表示实施的民事法律行为无效。”

③ 王建敏、倪桂芳、李院院：《未成年人网络打赏的法律规制——基于16个典型案例的分析》，载《少年儿童研究》2021年第9期。

事实保护交易的安全，不应轻易认定合同无效，因此一般也会认定行为无效，而不予采纳相关主张。对于色情部分，由于一般为直播形式，原告难以充足地举证，因而一般也不被法院所支持。

此外，法院在认定被告是否构成制作、复制、出版、贩卖、传播淫秽物品牟利罪的过程中，会对涉案视频进行鉴定，如果视频中具有“具体描述性行为或露骨宣扬色情”的内容，则会根据《刑法》第363条第1款[①]进行判处。

（三）网络直播交友型诈骗犯罪

以“直播+交友+诈骗”进行检索，共得275篇刑事文书，其中案由涉及最多的就是诈骗罪。常见事由主要是被告会使用特定聊天话术在各大直播平台搭识被害人，获取其微信及基本信息后，以恋爱、交友等幌子进行交流，诱使被害人在直播平台上进行充值打赏，抑或将被害人引流至特定平台，以主播PK、完成心愿单等方式诈骗钱财。被告主要是主播及直播平台。

在司法实务中，法院会根据刑事罪名的构成要件进行分析，判断被告当时主观上是否有“非法占有目的”，诈骗数额是否达到量刑标准[②]，若符合《刑法》第266条规定[③]的构成要件，则对被告处以相应的刑罚。

（四）直播间主播“连麦”PK乱象问题

以“直播+连麦+PK”进行检索，共得16篇文书，其中民事案件有14件，刑事案件有2件。民事案件中有10件与“合同、准合同纠纷”有关，其主要事由为打赏人在直播平台上对主播激情打赏，抑或主播通过连

---

① 《刑法》第363条第1款规定：“以牟利为目的，制作、复制、出版、贩卖、传播淫秽物品的，处三年以下有期徒刑、拘役或者管制，并处罚金；情节严重的，处三年以上十年以下有期徒刑，并处罚金；情节特别严重的，处十年以上有期徒刑或者无期徒刑，并处罚金或者没收财产。”

② 《最高人民法院、最高人民检察院关于办理诈骗刑事案件具体应用法律若干问题的解释》（法释〔2011〕7号）第1条规定：“诈骗公私财物价值三千元至一万元以上、三万元至十万元以上、五十万元以上的，应当分别认定为刑法第二百六十六条规定的‘数额较大’、‘数额巨大’、‘数额特别巨大’。”

③ 《刑法》第266条规定：“诈骗公私财物，数额较大的，处三年以下有期徒刑、拘役或者管制，并处或者单处罚金；数额巨大或者有其他严重情节的，处三年以上十年以下有期徒刑，并处罚金；数额特别巨大或者有其他特别严重情节的，处十年以上有期徒刑或者无期徒刑，并处罚金或者没收财产。本法另有规定的，依照规定。”

麦 PK 和各种刺激打赏的 PK，诱导打赏人激情打赏。原告主要为打赏人家属，被告为打赏人、主播和直播平台。

在现有的司法判例当中，法院主要对以下几大焦点进行判断：其一，打赏人行为的性质；其二，用夫妻共同财产进行充值打赏的行为是否存在无效；其三，是否存在违背公序良俗或其他导致合同无效的情形。目前从司法判决的结果数据来看，大部分都认定打赏人的行为是合法有效的消费行为，而非赠与行为，并且原告在举证“对打赏人的充值打赏行为一概不知情”时，存在举证难、缺乏事实依据的现象，同时法院对直播连麦 PK 一般不会认定为违反公序良俗。一般而言，法院会驳回原告的全部诉讼请求，且原告还需要承担案件的受理费。

（五）电商直播中各大主体应承担的责任

以“直播＋电商＋假货”为关键词进行检索，共得 24 件民事文书；以“直播＋电商＋虚假宣传”进行检索，可得 50 件民事文书。其中，主要事由包括直播带货中销售假冒伪劣产品，以及主播在直播销售过程中虚假宣传等。这两类案件中，原告主要为消费者，被告主要为主播、直播运营机构和直播平台。

根据现有的司法判例可知，法院在面对此类假货案件时，一般会对三个问题进行判断：一是被告是否适格；二是被告的涉案行为是否构成违约；三是被告是否应当承担责任。如果被告需要承担责任，则需要赔偿原告的经济损失和合理支出。法院对虚假宣传的案件一般会依据《消费者权益保护法》第 20 条第 1 款、第 45 条第 1 款和第 55 条第 1 款[①]进行判断，即只有

---

① 《消费者权益保护法》第 20 条第 1 款规定：“经营者向消费者提供有关商品或者服务的质量、性能、用途、有效期限等信息，应当真实、全面，不得作虚假或者引人误解的宣传。”第 45 条第 1 款规定：“消费者因经营者利用虚假广告或者其他虚假宣传方式提供商品或者服务，其合法权益受到损害的，可以向经营者要求赔偿。广告经营者、发布者发布虚假广告的，消费者可以请求行政主管部门予以惩处。广告经营者、发布者不能提供经营者的真实名称、地址和有效联系方式的，应当承担赔偿责任。”第 55 条第 1 款规定：“经营者提供商品或者服务有欺诈行为的，应当按照消费者的要求增加赔偿其受到的损失，增加赔偿的金额为消费者购买商品的价款或者接受服务的费用的三倍；增加赔偿的金额不足五百元的，为五百元。法律另有规定的，依照其规定。”

当直播平台明知是虚假广告的前提下仍然发布，或不能提供经营者的真实名称等信息的情况下，才承担赔偿责任，而对主播一般认定为网络销售者，其行为是受销售商的指派，故相应的法律后果由销售商承担责任。在被告违约和侵犯消费者权益的前提下，被告需要退回原告购买金，并按照《消费者权益保护法》进行惩罚性赔偿。

（六）网络直播中的名誉、隐私侵权问题

以“直播 + 隐私 + 侵权”为关键词进行检索，共得 450 篇文书，其中民事案件有 440 件，刑事案件有 1 件，以及行政案件有 9 件。民事案件中，和名誉、隐私权侵权有关的案件有 141 件。涉案的主要事由是被告故意在直播平台等编造不良信息，发布大量诋毁、侮辱原告的内容，并进行恶意评论，导致原告名誉严重受损。另外，还存在被告公开透露原告行程信息，甚至公开原告证件号码等个人隐私信息，引发无数网友的疯狂围观、转发、点赞和评论，导致对原告造成严重的损害。原告一般为网民，被告一般为主播和直播平台。

在司法裁判中，法院一方面会依据《民法典》第 1194 条、第 1195 条和第 1197 条[①]对网络服务提供者（直播平台）进行追责，判断直播平台是否尽到事先提示的注意义务，是否存在明知或应知的主观过错。此外，法院还会依据《民法典》第 1024 条、第 1025 条、第 1029 条和第 1032 条[②]对

① 《民法典》第 1194 条规定：“网络用户、网络服务提供者利用网络侵害他人民事权益的，应当侵权责任。法律另有规定的，依照其规定。”第 1195 条规定：“……网络服务提供者接到通知后，应当及时将通知转送相关网络用户，并根据构成侵权的初步证据和服务类型采取必要措施；未及时采取必要措施的，对损害的扩大部分与该网络用户承担连带责任。……”第 1197 条规定：“网络服务提供者知道或者应当知道网络用户利用其网络服务侵害他人民事权益，未采取必要措施的，与该网络用户承担连带责任。”

② 《民法典》第 1024 条规定：“民事主体享有名誉权。任何组织或者个人不得以侮辱、诽谤等方式侵害他人的名誉权。……”第 1025 条规定：“行为人为公共利益实施新闻报道、舆论监督等行为，影响他人名誉的，不承担民事责任，但是有下列情形之一的除外：（一）捏造、歪曲事实；（二）对他人提供的严重失实内容未尽到合理核实义务；（三）使用侮辱性言辞等贬损他人名誉。”第 1029 条规定：“民事主体可以依法查询自己的信用评价；发现信用评价不当的，有权提出异议并请求采取更正、删除等必要措施。信用评价人应当及时核查，经核查属实的，应当及时采取必要措施。”第 1032 条规定：“自然人享有隐私权。任何组织或者个人不得以刺探、侵扰、泄露、公开等方式侵害他人的隐私权。隐私是自然人的私人生活安宁和不愿为他人知晓的私密空间、私密活动、私密信息。”

被告的行为进行判断，从而认定其是否侵犯原告的名誉权和隐私权。若存在以书面、口头等形式宣扬他人的隐私，或者捏造事实公然丑化他人人格，以及用侮辱、诽谤等方式损害他人名誉，造成一定影响的，应认定为侵害公民名誉权的行为。侵权行为人需要对被害人支付精神损害抚慰金、消除影响和赔礼道歉等。

（七）网络直播行业成偷逃税重灾区

以“直播 + 逃税 + 偷税”为关键词进行检索，共得 7 篇文书，其中民事案件有 6 件，刑事案件有 1 件，但均和笔者欲研究的“网络直播行业逃税偷税”话题无关。之后，笔者在浏览器进行检索发现，自网红主播林珊珊、雪梨因逃税被罚款超过 9000 万元，薇娅偷逃税款超 6 亿元、被罚款 13.41 亿元后，网红主播出现了“补税潮”。该类事件的案由主要是，主播通过设立个人独资企业，虚构业务，将其取得的个人工资薪金和劳务报酬转变为个人独资企业的经营所得，进而偷逃个人所得税。[①]

司法实务中，法院会依据《税收征收管理法》第 63 条[②]对偷税逃税的纳税人采取惩罚，方式一般是补缴税款和罚款。对于偷逃税的问题，税务部门对当事人不同的偷逃税手段处以不同倍数的罚款，既体现了执法部门依法查处的法律权威，又充分考虑了当事人主动减轻违法行为危害后果的情节，还反映了税务部门宽严相济，坚持执法力度和温度相统一。

① 杨洁：《“大思政”视角下税费计算与申报课程思政建设探究》，载《会计师》2021 年第 23 期。

② 《税收征收管理法》第 63 条规定：“……对纳税人偷税的，由税务机关追缴其不缴或者少缴的税款、滞纳金，并处不缴或者少缴的税款百分之五十以上五倍以下的罚款……”

网络直播的基本类别

一、基础类别

从传统视角看，网络直播存在以下几种表达形式。

（一）文字直播

文字直播的内容主要包括体育赛事、新闻事件等，其通过文字形式描述现场发生的事件，主要为不方便通过视频形式关注某一事件进展的用户，以短、平、快的形式跟进事件发展态势。其中，人民日报、光明日报等主流媒体，在直播救援、直播国际重大热点新闻时，经常使用这一方式。这类直播的娱乐属性较弱，主要适用对象是对信息内容本身具有高关注度的用户。

（二）视频直播

视频直播为目前直播的主要形式和监管重点，视频内容作为目前电商直播形态最主要的承载形式，信息量最大。

（三）声音直播

声音直播主要适用于以播客、喜马拉雅为代表的声音类 App，其直播内容主要为知识付费、内容分享，通过卖课或者售卖某类声音专辑进行盈利，其本质与传统视频平台点播类节目具有高度相似性。

（四）主播直播与团队直播

电商快速发展背景下，主播在单位时间内需要传递的信息量不断增加，同时在传统电商平台中，直播还在极大程度上扮演了售后服务的角色。因此，团队助播的必要性不断凸显，通常一场直播中，有作为主要介绍的主播，以及担任更换商品、上链接等任务的助播等多个角色，同时主播和助播之间也能够通过互动、交流等方式产出更加具有趣味性的内容。这种在传统售卖转化之外的娱乐性互动，突出了电商直播的内容化、娱乐化属性，有助于提升用户黏性，增强交互感，向泛娱乐化内容进行转化。

二、获利类别

从获利模式看，直播可以其获利的主要渠道，分为以下四类。

（一）打赏

打赏的主要适用对象为秀场主播，主播通过才艺、聊天等形式给予用户精神享受，用户为此支付虚拟道具等对价。这一盈利模式下，发展的高潮在于“连麦 PK”玩法的诞生，连麦 PK 意为在同一视频直播平台上，一个主播对另一个主播发起挑战，两人根据各自粉丝在规定时间内的打赏、人气产生相应分数，分数高者为胜，失败一方则会面临惩罚。惩罚一般分为系统惩罚和约定惩罚。为刺激粉丝消费，快速涨粉，获取经济利益，大量主播连麦 PK 会选择约定惩罚，而惩罚内容存在大量庸俗、媚俗、低俗等情况。同时，PK 内容本身也存在大量同质化、低俗、卖人设等乱象，引发了大量负面舆情，这也使打赏类盈利在直播行业逐渐走向没落。

（二）电商

直播带货收入是目前直播盈利模式中最常见的收入形式，包括赚取佣金、赚取坑位费等。

（三）品牌宣传与广告

网络直播平台的广告具有网络广告的一般特性，它是以网络直播平台为播放的媒介和载体，依托其大规模的用户基础和访问流量，迅速地传递广告信息。其不受时间限制，具有高度的互动性和灵活性，传播成本相对较低，这些都是传统电视广告所不可比拟的优势。[①]

① 徐哲桐：《互联网直播行业收入确认和计量研究》，中国财政科学研究院 2017 年硕士学位论文。

（四）引流

当前直播模式中，“投流”成为重要环节，即投入一定成本，对直播间进行推广，如抖音微圈，即抖音直播投放服务商。此类别的流量助推目前已经逐渐形成规模，包括提升直播间人气、观众打赏等互动数据，优化直播间商品点击、直播间下单转化数据等方面。直播中的引流行为，已经成为电商销售直播、品牌宣传推荐和人气增加的重要手段。

（五）内容奖励

直播流量竞争进入存量时代，各家平台对于优质内容的争夺是流量争夺的前提，各大平台对于长期提供优质内容的 MCN 机构和主播个人提供收入层面的奖励。

三、技术类别

从技术角度看，当前主要包括以下三种直播形式。

（一）虚拟人直播

伴随着元宇宙概念的火热和数字技术的广泛运用，作为对传统直播模式的整合与迭代，虚拟数字人直播、录播正在成为一种新趋势。从粉丝互动到直播带货，虚拟数字人让直播间的玩法变得更加多样，同时可以提升营销转化率，构建出全新的直播运营模式，进一步增强了用户对品牌形象的认知度和记忆度。

目前，虚拟主播的类型主要包括“AI + 智能虚拟主播”和“真人动捕驱动类虚拟主播”，其中前者的主要特点是能够 24 小时不间断直播，使用成本低，能够降低品牌对人力的依赖；后者则是由虚拟形象和幕后主播组成，通过动作捕捉驱动，将真人的动作同步到虚拟人身上，进行配音和表演，达到实时互动的效果。

根据互联网数据中心发布的《2022 中国 AI 数字人市场现状与机会分析》报告，中国 AI 数字人市场规模呈现高速增长趋势，到 2026 年，中国

AI 数字人市场规模将达到 102.4 亿元人民币。[①] 在此背景下，众多知名品牌企业也已开始打造及布局专属“品牌智能直播间”，让虚拟人电商主播像真人电商主播一样，进行商品介绍、售卖以及观众互动，帮助企业快速入局直播领域及加速数字化转型。[②]

（二）录播直播

一般而言，直播平台考虑到直播效果的互动性和实时性等因素，不允许有录播情况出现，但有的直播平台并不禁止这类行为。运用录播直播技术的目的是提升直播场景，保证内容稳定，如 B 站此前入驻健身博主帕梅拉等。

（三）虚拟现实直播

在虚拟现实直播技术层面，2022 年之前，虚拟现实硬件设备、软件等几乎只存在于企业市场。伴随各大厂商先后发力，推出平民级产品，AR/VR 硬件设备逐渐开始向普通用户消费端迁移。

2023 年 1 月，易观分析发布的《2022 年 Q4 消费级 AR 眼镜市场季度分析报告》显示，国内消费级 AR 眼镜市场在“双十一”推动下进一步增长，其中雷鸟创新以 31.8% 的市场份额跃居首位。直播平台端的 PICO 视频于 2022 年 6 月上线 VR 直播内容，同年 9 月，VR 直播板块与抖音短视频平台打通。在直播工具端领域，快手与影石达成合作，Insta360 拍摄的全景视频可以一键发布到快手平台。由此，基于平台流量扶持以及创作工具平民化，可以预见 VR 直播生态将会迎来进一步爆发，以生态夯实反哺硬件终端的增长。[③]

① 孙柏林：《数字人：数字经济发展的“新动能”》，载《自动化博览》2022 年第 10 期。

② 《IDC：中国 AI 数字人市场现状与机会分析：构建 AI 数字人队伍成为新浪潮》，载 IDC 网，https：//www.idc.com/getdoc.jsp?containerId=prCHC49354922，2023 年 6 月 20 日访问。

③ 廖旭华、梁秋兰：《2022Q4 消费级 AR 眼镜市场季度分析：雷鸟创新领跑，华为强势入局》，载易观分析，https：//www.analysys.cn/article/detail/20020918，2023 年 6 月 20 日访问。

网络直播账号分类管理路径分析

一、从主体监管到行为监管的必要性

随着网络直播行业的发展，主播行业性质逐渐从单一转向复杂，并主要体现在以下四个方面。

首先，规范主播账号行为的法律法规涵盖了内容安全、广告治理、电商责任、个人信息保护、未成年人保护、公序良俗等方面，形成了多维度的法律体系，故不可能以单独部门法做到统一的涵盖性保护。

其次，从政府治理模式看，包括网信部门、宣传部门、文旅部门、市场监管部门、工信部门、公安部门、司法部门等多方依职权治理体系。从传统从业主体资质约束角度来看，很难以主体性质判断监管部门，而只能以主体行为的具体性质来判断主管部门。

再次，从主播直播行业发展方向看，从发展初期以秀场打赏为主，发展至今形成了包括综合新闻传播、大文娱产业、电子商务、商业广告、即时通信等五彩斑斓的生态经济。主播的直播行业已经形成以短视频、直播为渠道，以网络移动端为载体的多种经营综合模式。

最后，直播平台已经发展成为特殊的网络经济生态系统，数字产业和电子商务为主要经营模式，包含打赏、推广、竞价、广告、销售、文娱、金融等跨多个行业的新经济模式。主播直播平台已经成为新经济模式中发展势头很好的重要产业支柱，而这种综合类经营类别，需要以具体经营行为性质为判断标准，才更为科学准确。

二、直播账号依法治理的前提是账号行为类型化

第一，账号分类管理是网络直播依法治理的前提。在直播经营行为中，经常会出现同样信息的不同发布行为（音视频、直播、文字等）可能会导致适用不同的法律法规，相应地也会出现源自不同监管部门的处罚。例如，直播过程中出现的违法宣传情形，可能涉及《网络安全法》中内容安全的规定，也可能涉及《广告法》《消费者权益保护法》等规定的内容。因此，若不在监管层面明确分类前提，则很可能违反行政法规中“一事不再罚”的基本原则，同时这也与行政处罚的比例原则相违背。

第二，分类管理更有助于直播账号经营者守法经营。从行为角度看，主播账号在直播行为中的获利方式不尽相同，打赏、内容奖励、电子商务、内容付费和广告品牌宣传等都在经营范围内。在多种经营可行性背景下，按照直播行为性质和获利方式，可以诠释出应重点遵守的相关法律法规，更有利于主播守法经营。

第三，分类管理是平台依法治理的前提。平台对主播账号的治理，源自法律法规的直接规定，因此首先应对直播垂类的性质予以判断，这也是选择直播法治化治理的前提。例如，在直播没有接入销售链接的情况下，对内容的监管应遵守《网络安全法》第 12 条[①]的内容，以及《网络信息内容生态治理规定》中的内容底线规定。在直播间若进行了销售或品牌宣传，则监管依据的法律法规将转化为《电子商务法》《广告法》《产品质量法》及《消费者权益保护法》等。特别是在人工智能监管层面，不同性质的直播间触发的人工监管、处理举报、敏感词等都不尽相同。

---

① 《网络安全法》第 12 条规定：“国家保护公民、法人和其他组织依法使用网络的权利，促进网络接入普及，提升网络服务水平，为社会提供安全、便利的网络服务，保障网络信息依法有序自由流动。任何个人和组织使用网络应当遵守宪法法律，遵守公共秩序，尊重社会公德，不得危害网络安全，不得利用网络从事危害国家安全、荣誉和利益，煽动颠覆国家政权、推翻社会主义制度，煽动分裂国家、破坏国家统一，宣扬恐怖主义、极端主义，宣扬民族仇恨、民族歧视，传播暴力、淫秽色情信息，编造、传播虚假信息扰乱经济秩序和社会秩序，以及侵害他人名誉、隐私、知识产权和其他合法权益等活动。”

特别是电商直播与社交类直播的本质非常不同。其中，前者影响的是消费领域，后者则满足于观看者的精神享受；前者直播内容以介绍商品价格、产地、用途、性能、售后等为主，后者则以主播颜值、才艺、表演为主；前者的直播目的是促成交易，后者则为了吸引用户打赏获利。可见，在分类层面的监管中，根据直播垂类不同，对内容的管控也不尽相同，如果相互混同的话，就可能导致平台适用法律法规的不确定性。

第四，分类监管更有利于监管部门履职。政府监管部门、司法部门、行业协会等机构依法履职，在履行行政监管职责、处理举报和诉讼、维护消费者权益、维护网络生态安全等情况中，需要依据法律赋予的职权进行履职。因此，高效率监管的前提是应明确直播行为的具体类别，再依照法律授权依法进行处理。

三、直播账号类型化展现的基本类别

直播账号类型化展现的构成要素，就是以直播内容和行为作为标准，对直播间的性质予以分类的手段。本文以监管部门依据法律法规的不同，将直播间类型化展现分为以下六大类别。

第一，秀场类（社交类）直播。此类直播行为性质认定的标记直播内容为表演性质，直播过程中不存在销售行为，没有销售链接，不存在品牌宣传活动，没有通过连麦等方式的销售行为。

秀场类直播监管所依据的法律法规主要以内容安全、未成年人保护为主，监管主体主要是网信部门、文旅部门、广电部门和行业组织。

第二，电商直播。此类直播性质认定为商品或服务的销售、售后或品牌宣传。此种类型的判断标志为直播间有销售链接，或以连麦等方式对用户进行引流销售。

电商类直播监管所依据的法律法规主要以《民法典》《电子商务法》《产品质量法》《食品安全法》和《消费者权益保护法》为主，监管主体集中于市场监管部门，以及各级消费者协会等行业组织。

第三，品牌宣传广告类直播。此类直播包括短视频在内，通过流量引导等方式对商品和服务进行引流式宣传，其主要表征在于有明确的商品或服务宣传文案，有明确的销售引流行为。此种类别区别于电子商务类的最大特征在于，直播间或短视频不直接提供销售渠道，或所提供的销售购买会出现明确的“跳转”链接。按照最高人民法院的相关司法解释规定，此类具有明确“跳转”并明确告知消费者的行为，应认定为属于广告类别。

品牌宣传广告类直播的监管依据主要是《广告法》《互联网广告管理办法》《反不正当竞争法》和《消费者权益保护法》，监管主体主要是市场监管部门。

第四，新闻传播类直播。此类直播主要是以政务号为主，直播运营行为不涉及商业化运作。监管依据与监管主体和前述秀场类直播接近。

第五，知识付费类直播。此类直播主要以知识付费为主，涉及知识产权、内容安全等领域，监管主体与前述秀场类直播、新闻传播类直播接近。

第六，综合类直播。目前绝大部分的头部主播账号均属于此类，即直播性质经常出现转换，在秀场、品牌宣传和电商等不同类型之间转变。因此，对直播性质的认定也应当随之转变，动态化监管将成为常态。

网络主播账号与行为的分级制度

一、算法与流量因素对主播营业收入的重要影响

（一）流量分配机制——算法推荐

算法推荐是指平台利用算法技术向平台用户提供信息的行为。平台为增加盈利，通常从流量的数量和精准度两个方面着手，以实现优化算法机制。从数量上看，平台希望扩大用户基数，以及延长用户在平台中的停留时间。从精准度上看，平台收集用户的个人信息，希望获得精准推送的能力，进而将商业广告信息精准地提供给潜在的消费者。为此，平台往往会选择契合自身利益的算法，有针对性地进行账号推流。

流量具有商业价值，互联网直播业务的本质是一种流量变现的方式，主播有获取流量的主观能动性。主播的流量来源可分为两大类：一是私域流量，主要与品牌、店铺、客服等直播主体行为有关；二是公域流量，包括互动裂变、平台公域导入和商业采买三部分。为获取平台流量，主播需要先打造良好的私域流量，提升账号的推荐权重，引导平台算法机制将公域流量推至主播本身。公域流量的算法分配通常会涉及三项指标：①互动数据指标，即停留时长、互动率（评论/点赞等）、转粉率/加粉丝团率和转发分享率等；②电商数据指标，即商品点击率、成交转化率、UV价值[①]和千次展现成交（CPM）；③其他指标，包括账号标签、权重和口碑分等。

算法技术基于权重指标，对平台中的每个主播做出相应的推流评价，

---

① 通常来说，UV代表访客，价值是访客所带来的贡献，UV价值即平均每个进店的访客产生的价值。

并通过综合数据衡量，决定推流的“量”。算法对主播的评价越高，其获得的流量也就越多。此外，算法推荐权重又会被进一步细分为“基础权重”（直播历史场次决定下一场开播权重）和“实时排名权重”（每时每刻的排名：5min、30min、60min，直播流量不断地进行赛马机制），数据较好的主播会被赋予较高的权重指数。

（二）流量分配机制——流量扶植与销售流量

流量扶植是指平台主动为特定主播提供流量支持的行为，销售流量是指平台通过向特定主播销售流量的方式为其主动提供流量支持。流量扶植、销售流量与算法推荐之间的共性是，平台通过上述三种行为分配流量。分配流量具有两面性，该行为一方面决定为平台用户呈现的信息，另一方面又推销特定主播及其发布的信息。

流量扶植、销售流量与算法推荐之间也有明显的区别。销售流量与流量扶植的区别在于，前者是有偿行为，后者是无偿行为。算法推荐通常是无偿行为，其与前两者的主要区别在于，平台在实施流量扶植和销售流量行为时呈现出更多的主动性，而在算法推荐行为中，虽然平台可以管理、控制所使用的算法技术，但算法推荐结果主要依靠算法自动化处理，且在获取结果的过程中存在大量平台不可控因素，平台处于相对被动的位置。

（三）主播“安全分”与流量推流呈正相关的分级管理机制

为提升主播的合法合规意愿、完善互联网流量监管机制、实现监管机构对落实平台责任的切实要求，平台可实施主播分级管理机制，基于主播历史直播行为计算主播的“安全分”，并根据主播得分情况赋予不同颜色的“安全码”。不同颜色的“安全码”代表着不同的“安全分”区间，如绿码（$80<S\leqslant100$）、黄码（$50<S\leqslant80$）、红码（$0<S\leqslant50$）、灰码（新主播未激活），当主播的“安全码”为绿码时，平台可以给予其营销活动保障、直播扶植计划保障、申诉服务保障、黄牛防控工具服务保障等，并在流量推广时优先满足此类群体的需求，提升主播的合法合规意愿。

二、流量治理的必要性分析①

从直播产业发展角度看，流量经济已经成为当下互联网经济的主要形态，其主要表现方式为流量变现。从互联网市场层面分析，如果说流量变现是流量经济的主要目的，那么直播账号就是流量经济变现的重要主体。

（一）流量经济的类型

如果要厘清自媒体传播伦理与法律治理问题，就必须要从流量变现的类型开始分析。结合互联网技术、产业与市场发展、自媒体形态等角度，可以将互联网流量经济分为以下三大类型。

第一种类型，流量转化关注度，即平台、直播账号通过流量分割的方式，对公域流量或私域流量进行自动或人工的分割，并在此过程中获得收益。

对网络平台而言，所有的流量均出自整体流量池，具体分割到单一直播账号身上，一般通过以下三种途径：一是通过算法分发的方式；二是通过主动人工调整分配的方式；三是通过账号自我购买的方式。以上这三种流量分发模式中，算法分发会结合用户偏好，对平台的传播效果最好；第二种分割流量方式，则往往源自前者方式，以及平台对社会责任、时政类新闻传播责任和社会道德责任的承担；第三种方式则是出于对流量变现、营销获利角度进行的。

从直播账号角度看，自我流量产生于私域流量，是对自己流量的有偿分割，是自媒体（特别是直播、短视频类）变现的主要方式。例如，直播间人气高的主播，会给送出礼物最多的人进行“点关注”服务，即号召自己的粉丝进入到点关注最多的人的直播间，或对其关注，或购买其产品。在直播产业大火之前，私域流量变现方式往往通过广告完成，直播产业风行之后，最佳的变现方式就是依靠流量有偿分割、流量引流等进行。特别是 MCN 机构入场后，网红与 MCN 机构合作，商业化分割私域流量日渐突

① 朱巍：《互联网流量经济背景下的自媒体治理》，载《青年记者》2021 年第 7 期。

出，甚至在很多平台都出现了“汇率”。

第二种类型，流量转化为电商活动。随着快手、抖音等平台电商化加剧，再加上淘宝直播等垂直类电商平台，电商销售成为流量变现的主要渠道。一个直播间能销售多少货品，很大程度上取决于直播间在线人数的多少。垂直类电商平台，一般是以“从货到人”的营销模式，即用户是对某种货品具有购买需求的人，平台以直播介绍货品和折扣相结合的方式吸引流量。非电商垂直类平台中，如快手、抖音等，用户则以社交、娱乐为目的，直播间的销售是社交的“副产品”。

除了直播类自媒体，其他自媒体更多地通过发布内容嵌入购买深度链接、引流、跳转的方式达到销售目的。归根结底，自媒体是在努力地将流量直接转化为购买力。

第三种类型，流量转化为商业广告。流量对广告的转化，是自媒体最早的变现模式之一。近些年，随着“网络水军”等黑灰产业的活跃，消费转化率与点击量比率越来越低，这种流量经济模式的运用也日渐低迷。

值得关注的是，从广告市场角度看，广告主按照点击次数判断传播效果来付费的模式逐渐被转化率所替代。如何判断某一消费行为到底是不是由某一直播账号引流，是一个技术问题。最近几年，直播账号电商市场出现了利用“区块链”技术演化而成的“锁定码”，每个账号传播的商业链接都存在独一无二的“锁定码”，通过“锁定码”转化的消费者，再通过区块链的智能合约的方式进行分成提现。此外，技术的变革使账号广告也极有可能在未来相当长的时间内重获新生。

（二）直播账号获取流量的特点与本质

通过以上关于自媒体变现方式的梳理，我们反过来分析一下，在流量经济背景下，直播账号获取流量的特点与本质。

首先，流量是账号变现的基础。流量变现看似是个中性词，但其实结合最近这些年的自媒体传播乱象，就会得出结论：流量为王是乱象产生的根本原因。从传播效率角度看，猎奇、媚俗、庸俗、恶俗、色情等内容，往往是最吸引关注度的传播内容。在流量为王背景下，“丑角”变现成为现实。不管违反道德底线的劣迹艺人，还是炫富的网红，又或者是因违法行为出圈的刑满释放人员，都在短时间内获取了大量的流量关注。这些关注和流量，如果没有法律监管，或者缺乏公共利益和善良风俗的约束，“黑”与“红”之间的流量转化，就会变得非常“有效”。

其次，行为是获取流量的渠道。如果可以通过传播效果验证某一行为能够达到获取流量的效果，那么模仿者就会趋之若鹜。例如，之前曝光出来的“少女妈妈”事件，作为一个舆论热点话题，很容易就可以获得大量流量，一时间“少女妈妈”作为标签的网络短视频大量涌现。又如，吃播依靠损害身心健康的表演，以浪费食品为看点，致使大量草根网红跟风模仿。

如果某一行为获取了流量，但其行为又是违反法律法规或者违背善良风俗的，那么若其没有得到及时有效的监管，势必会产生大量模仿者。互联网“反智”现象的本质就是如此，当很多人进行模仿的时候，这个行为性质就会被重新定义。逐渐发展下去，能否获取流量就成为评价某一行为的最重要标准，网络价值观也就会严重偏离现实价值观。

最后，黑色产业与流量如影随形。网络传统黑色产业仅存在于技术和商业领域，如个人信息买卖、虚假评价、商业诋毁、虚假点击与虚假销售等。随着流量经济的发展，网络黑色产业逐渐向传播伦理进行侵蚀。网络黑色产业新形态中，最典型的当数“蹭热度”“蹭流量”。

因此，既然流量成为直播账号变现的主要承载者，那么平台对流量的监管就势在必行，需要将流量作为直播行业的“指挥棒”或“风向标”。平台对直播账号流量的处分和分配制度，也就势在必行。平台应当建立对直播账号的分级管理体系，包括信用积分可视化、明确信用等级对应的权限、划清信用与流量之间的关系、建立跨平台的信用联合惩戒、实现连接线上线下的信用联动机制。特别是要建立起直播账号信用等级与流量配比之间的对应关系，通过融入算法、大数据与人工智能的信用基数，将信用转化为流量的重要奖惩标准。

三、平台责任的扩张

（一）平台责任的扩张趋势

过去的互联网治理理论与实践认为，法律应当最大限度地为互联网企业的技术创新和商业模式创新提供发展空间，因此只需维护平台用户的基本合法权益，限制互联网企业承担法律责任。例如，美国以《通讯规范法》第230条为基础确立的规则是：只要平台未对平台内第三方广告活动产生实质介入，就不必投入过度资源审查该广告，也不必为此负责。在此规则下，互联网平台的商业广告行为受到广泛庇护，互联网广告业得到长足发展。

近年来，随着互联网技术发展带来的社会福祉趋于饱和，互联网治理理论与实践开始强调互联网平台的法律责任以及完善互联网平台的监管体系。扩大平台责任已成为世界各国应对互联网监管问题的共同解决方案，各国立法也倾向于限制避风港规则等过度放纵平台自由的法律规定。

（二）我国现有法律体系下的平台责任扩张

在民事互联网侵权领域，如果说避风港规则是平台责任的下限，那么红旗规则则决定着平台责任的上限。在平台责任扩张的背景下，红旗规则的适用空间得到扩张，一方面表现为降低侵权责任认定中红旗规则的适用标准，另一方面表现为红旗规则被引入行政法和刑法领域。

根据红旗规则，平台需要对“知道或者应当知道”平台内侵权行为而未采取必要措施的损害部分负责。如何认定“知道或者应当知道”是适用红旗规则的核心所在。《最高人民法院关于审理利用信息网络侵害人身权益民事纠纷案件适用法律若干问题的规定》第6条第1项规定，法院在审理人身权益网络侵权案件时应当将“网络服务提供者是否以人工或者自动方式对侵权网络信息以推荐、排名、选择、编辑、整理、修改等方式作出处理”作为考虑网络服务提供者是否“知道或者应当知道”的因素。平台实施的流量扶植、销售流量和算法推荐等分配流量行为，已成为法院在审理网络侵权纠纷时确认平台责任的考量因素。换言之，平台实施的分配流量行为已成为一项扩张平台责任的具体理由。

红旗规则已经被引入行政法和刑法领域。例如，《广告法》第45条规定，互联网信息服务提供者对其明知或者应知的利用其场所或者信息传输、发布平台发送、发布违法广告的，应当予以制止。又如，《刑法》第287条之二第1款规定，明知他人利用信息网络实施犯罪，为其犯罪提供互联网接入、服务器托管、网络存储、通信传输等技术支持，或者提供广告推广、支付结算等帮助，情节严重的，构成帮助信息网络犯罪活动罪。红旗规则在行政法和刑法领域扩张适用，基于法院对红旗规则中“知道或者应当知道”的认定标准，平台可能因实施分配流量行为而承担行政责任或者刑事责任。[①]

（三）平台责任扩张的本质是促使平台加强对违法行为的管理

互联网技术的蓬勃发展带来巨大的社会公共利益，但同时也为监管机构带来重大困扰。互联网领域不应是法外之地，但互联网违法行为具有广泛性、隐秘性、高速性等特点，令监管机构难以实施有效监管。对此，监管机构认为基于平台对平台用户行为的管控力，令平台自行监管平台内违法行为，可以大幅降低互联网监管成本，解决互联网监管的难题。平台责任扩张理论正是诞生于这种特殊的背景之下。理论界提出观点认为，基于平台的市场组织者身份、平台开启危险源、平台对平台内活动的管控力、平台从经营活动中获利、平台的非中立服务提供者属性等因素，平台应当承担更多的平台责任，其本质是促使平台加强对平台内违法行为的管理。

平台责任扩张已成为各国监管机构在面对互联网监管难题时达成的共识，其目的在于完善互联网监管制度，建立“监管机构—平台—平台用户”的层级式监管体系。平台作为互联网监管体系中的中间环节，需要承担管

① 宋大伟：《二维码犯罪的刑事治理》，载《黑龙江省政法管理干部学院学报》2017年第5期。

理平台用户行为的监管重担。

（四）直播平台应当通过主播分级制度落实平台责任

在平台责任扩张背景下，平台对主播的管理应当区别于过去的粗犷式管理，而应采用愈发精细的分级管理，其具体理由如下所述。其一，现有法律法规对不同行业直播活动的监管要求并不一致，如中国人民银行等四部门联合发布的《关于进一步规范金融营销宣传行为的通知》（银发〔2019〕316号）规定，金融营销宣传是经营活动的重要环节，未取得相应金融业务资质的市场主体，不得开展与该金融业务相关的营销宣传活动。[①] 其二，各类主播违法行为的严重程度并不一致，如受众较多的主播发布违法言论的影响力明显较高，对其实施的监管措施应当更加严格。其三，平台因实施不同类型的分配流量行为而引起的平台责任不一致。在行政监管领域，销售流量行为接近于商业广告行为，应当受到《广告法》的规制。流量扶植行为接近于无偿的广告行为，是否受《广告法》的规制，应视具体情况而定。算法推荐行为应当受到《互联网信息服务算法推荐管理规定》的规制。

综上所述，平台应根据现有法律法规体系对互联网直播业务的监管要求，结合互联网直播业务中各类主播的违法违规风险程度，提炼出网络主播分级的参考因子类别，从而实现对网络主播的分级管理。

四、网络主播分级的参考因子类别

主播账号分级参考因子，指的是网络平台在网络治理实践过程中，通过流量分配、账号权限等手段确立的应重要参考的指标化因子。参考因子的设置主要依据以下三个方面的内容。

（一）平台法律责任参考因子

依据现行法律法规，平台相关法律责任因子主要分为以下五类。

① 张末冬：《银保监会提醒：防范金融直播营销有关风险》，载《金融时报》2020年第1期。

第一类，注册因子。包括主播账号的实名注册认证因子、账号昵称合规因子、头像与简介合规因子、垂类认证合规因子、特殊行业（医疗、司法、金融、教育）认证因子、MCN 认证因子。

第二类，特殊许可因子。主播账号在涉及依法需要特殊市场门槛认证时，需在网络从事相关行业前获得许可。这种行业市场许可包括食品生产和销售、烟草专卖许可、医疗相关产品和服务、网络游戏和出版物、金融类产品、时政类新闻资质等。

第三类，内容因子。主播账号产出的相关内容，依据国家关于内容安全领域的底线性规定，如《网络安全法》《网络信息内容生态治理规定》《广告法》，主播内容合法合规性属于分级管理中的重中之重。

第四类，行为因子。主播账号行为，除了内容生产，还包括依法对相关内容评论、弹幕的管理，对粉丝群、用户群的日常管理，对通过网络 PK、连麦等网络外在表现相对方行为的监管等方面。

第五类，知识产权因子。主播产出内容以及销售和商业宣传的商品和服务，应符合知识产权法律体系规范。

（二）信用参考因子

主播信用因子分为线上信用和线下信用两大部分。其中，线上信用指的是账号行为信用评价，参考因子主要源自平台建立的评价标准，包括内容违规程度和次数、用户举报与消费评价、知识产权投诉和涉诉案件等情形。线下信用包括主播账号的注册人、实际使用人、相关 MCN 机构因线下违法违规或涉及重大案件、社会舆论事件等情形。

（三）政策性因子

政策性因子类别较为复杂，主要指的是随着监管部门的政策动态发展或治理重点的变化，相关政策对平台治理产生的重大影响。政策性因子主要包括正面和负面两个方向。其中，正面因子指的是平台应倾向性给予流量的政策性影响因子，最典型的代表为《网络信息内容生态治理规定》

第5条①规定的7项类别。负面因子指的是平台应对某类或特定账号、内容进行重点监管，减少流量的类型。负面因子影响源自监管部门的特别整治活动（如清朗行动）、舆情事件、重大案例、政策调整等。

五、分级效果与主播账号流量、算法推荐、封禁账号的治理对应关系

从网络主播账号分级参考因子的角度，可以将主播账号在分类管理的基础上，划分为以下六个级别。

（一）A+类

此类账号从主体资质到产出内容，均符合国家相关法律规定，在线上和线下平台数据信用管理上不存在失信情形，实时产生内容方向属于政策性因子正面影响方向。

A+类账号不仅享有优质账号行为的所有权限，而且其内容应获得相对最高的流量推荐，此类账号的直播间在线人数、销售品类和数量、打赏数额和商业广告宣传均无特殊限制，主播账号获得在线直播间最大自我监管权限，平台应予以流量扶持。

（二）A类

此类账号的主体资质和产出内容，均符合国家法律规定，在线上和线下平台数据信用管理上不存在严重失信情形，实时产生内容不属于政策性因子负面影响方向。

① 《网络信息内容生态治理规定》第5条规定："鼓励网络信息内容生产者制作、复制、发布含有下列内容的信息：（一）宣传习近平新时代中国特色社会主义思想，全面准确生动解读中国特色社会主义道路、理论、制度、文化的；（二）宣传党的理论路线方针政策和中央重大决策部署的；（三）展示经济社会发展亮点，反映人民群众伟大奋斗和火热生活的；（四）弘扬社会主义核心价值观，宣传优秀道德文化和时代精神，充分展现中华民族昂扬向上精神风貌的；（五）有效回应社会关切，解疑释惑，析事明理，有助于引导群众形成共识的；（六）有助于提高中华文化国际影响力，向世界展现真实立体全面的中国的；（七）其他讲品味讲格调讲责任、讴歌真善美、促进团结稳定等的内容。"

此类账号与A+类账号的区别之处在于，信用有过瑕疵，相关内容违规属于《网络信息内容生态治理规定》第7条[①]不良信息中“轻微”“偶尔”的违规范畴，即在违规情节上属于过失和情节轻微，在频次上每季度没有超过一次。该类账号在行为因子判定中符合法律法规和平台制度规范。

A类账号可以享有优质账号行为的一定权限，优质内容可以得到推荐，直播间在线人数、销售品类和数量、打赏数额和商业宣传无特殊限制，主播账号获得在线直播间管理权限、粉丝群建立权限和话题创作权限。

（三）B类

此类账号主体资质符合国家法律规定，在线上和线下平台数据信用管理上不存在严重失信情形，实时产生内容不属于政策性因子负面影响方向。

影响账号从A类进入B类级别的主要因素分为三大类：一是直播间或短视频受到单位时间内有效举报较多，主播账号对其进行了有效回应；二是账号产出内容存在违反《网络信息内容生态治理规定》第7条规定的不良信息情形，每季度受到平台违规警告次数为3次以下，每季度直播被实时阻断和短视频下架为2次以下；三是在法律因子行为责任认定中，存在一定的违规情形，但能够及时有效地对评论、弹幕和连麦等环节进行治理纠错。

此类账号权限有一定限制，包括限制新建粉丝群、互动和私信等功能，其可以参与话题，但不得创造新话题，产出内容一般在该级别时不予特殊

---

① 《网络信息内容生态治理规定》第7条规定：“网络信息内容生产者应当采取措施，防范和抵制制作、复制、发布含有下列内容的不良信息：（一）使用夸张标题，内容与标题严重不符的；（二）炒作绯闻、丑闻、劣迹等的；（三）不当评述自然灾害、重大事故等灾难的；（四）带有性暗示、性挑逗等易使人产生性联想的；（五）展现血腥、惊悚、残忍等致人身心不适的；（六）煽动人群歧视、地域歧视等的；（七）宣扬低俗、庸俗、媚俗内容的；（八）可能引发未成年人模仿不安全行为和违反社会公德行为、诱导未成年人不良嗜好等的；（九）其他对网络生态造成不良影响的内容。”

推荐，直播间同时在线人数应予以限定最高人数。同时，平台还对单次直播打赏金额予以限制，对电子商务销售的商品和服务类别和数量设置一定的限制措施，以及对直播间进行适当的监管。

（四）C类

此类账号主体资质符合国家法律规定，账号降级到C类级别的主要影响因子分为以下四类。

一是内容因子影响。发布的相关内容涉及多次违规或严重违规，在同一季度被平台违规警告次数超过3次，每季度直播被实时阻断和短视频下架超过2次，因知识产权被有效投诉超过3次。

二是行为因子影响。账号未能依法对自己内容中产生的评论、弹幕、话题有效管理，造成较为严重的网络事件，或在PK、连麦过程中出现违法违规广告和引流，造成消费者和网络用户权益受到严重损害。

三是信用因子影响。账号线上被有效投诉较多，未能及时有效回应或整改，线下账号注册人、实际控制人和MCN机构涉及严重失信行为、社会舆论负面事件、违法失范行为或存在重大诉讼纠纷。

四是政策性因子。账号产生的相关内容，属于政策性因子负面影响方向。

平台应对C类级别账号发出明确警告函，告知其违法违规之处、所在级别与整改告知书。在账号整改期间，账号应暂停直播、短视频和图文等信息发布行为，仅能从事与售后和消费者投诉有关的业务范畴。在进入C类级别之前的直播回放、短视频等图文信息，限制流量并暂时取消评论、弹幕、推荐等功能。

（五）D类

此类账号分为以下几种类别：一是账号主体资质违法违规，或存在虚假注册、虚假认证等严重违法违规情况；二是账号发布内容严重违法，违反《网络安全法》第12条、《网络信息内容生态治理规定》第6条[①]等相关规定；三是账号因线上屡次违规，或线下注册人、实际控制人或相关MCN机构涉及刑事犯罪、重大违法违规和失信失范行为的；四是账号主体在粉丝群管理、评论与弹幕管理、话题创建、连麦、广告业务、流量导流中存在严重违法违规行为，经整改仍未达标的。

（六）E类

此类账号为永久封禁类账号（黑名单），此类账号与D类账号的不同之处在于以下几种情形：一是账号主体资质严重违法违规，经多次整改仍不达标；二是账号发布内容严重违法，造成严重损害后果；三是账号因线上屡次违规，经整改仍不能达到标准，或线下注册人、实际控制人或相关MCN机构涉及刑事犯罪、重大违法违规和失信失范行为的；四是账号相关内容属于政策性因子负面影响方向，被主管部门列入黑名单的；五是账号主体在粉丝群管理、评论与弹幕管理、话题创建、连麦、广告业务、流量导流中存在严重违法违规行为，经屡次整改仍未达标的。

D类和E类账号原则上属于应予以封禁的账号，该类账号相关的作品、直播回放、话题、粉丝群等应予以下架或解散，涉及严重违法失信的账号注册人、实际控制人、MCN机构等应依法报送省级网信部门，防止其“转

---

① 《网络安全法》第12条规定：“国家保护公民、法人和其他组织依法使用网络的权利，促进网络接入普及，提升网络服务水平，为社会提供安全、便利的网络服务，保障网络信息依法有序自由流动。任何个人和组织使用网络应当遵守宪法法律，遵守公共秩序，尊重社会公德，不得危害网络安全，不得利用网络从事危害国家安全、荣誉和利益，煽动颠覆国家政权、推翻社会主义制度，煽动分裂国家、破坏国家统一，宣扬恐怖主义、极端主义，宣扬民族仇恨、民族歧视，传播暴力、淫秽色情信息，编造、传播虚假信息扰乱经济秩序和社会秩序，以及侵害他人名誉、隐私、知识产权和其他合法权益等活动。”《网络信息内容生态治理规定》第6条规定：“网络信息内容生产者不得制作、复制、发布含有下列内容的违法信息：（一）反对宪法所确定的基本原则的；（二）危害国家安全，泄露国家秘密，颠覆国家政权，破坏国家统一的；（三）损害国家荣誉和利益的；（四）歪曲、丑化、亵渎、否定英雄烈士事迹和精神，以侮辱、诽谤或者其他方式侵害英雄烈士的姓名、肖像、名誉、荣誉的；（五）宣扬恐怖主义、极端主义或者煽动实施恐怖活动、极端主义活动的；（六）煽动民族仇恨、民族歧视，破坏民族团结的；（七）破坏国家宗教政策，宣扬邪教和封建迷信的；（八）散布谣言，扰乱经济秩序和社会秩序的；（九）散布淫秽、色情、赌博、暴力、凶杀、恐怖或者教唆犯罪的；（十）侮辱或者诽谤他人，侵害他人名誉、隐私和其他合法权益的；（十一）法律、行政法规禁止的其他内容。”

移阵地”复出。此类账号涉及违法犯罪或涉及重大诉讼纠纷的，账号内的资金应依法予以冻结。

六、主播账号分级中的公示、期限与申诉过程

（一）账号级别的公示

等级公示是账号分级管理的前提，公示的意义在于将主播行为的整体法律与信用评价公之于众，这既能保障合作商家、用户和消费者的知情权，又可以正面激励主播诚信守法经营，还可以避免平台因主播不当行为承担不作为的法律责任。

账号等级的公示应在账号页面醒目位置可见，B 级以下账户开设的直播，平台系统应对进入的用户尽到充分提示义务，提示主播现有等级和进行风险告知。A 级以上账号的直播间，可由主播手动选择是否开启等级告知系统。

（二）账号降级的期限与升级

对于因违规违约导致降级的账号，当违规违约行为整改后，需经过账号注册主体、实际控制人以在线答题、参与线上培训等方式积累分值，以重新回归较高级别档位。在违规违法行为消失后，账号主体在依法依约经营中，每十天增加一个等级分，三个等级分补满后，经过平台答题、培训等方式，可以重新获得账号等级升级效果。

账号在 C 级（包括 C 级在内）都拥有通过整改和答题等方式获取升级的渠道。D 级账号属于严重违法违规，账号主体无法通过继续守法经营和学习答题等方式恢复等级，在账号主体承担法律责任之后，通过账号注册人书面申请，经主管部门和协会批准，在平台或第三方组织的“法律与道德伦理委员会”进行充分评估后，方可从 C 级逐步恢复。E 级账号注册人、实际控制人无法以书面申请的方式重新获得账号等级升级机会，也无法再次注册或使用相关账号服务，平台应依法将此类账号注册身份信息等提交省级网信部门备案，实施信用联合惩戒。

（三）账号等级的申诉过程

账号注册人、实际控制人、MCN机构均可对自身的账号等级提出申诉，平台在接到申诉后7个工作日内向申诉人作出书面答复。申诉人对申诉结果不满的，在接到申诉结果7日内，可以向平台或第三方组织的“法律与道德伦理委员会”提出异议，或依照相关协议提起仲裁或诉讼。

平台在接到申诉后，发现确有认定错误的，应立即对该账户等级予以恢复。平台在接到申诉后，经过形式审核发现没有认定错误的，应在7个工作日内告知申诉人结果，并通知其提出异议的渠道。

平台的所有用户均有权对主播账户等级提出异议。对主播账户等级提出异议的用户，须按照《民法典》规定的通知程序实名向平台提出，应说明理由并提供相应证据。平台在接到用户异议后，应将相关异议材料转给被异议账号，被异议账号在接到平台转通知后，应及时向平台予以说明，平台将被异议人的说明材料转至异议人。平台在综合异议人与被异议人书面材料后，认为级别确有错误的，应及时予以更正，认为没有错误的，应告知异议人结果。

网络主播在分级分类模式下统一的治理思路

一、直播销售行为应属于电子商务性质类别[①]

在直播行业商业模式发展初期，直播服务平台尚处于草创阶段，并没有按照网络经济生态模式组建自身的电商模块。直至直播行业发展到一定阶段后，才开始出现直播引流跳转销售的情形。在此阶段中的直播带货，消费者点击购买商品链接时会发生跳转，即从直播平台跳转到第三方电商平台。从法律性质上看，该阶段的电子商务行为是从直播平台引流到电商平台，所有电商交易均由被引流的电商平台完成。因此，有观点认为，相对于电子商务平台而言，直播引流的性质归纳为广告为宜。这种观点在2021年《网络交易监督管理办法》出台之前属于主流，所以大部分的直播带货监管是比照广告法律性质作出的。

随着网络直播电商的发展，直播平台开始组建自己的电商模块，逐渐形成了从直播引流到点击购买的闭环生态，消费者从观看直播到下单购买，即便出现了链接跳转，但最终发生交易的平台，要么属于直播平台关联企业，要么属于自身搭建的电商平台。可见，从该阶段开始，直播电商的法律性质就由广告转化为电商交易。

正是理论和实践中对直播带货性质的不同认知，直播带货侵害消费者权利的案件在适用法律上才显得比较混乱。其中，典型代表就是2020年的辛选公司直播带货假燕窝事件，当地市场监管部门在处理该案时，既没有适用《广告法》，也没有适用《电子商务法》和《消费者权益保护法》，而是选

---

① 朱巍：《网络直播带货监管难点问题分析》，载《青年记者》2022年第9期。

择性适用了《反不正当竞争法》。《反不正当竞争法》处罚的重点在于企业，毫无疑问，该案适用《反不正当竞争法》能够最大限度地避免直播公司旗下的主播受到更大波及，虽有保护性处罚之嫌，但也是因为彼时缺乏法律具体针对性规定所导致。该事件发生后不久，《网络交易监督管理办法》出台，才最终将直播带货纳入销售责任范畴。也正是因为辛选公司直播带货假燕窝事件处理时适用法律存在的巨大争议，在时隔一年多后，河南省消费者协会依法对辛选公司提起近8000万元人民币赔偿款的民事公益诉讼。

从消费者权益角度看，若将直播带货的性质认定为广告，消费者主张权利将受到《广告法》的限制，除非能够证明其为虚假广告或平台未尽到相关审核义务，否则很难将直播平台与直播营销人员认定为第一责任主体。相反，如果将直播带货行为认定为销售责任，消费者可以依据《电子商务法》《产品质量法》《食品安全法》等相关法律主张权益保护，此时更容易将直播平台和直播营销人员认定为第一责任人，要求其承担责任。尤其是在消费者点击交易链接发生跳转时，一般人很难确定最终跳转交易的平台究竟为哪个，这对消费者权益保护是非常不利的。因此，在《网络交易监督管理办法》制定过程中，特别将网络直播模式中能够提供经营场所、商品浏览、订单生成、在线支付的平台全面纳入电子交易平台范畴，将网红等网络直播营销人员纳入平台内经营者予以管理，从而极大地保护了消费者的合法权益。

然而，《网络交易监督管理办法》属于部门规章，一般可以作为行政执法的依据，可以作为司法判决的参考，但不能作为司法判决直接援引的法律依据。这就导致在一些网络直播带货消费纠纷案件中，“同案不同判”的情况多有出现。2022年出台的《最高人民法院关于审理网络消费纠纷案件适用法律若干问题的规定（一）》彻底解决了这一难题。首先，该司法解释明确直播带货是否承担销售责任，其证明责任在于直播间运营者，而非消费者。其次，直播间运营者若不承担销售者责任，在直播带货前就应向消费者明示实际销售者的身份信息。最后，法院在判定直播带货性质时，应综合考虑“交易外观、直播间运营者与经营者的约定、与经营者的合作模式、交易过程以及消费者认知”等因素。在该司法解释起草论证阶段，曾有观点认为，宜将“观看即购买”的直播带货类型的法律性质全面纳入销售者责任范畴。不过，笔者在调研过程中发现，直播带货是个较大范围的概念，存在很多种具体类别，如果采用“一刀切”的强制性规定，可能不符合行业发展实践。例如，在直播中，直播间营销者采用的PK、连麦等引流销售模式，更符合广告宣传性质。因此，最后该司法解释还是采用分类规制的方式，即按照不同类别，明确不同的责任方式。

二、分级分类治理模式下的直播电商特殊类别责任承担方式

从直播电商实践看，直播带货大致分为以下三种类别：一是通过直播的方式，在自己直播间销售商品或服务，即观看即购买的类别；二是直播间运营者系直播平台自营，或直播间销售的产品和服务系由所在直播平台提供供应链，即自营模式；三是通过直播进行引流、导流或宣传推广，销售行为发生在本直播间之外，即宣传营销模式。

其中，第一类直播带货属于典型的电商模式，直播间运营者按照《网络交易监督管理办法》和相关司法解释，都应承担销售者责任。结合《电子商务法》引申一下，直播间运营者就是平台内经营者，应该承担《电子商务法》《消费者权益保护法》和《产品质量法》等相关法律规定的法律责任。同理，直播平台也要承担包括提供直播间运营者真实身份信息、保存交易信息、特殊产品的法定资质审核、直播回看功能、交易安全等安全保障义务在内的法律责任。

第二类直播带货属于自营业务，其主要特点是责任承担主体由直播间运营者转化成直播营销平台，这无疑对消费者权益保护是极为有利的。必须指出的是，《最高人民法院关于审理网络消费纠纷案件适用法律若干问题的规定（一）》中规定的“开展自营业务销售商品”，应进行广义理解。自营业务，既包括直播营销平台在自营直播间的销售活动，也应包括其他直

播间销售的产品系直播平台提供供应链的产品。

第三类直播带货行为在表征上与销售极其相近，但在本质上应属于商业营销行为。此类营销行为有四大构成要件：一是直播间运营者并不直接销售，消费者购买需要转移到其他直播间；二是直播间运营者与被引流方存在商业合作行为，该商业合作表征包括打赏收入、引流销售分成、坑位费、代言费或连线费用等；三是直播间运营者通过话术、表演等模式，有直接引导消费的行为；四是消费者消费的行为与直播间引导的行为存在因果关系。可见，此类带货营销行为对消费者权益保护的影响巨大，消费者通过对直播间运营者的信任，转而购买其他销售者的商品，应属于流量经济和关注度经济在电商领域的新发展。

对待第三类行为的监管，有以下两种模式。一是按照《互联网广告管理办法》，此类引流属于广告行为，直播间运营者（引流方）应依照《广告法》承担责任，销售者（被引流方）应依照《电子商务法》承担销售责任。二是引流方在明知他人销售的商品和服务存在人身和财产安全问题的情况下，仍为其引流的，应属于《民法典》所规定的“共同侵权”，即直播间运营者应与实际销售者承担连带责任。直播带货监管实践中，对待此类问题的处理，在行政管理层面多采取第一种管理模式，而在司法层面多采取第二种模式。《最高人民法院关于审理网络消费纠纷案件适用法律若干问题的规定（一）》出台后，明确规定了明知他人销售商品和服务存在安全问题，或者有损害消费者合法权益的行为，仍为其引流的，应与销售者承担共同侵权责任。可见，司法解释采纳了第二种模式，将引流方与销售者予以责任连带，更有利于保护消费者合法权益。该司法解释将直播间运营者的引流行为，限定在“知道或应当知道”被引流方销售者存在违法违规情形时，承担共同侵权责任。此时对引流方“知道或应当知道”的理解，应比照《民法典》第1197条关于“知道规则”的适用，具体判断标准，可以参考《最高人民法院关于审理利用信息网络侵害人身权益民事纠纷案件适用法律若干问题的规定》中第6条、第7条的相关规定。必须强调的是，直播引流方对引流销售的审核义务和标准，需结合网络直播间的在线人数、粉丝数量和影响力大小综合判断，即在线人数越多、粉丝数量越大、影响力越大的直播引流活动，对被引流方销售商品或提供服务的审核力度也就越大，法定注意义务也就越高。

三、商业营销责任与分级分类管理实践

直播带货实践中的最大难点，就在于确定营销行为的法律责任承担问题，并体现为以下三个方面。

第一，误导类营销。《网络交易监督管理办法》将误导类营销分为两大类：一是商家对消费者的误导，包括“误导性展示”“好评前置，差评后置”“不显示评价”等方式；二是涉及不正当竞争的误导行为，如造成消费者对产品的认知“混同”“混淆”，或误导消费者对其他经营者的商誉进行损害。其中，前者按照《消费者权益保护法》的规定，应属于侵害消费者知情权的类别，直播间运营者应承担惩罚性赔偿责任；后者按照《反不正当竞争法》以及《民法典》中关于商誉的规定，直播间运营者应承担相应的法律责任。

误导类营销行为产生的结果将直接影响直播账号信用评价体系，除了承担相对应的法律责任，与直播账号级别相对应的流量控制应全流程纳入平台治理体系。同时，对直播账号的信用等级进行公示，也会最大限度地避免误导消费者，保护消费者的知情权。

第二，虚假宣传。《广告法》对虚假宣传作出了明文规定，《网络交易监督管理办法》则进一步明确了直播带货虚假宣传的几种特殊类别，包括虚构交易、编造用户评价、采用谎称现货、虚构预订、虚假抢购、虚构点击量、虚构点赞、打赏等类型。按照该办法的规定，此类违法行为应按照《反不正当竞争法》进行处罚。消费者如果因此受到损害的，也可以按照《消费者权益保护法》《电子商务法》《广告法》等请求赔偿。所以，在虚假宣传违法行为中，行政处罚与民事赔偿是并行的，行政机关已经作出的

处罚决定，不影响消费者的民事赔偿权利。[1]

从分类管理的角度看，直播账号内容的传播涉及内容安全与广告合规两大类别。从垂类管理细分的角度看，涉及商业宣传治理的主要法律依据仍应以广告法律体系为主，除了相关内容涉及危害国家安全、意识形态和政治安全以及群体性事件等严重违法范畴，其他相关处罚依据仍应以广告法律为主，主要监管部门是市场监管部门。

第三，单方承诺。直播带货实践中，直播间运营者为了营造销售气氛，经常出现对消费者进行“超常规”承诺、保证、担保等行为。例如，宣称如果在自己直播间买到假货，将履行“假一赔万”，远超法律规定的“退一赔三”标准。以往司法实践中对此的认定不尽相同，有不少法院认为“超常规”承诺有“戏谑”成分，在赔偿判定中往往不予认可。司法上的宽容导致此类单方承诺变成“一纸空文”。最高人民法院充分考虑到交易安全及消费者权益等突出问题，对此予以特别规定，明确依据直播间运营者向消费者承诺的“赔偿标准高于相关法定赔偿标准”[2]，消费者主张平台内经营者按照承诺赔偿的，人民法院应依法予以支持。这一规定有两层含义：一是商家承诺的赔偿标准如果低于法定赔偿标准的话，应按照法定赔偿标准赔付；二是商家承诺的赔偿标准如果高于法定赔偿标准的话，则应按照商家自己的单方承诺，履行更高的赔付标准。这样的规定，不仅符合诚实信用原则和单方法律行为的认定标准，还能更好地保护消费者的合法权益，督促商家守法经营。

按照分类管理体系，单方承诺的责任性质可以纳入商业承诺，依照《民法典》及相关司法解释可以作出判断。按照分级管理标准，直播账号不履行单方承诺要求的，属于违规行为，可以纳入信用等级评分体系。

---

① 朱巍：《网络直播带货监管难点问题分析》，载《青年记者》2022年第9期。

② 《最高人民法院关于审理网络消费纠纷案件适用法律若干问题的规定（一）》第10条规定：“平台内经营者销售商品或者提供服务损害消费者合法权益，其向消费者承诺的赔偿标准高于相关法定赔偿标准，消费者主张平台内经营者按照承诺赔偿的，人民法院应依法予以支持。”

四、信用监管中MCN机构及关联账号的治理问题

（一）信用监管的必要性

直播带货作为互联网经济新业态，已经成长为我国电子商务市场最大的增长点之一。与此同时，直播带货过程中出现的问题也层出不穷，社会反映强烈，从虚假宣传到知假售假，从刷单刷信到售后缺失，这些违法违规行为背后的诚实信用确实存在很多问题，这也是一直以来影响行业法治化的重要因素。

2021年8月，我国商务部起草的《直播电子商务平台管理与服务规范》行业标准征求意见稿正式向社会公开。该意见稿拟将信用评价体系纳入直播电商监管全流程。实际上，自2016年开始，国家相关部委就已经对直播行业陆续出台了系列法律规范，从内容合规到带货性质认定，从售后维权投诉到制定行业标准，这些规范对维护消费者权益和规范直播电商市场发挥了非常重要的作用。

实践中，尽管很多违法违规行为得到及时有效的处罚，但此类现象仍屡禁不止，个别主播和商家在接受处罚后，要么等“禁播”期限一过就高调复出，要么换个平台或换个账号继续直播带货，要么使用团队其他成员账号照样开播。与违法获利相比，违法成本显得微不足道，互联网的“善忘性”使单一的法律责任很难遏制牟取暴利的违法行为。

该意见稿最大的亮点就是将信用评价体系全面纳入直播电商全流程之中，从直播平台到主播，从禁播黑名单到彻底注销账号，从信用公开到行业协会自律，从执业资格到消费者评价，将信用评价融入直播带货全主体、全过程、全行为和全平台的监管体系。

正如习近平总书记强调的那样，“对突出的诚信缺失问题，既要抓紧建立覆盖全社会的征信系统，又要完善守法诚信褒奖机制和违法失信惩戒机制，使人不敢失信、不能失信”①。该意见稿针对互联网虚拟性特点，明确

---

① 习近平：《习近平主持中共中央政治局第三十七次集体学习》，载新华社网，https：//www.gov.cn/xinwen/2016－12/10/content_5146257.htm，2023年6月7日访问。

将因虚假宣传受到行政处罚未满3年的自然人、法人和其他组织，列为直播行业禁入门槛的情形之一。这就对直播电商行业中普遍存在的夸大宣传和虚假宣传等问题，起到极大的震慑作用，相关管理部门的行政处罚或将成为直播行业从业资格的“红牌”。[①]

信用的公开和共享是诚信联合惩戒机制的基础，失信行为既要让社会大众看得到，也要被各个平台看得到。主播、商家和直播服务机构的信用评价在直播平台加以展示。一方面，消费者的口碑和评价就是直播行业的“门禁卡”，以往主播肆意删除差评和“水军”控评等行为将得到有效制约。另一方面，直播主体在一个平台上因违规被封禁后，将面临全平台、全行业的联合封禁，“打一枪换一个地方”的违反诚信行为将使其成为“过街老鼠”。全系统的信用共享机制，有利于真正做到直播行业“使人不敢失信、不能失信”。

很多知名主播坐拥巨量粉丝，“收割”流量、“割智商税”以及“赚快钱”等德不配位的违法违规行为屡见不鲜，个别直播行业“累犯”仍活跃于直播行业之中。管理部门必须将信用与直播权限相结合，越高的信用度才配得上越多的粉丝量，“黑红也是红”的互联网“反智”评价必须依法喊停。

此外，该意见稿在信用与直播权限、粉丝数量、作品推荐、直播流量、在线监管等方面仍需进一步作出具体规定。在信用监管体系中，直播平台作为核心抓手，既是信用评价的主体，也是提供信用评价的渠道。直播平台在流量推荐和权限设置方面，应结合主播的信用等级，提供与之相适应的监管等级和权限。在技术上，应着重于打击刷单、刷评、控评等行为，在渠道上确保消费者的正当评价权利，在制度上确保消费者评价纳入直播评价系统，在技术上确保信用等级和消费评价公开透明。[②] 监管部门和行业协会只有对直播带货违规行为实行信用和法律双管齐下的“双罚制”，才能

---

① 戴蔚：《直播电商治理的困境和对策研究》，浙江工商大学2022年硕士学位论文。

② 戴蔚：《直播电商治理的困境和对策研究》，浙江工商大学2022年硕士学位论文。

真正做到让败德违法者受到惩治、付出代价，只有将诚信经营置于商业利益之前，才能让互联网经济趋利避害，让社会大众真正享受到互联网带来的红利。

（二）MCN机构分类资质类别

从分类管理实践来看，MCN机构的资质分为三大部分：一是根据国务院出台的《营业性演出管理条例》（中华人民共和国国务院令第732号），对境外机构设置MCN机构作出了明确规定，即境外机构在境内设置MCN机构的，需要进行备案；二是MCN机构入驻平台的规则，每个平台各不相同，一般情况都是比较宽松的资质审核；三是MCN机构的工商登记记载的经营范围。

关于资质突出，有以下三个方面的问题。一是相关行政法规所要求的备案等基本没有落实，完全缺乏入门门槛，整个行业鱼龙混杂，从业者素质普遍较低。二是资本来源不明。投资者与台前展现的实际控制人往往分离，旗下控制的账号、主播和KOL等，涉及粉丝量巨大，是舆情炒作、炮制的源头。三是没有将直播主播的资质纳入管理范围。按照人力资源和社会保障部2020年出台的规定可知，主播已经成为新的职业，需要有一定的入门门槛，但实践中并没有任何限制。①

巨型MCN机构通过打造名气，吸引越来越多的主播加入，再用这些巨量流量在资本市场套现。直播变现中，通常是通过关联公司将所有成本转嫁到MCN机构，MCN机构再通过签约大量主播分担成本和风险。绝大部分MCN机构的资本控制者，大多通过这种模式快速积累资本，再通过资本变成流量，周而复始，直播带货逐渐演化成一场资本游戏。

MCN机构与供应链公司、广告公司、金融服务公司、仓储公司、数据公司、销售公司和生产企业之间大多是关联公司。其中涉及的资本控制关

---

① 《第三批新职业发布——带货主播“转正”了》，载中国政府网，https：//www.gov.cn/xinwen/2020－07/07/content_5524667.htm，2023年6月20日访问。

系比较复杂，而监管层面仍停留在对个体企业的管理，缺乏生态监管视角。值得注意的是，很多舆论场意见领袖级别人物以往都是“单打独斗”，但现在大多被签约到 MCN 机构，成为在舆论场穿统一“制服”的账号。这些信息缺乏公示，更无从管理。笔者认为，将 MCN 机构信用与旗下账号、关联账号信用以及其他关联企业信用予以绑定为宜。

（三）关联账号治理问题

MCN 机构最突出的问题就是旗下账号的治理问题，主要包括以下三个方面。

第一，个别巨型 MCN 机构往往与入驻平台合作，通过经纪合同、工会规则等，违反国家网信办出台的关于账号实名制的规定，将旗下账号管理权、所有权和使用权由入驻平台转移至 MCN 机构自身。这样做的后果就是掌控账号控制权，包括封禁、解封和处罚账号，也就是说，这些本应依法由平台行使的职责权限都转移给 MCN 机构。MCN 机构再通过这些权限，控制、勒索和压榨主播。实践中，多次出现主播因不满 MCN 机构违约违法行为，被 MCN 机构登录账号，然后自行上传违法视频，人为地引起封禁的情况。从这个角度看，平台管理权限被“卖”给了 MCN 机构。

在分类分级管理中，MCN 机构及其旗下账号应统一纳入平台管理体系，建立 MCN 机构与旗下账号之间的关联关系，这种关联关系必须体现在账号分级及其公示制度之中。

第二，MCN 机构旗下账号存在大量非法买卖、租借和有偿使用的情况，已经形成黑灰产业。实践中，对于无注册信息、无实名认证信息、无违规记录的“三无”账号，依据粉丝量、粉丝构成和活跃度，被明码标价，成为 MCN 机构产业的一部分。MCN 机构与旗下主播签署的经纪合同中，都将“账号条款”作为重点，通过民事协议的方式转让账号所有权归属，并逐渐演化成转让账号，非法变更账号主体。实践中，账号注册信息、实名认证信息、主播信息和表演者信息等四方信息都不相符的情况很常见，《网络安全法》账号实名制度被架空。

按照分级标准，账号信息被倒卖或非法处分的情形，应属于严重违规“一票否决”的范畴，有此类行为的账号注册人、实际使用人和相关 MCN 机构应为账号非法违规转让负责。

第三，因多账号非法转换等问题，导致平台对账号封禁、停播等处罚形同虚设，被处罚的主播在 MCN 机构的安排下，明目张胆地更换账号并继续直播。除了国家网信办直接封禁的特殊账号，其余大主播账号违规之后，受到的影响几乎都不是很大。

直播账号分级分类治理的基础，就是要将账号行为与注册人、实际使用人和关联 MCN 机构进行绑定，实践中不应出现允许账号行为与实际控制人“脱钩”的情况。特别是考虑到对账号分级的效果，应将线下主体和相关 MCN 机构以及旗下其他账号进行关联。

第七编

网络市场竞争秩序治理

互联网平台的竞争法适用争议

1993 年《反不正当竞争法》通过之时，我国互联网产业尚未起步，在随后 20 余年的网络勃兴期，互联网新型不正当竞争案件不断涌现，实践中出现的很多法律适用问题倒逼着《反不正当竞争法》的修改。2017 年我国第一次修订《反不正当竞争法》时，在网络竞争领域新设了互联网专条，结合一般性规定，最大限度地涵盖网络竞争案件的各个方面。2019 年修正《反不正当竞争法》后，网络竞争案件得到了更好的规制。长远来看，在新经济背景下，网络竞争案件将成为未来《反不正当竞争法》的重要适用领域。

一、新经济时代的竞争关系与行为认定

互联网产业与其他产业最大的不同之处，就在于产业边界的模糊性。在新经济背景下，互联网企业竞争已经从简单的“垂直”领域，延伸到了“立体”领域。在互联网生态发展中，主体经营范围的上下游业务拓展已经成为构建生态经济的必经之路。此阶段经营主体竞争关系的判断，不能仅依靠二者是否属于同一垂直行业进行判断，广义上的业务交叉或者生态层面的交叉也应该作为衡量竞争主体的重要标准。

经营者竞争关系主体的认定并不是判断构成不正当竞争的唯一标准，更重要的是判断竞争行为是否具有正当性，以及案件原告是否具有合法利益。2017 年《反不正当竞争法》第 2 条引入消费者作为判断竞争合法性的一方，这样的立法是非常有进步意义的。一方面，立法者回应了“3Q 大战”“顺丰菜鸟大战”中将消费者权益作为竞争砝码的乱象，再次在立法中明确任何时候都不能以牺牲消费者利益为手段获取竞争优势的方式。另一方面，消费者的自由选择权和知情权也在《反不正当竞争法》中得到了充

分尊重和保障。例如，在爱奇艺诉UC浏览器不正当竞争案件[①]中，浏览器的小窗播放行为增加了消费者选择机会，提高了浏览效率，在没有损害爱奇艺实质利益的情况下，不属于不正当竞争行为。不过，在其他案件中多次出现的“嵌入式”插件，打着为消费者屏蔽广告的旗号，实质以剪断竞争对手广告获利为手段，削弱对方竞争力，违反了公认的商业惯例，这种情况就属于典型的不正当竞争。

特别需要注意的是，《反不正当竞争法》的核心不是限制竞争，而是鼓励竞争和制止不正当竞争行为。在互联网竞争实践中，《反不正当竞争法》存在被滥用的情况，早期进入市场的经营者在面对新经营者进入市场且双方业务发生碰撞时，更倾向于利用《反不正当竞争法》来制约或干扰对手正当的市场行为。在大众点评网诉爱帮网不正当竞争案件[②]中，爱帮网通过垂直搜索等技术手段，将大众点评网用户评价和商户介绍等信息挪用至自己网站，相关内容符合“实质性替代”原则，这种“搭便车”和“不劳而获”的行为属于《反不正当竞争法》的调整范围。不过，该案背景相对简单，不存在用户行为和新经济形态因素影响。此类案件若在更复杂的竞争背景下，加入知识产权和用户数据权等影响因子的话，法院适用《反不正当竞争法》时就应该格外谨慎。

在微信与华为有关用户数据权之争[③]的事件中，华为能否直接通过手机使用者授权，而不经微信授权，就直接获取用户微信数据？《反不正当竞争法》对此并未作出具体规定。此时，用户数据权的控制力就成为判断华为是否构成不正当竞争的基础，而数据权归属的问题需要《个人信息保护法》来明确。

在奋韩网诉58同城案件[④]中，奋韩网是在韩国知名的综合类网站，用

---

① 安健：《爱奇艺诉UC广告快进等不正当竞争案部分胜诉》，载中国法院网，https：//www.chinacourt.org/article/detail/2015/09/id/1709303.shtml，2023年6月20日访问。

② 北京市第一中级人民法院民事判决书，（2011）一中民终字第7512号。

③ 周源：《华为腾讯数据冲突将成行业常态 个人用户几无存在感》，载网易新闻，https：//www.163.com/news/article/CR62LCF000018AOR.html，2023年6月20日访问。

④ 《58同城抄袭他人网站信息伪装网友发帖：被判侵权赔600万》，载新浪网，https：//tech.sina.com.cn/roll/2019-01-27/doc-ihqfskcp0520892.shtml，2023年6月20日访问。

户在该网站发布租房、找工作等相关信息的目的在于更快促成交易。58 同城网站在进入韩国市场后，作为中国知名综合类网站吸引了大批在韩国生活的中国用户使用，该网站存在一些与奋韩网重合的用户发布信息，因此，奋韩网以著作权侵权和不正当竞争为案由将 58 同城诉至北京市海淀区人民法院。原告以“网民协议”规定用户在该网发布信息的著作权专属于奋韩网为由主张著作权侵权，法院对此主张没有支持，但以被告违反《反不正当竞争法》第 2 条中的诚信原则为依据，判定 58 同城赔偿涉案 175 个帖子，共计超过 600 万元人民币。该案的判决与大众点评网诉爱帮网的判决非常类似，都以“搭便车”“不劳而获”等情形描述被告的行为。[①] 不过，两案的不同之处是显而易见的，北京市海淀区人民法院的这个判决值得商榷，具体如下所述。

第一，判断竞争关系合法性的基础不仅在于《反不正当竞争法》，更在于其他相关法律基础。在奋韩网诉 58 同城案中，网站属于网络服务提供者，不同于爱帮网的内容提供者身份。其中，前者的信息发布主体属于用户，后者的发布主体则属于网站，前者所涉及的技术中立性原则没有在案件判决中得到充分表现，甚至缺乏对侵权法与著作权法中通知删除规则适用的描述。

第二，网站是否获取商业利益应该得到充分认定。爱帮网与大众点评网都是以获取用户关注为手段，引流至商家进行垂直搜索、撮合交易，并从中获取直接商业利益。58 同城与奋韩网则属于综合类网站，并不从用户发布帖子、撮合交易中获取直接商业利益。对此类并不获取商业利益而仅影响市场份额的做法，法律没有作出具体规定。

第三，用户权益需要得到充分的保障。爱帮网与大众点评网中的用户需求是，通过网站搜索和评价以选择更好的服务。奋韩网与 58 同城用户的需求，则是通过发帖行为达到尽快交易或获取相关信息之目的，对于后者

---

① 《58 同城抄袭他人网站信息伪装网友发帖：被判侵权赔 600 万》，载新浪网，https：//tech. sina. com. cn/roll/2019 - 01 - 27/doc - ihqfskcp0520892. shtml，2023 年 6 月 20 日访问。

的用户来说，越多的传播意味着越快的交易速度，符合用户发帖的初衷。但法院的判决仅以被告没有尽到合理避让义务，恶意导致原告市场份额受损为由，否认了58同城进入韩国市场的努力。这是比较机械地参考在先判决的做法，忽略了《反不正当竞争法》的实质是保护消费者权益与促进竞争。

第四，关于“搭便车”与“不劳而获”的理解，不能简单以在先权利或合理避让加以判定。在先权利本来是指商标权中的权利，后来在竞争法判例中逐渐出现，进而被误认为是市场先入者的权利，这种认识是错误的。市场进入有先有后，充分的市场竞争需要更为开放、公平和平等的竞争环境，在《反不正当竞争法》中引入“在先权利”的概念是对市场既得利益者的特殊保护，但不利于市场开放和公平竞争。合理避让原则的实质不是让后进入市场者必须避让在先者的知名度或份额，若是如此，则不会存在市场竞争。因此，笔者认为，合理避让原则的重点在于经营者应避免让用户出现混淆服务者的后果。特别是“搭便车”与“不劳而获”已经成为近年来网络竞争法判决书中的常见词，甚至衍生出“搭便车原则”。该原则起源于经济学领域，指的是行为人未付出成本或以较小成本获取他人已经付出较大成本的行为。《反不正当竞争法》之所以反对“搭便车”，其主要原因在于放纵这种行为，将会对前期投入者不公平，长此以往将不会有人再进行投入。不过，互联网领域中的开放信息资源更类似公共资源，其著作权归属于首发网站的问题已经被很多既判案例所否认，因此，对公共资源的再次利用在没有版权正当性的前提下，是否依旧存在竞争合法性问题，司法实践仍需谨慎对待。

二、新经济背景下竞争法一般条款的适用

《反不正当竞争法》第2条规定①作为一般条款，贯穿我国20余年的竞

① 《反不正当竞争法》第2条规定：“经营者在生产经营活动中，应当遵循自愿、平等、公平、诚信的原则，遵守法律和商业道德。本法所称的不正当竞争行为，是指经营者在生产经营活动中，违反本法规定，扰乱市场竞争秩序，损害其他经营者或者消费者的合法权益的行为。本法所称的经营者，是指从事商品生产、经营或者提供服务（以下所称商品包括服务）的自然人、法人和非法人组织。”

争法司法实践，特别是在网络竞争判例中几乎无处不在。因此，业内很多人将该条款称为“霸王条款”。这种“向一般条款逃逸”的竞争法判例现象的原因很简单，[①] 该法最初的起草时间与互联网发展现状相差较远，司法不得不将新型缺乏明文立法的不正当竞争行为统归到一般条款之中。这样做的好处是避免了无法可依，做到依法判案，但坏处也是显而易见的，即审理和判案太过依靠法官的主观能动判断，当事人往往依靠对具体法院或法官的主观判断作出评估，而非对具体法律适用作出预测，这必然导致司法腐败或判例结果的不一致。

如同侵权法与人格权的一般条款一样，《反不正当竞争法》的一般条款是相对于可类型化条款而言的，若是案件属于具体条款的范围，则不应该单独适用一般条款。2017 年修订《反不正当竞争法》时，更多地采纳了类型化的立法模式，在互联网竞争方面也加入了网络竞争类型化专条。最高人民法院曾在 2009 年民事裁判书中对《反不正当竞争法》一般条款作出了解释，指出该条款适用的条件为：其一，法律对该种竞争行为未作出特别规定；其二，其他经营者的合法权益确实因该竞争行为受到了实际损害；其三，该种竞争行为因确实违反诚实信用原则和公认的商业道德而具有不正当性或者可责性。[②]

现实问题是，对竞争行为的法律规定判断是否仅依靠《反不正当竞争法》？以互联网竞争为例，《反不正当竞争法》仅以专条方式作出的类型化规定太过狭窄，若仅以该规定作为判断标准，在网络技术和新发展理念背景下，将不可避免地再次陷入缺乏具体类型化规定的困境中。在竞争法司法适用中，判决依据不应仅限于竞争法律规定，对竞争行为合法性的判断需要结合诚信原则、商业道德和其他法律规定综合考虑。

---

① 罗非凡：《互联网环境下新型商业诋毁行为及其法律规制》，首都经济贸易大学 2019 硕士学位论文。

② 吴伟光：《电子商务环境中的不正当竞争行为判析——商业伦理道德的目标与标准》，载《中国工商管理研究》2012 年第 2 期。

诚实信用原则、商业道德、竞争法律规定和其他法律规定在适用时应有优先顺序。在竞争法案件中，最先适用的应该是竞争法律类型化具体条文，如在互联网竞争中优先适用《反不正当竞争法》中的互联网专条。第二顺位适用的应该是其他法律规定，竞争行为若存在违反其他法律的情况，《反不正当竞争法》中所要保护的利益就显而易见了。在没有竞争法专门条款且其他法律也没有规定的情况下，第三顺位应考虑商业道德。在判断何为商业道德时，不能将其等同于诚信原则，商业道德的基础是商业惯例，对其判断的依据应是商业公认或定型的规范。若既无法律规定又无商业惯例，法院才能最终依靠诚信原则来作出判断。

例如，2013 年，百度诉奇虎 360 不正当竞争案[①]中，在当时缺乏法律法规明确规定的情况下，法院最后采纳了行业协会制定的《互联网搜索引擎服务自律公约》，并依据该公约作出了商业惯例的认定。若该案发生在当下，法院判决采纳和参考的依据就要发生变化，那些可适用的法律法规以及部门规章，应该优先于商业惯例以被法院参考。在互联网竞争法律领域，即便各部委出台的部门规章层面的文件无法被写入判决，但完全不影响这些规章或红头文件可以作为法院的参考。

必须注意的是，互联网竞争司法实践中适用一般条款的前提应该是确实无法可依的情况，对于其他法律确有规定的，法院不宜片面单独适用一般条款作出判决。在奋韩网诉 58 同城案中，从形式上看涉案的 175 条帖子均由用户在被告网站发布，按照民事法律体系现有规定，只有在原告依法履行通知删除规则，或者有证据证明被告符合“知道规则”时，被告网站行为才具有可责性。该案中，法院在对原告著作权不认可的基础上，以保护原告在先权利为由，要求被告提交确由用户上传信息的后台数据，这种跳过著作权与民事现有规则的判决值得商榷。

在类似奋韩网诉 58 同城的案件中，法院能否按照自己的想法构建业内

① 周群：《百度诉 360 不正当竞争案判决详解》，载财新网，https：//china. caixin. com/2013 - 04 - 28/100522277. html，2023 年 6 月 20 日访问。

尚未存在的商业规范，这一点在《反不正当竞争法》中也没有具体明确。奋韩网与58同城均属于综合类服务网站，集合租房、招聘、咨询、生活等方面信息，网站帖子均由网民自行发布，网站并不抽取交易佣金。这种开放类信息平台网站的最大特点就是信息的即时性，发帖用户需要尽早完成交易服务，浏览用户希望尽早找到所需信息。此类综合类网站的性质与其他媒体类平台不同，所载信息属于开放类信息，时效较短，用户都希望最大限度地传播散布。在行业尚未形成成熟的商业惯例的情况下，法院依据一般条款作出的裁判应该非常谨慎，否则将会导致行业市场竞争秩序的混乱。

在百度诉奇虎Robots协议不正当竞争案①中，法院曾针对Robots协议纠纷处理实践缺乏商业惯例的情况，在判决中提出"协商—通知规则"的解决措施，该规则已经成为业内普遍认可的制度之一。"协商—通知规则"值得称赞之处就在于，法院充分考虑到在行业规范缺失的情况下，应该强调企业之间的协商，将诉讼置于解决途径的最末端。这样做的好处就是避免司法过于强势以阻碍互联网技术进步，相比之下，谦逊的司法态度是保障社会整体利益的重要方面。同理，在奋韩网与58同城的纠纷中，法院的判决很可能成为此类行业纠纷的重要参考，但过于强调保护在先权利以及合理避让，不考虑用户需求和网站性质的强硬判决并不利于相关产业的发展和进步。

三、互联网竞争专条的法律价值判断

《反不正当竞争法》第12条②将互联网不正当竞争予以具体类型化，从

---

① 北京市高级人民法院民事判决书，（2017）京民终487号。

② 《反不正当竞争法》第12条规定："经营者利用网络从事生产经营活动，应当遵守本法的各项规定。经营者不得利用技术手段，通过影响用户选择或者其他方式，实施下列妨碍、破坏其他经营者合法提供的网络产品或者服务正常运行的行为：（一）未经其他经营者同意，在其合法提供的网络产品或者服务中，插入链接、强制进行目标跳转；（二）误导、欺骗、强迫用户修改、关闭、卸载其他经营者合法提供的网络产品或者服务；（三）恶意对其他经营者合法提供的网络产品或者服务实施不兼容；（四）其他妨碍、破坏其他经营者合法提供的网络产品或者服务正常运行的行为。"

非法跳转、误导用户、恶意不兼容等多个方面进行了明确规定。这一互联网专条最早确立于2017年，是立法对前些年涉网竞争判例和其他部门立法的总结，将会覆盖大部分网络竞争行为。

很多观点对互联网专条提出批评，认为该条类型化不够，没有跟上技术发展的脚步，可能会导致该条最后的兜底条款成为新的互联网竞争法"一般条款"。其实，这是对立法目的的误读，笔者认为，恰恰是比较简单的规定才能真正保障我国互联网产业的迅速发展，这需要从整体法律价值方面进行判断。

第一，竞争法的核心价值是促进竞争。我国互联网行业的激烈竞争程度远超世界其他国家，这才造就了我们最近20余年互联网产业的崛起。竞争法的核心价值判断是通过惩罚不正当竞争行为来促进竞争，落脚点在于增强市场竞争性。《反不正当竞争法》中的互联网专条是对前些年已经发生且得到司法实践普遍认可的不正当竞争案例类型的总结。而对于一些还存在争议的行为，或者尚未得到广泛认可定论的行为，出于保护互联网产业发展以及避免过强的立法阻碍技术进步的考虑，立法仍旧保持谦逊，有待未来有步骤地进行修正。

第二，互联网技术创新与市场行为是竞争法需要保证的核心。从20世纪美国索尼案中确立的"实质性非侵权用途规则"开启了司法保护技术中立性的开端，到互联网通知删除规则与红旗规则写入立法，再到我国《反不正当竞争法》两次修法工作，都是为了平衡技术进步与市场秩序之间的关系。从现有互联网竞争案件看，其大多与新技术、新产业进入老市场有关。一方面，司法需要灵活把握市场竞争秩序，平衡新旧市场进入者的矛盾冲突；另一方面，司法要坚持开放、自由市场的基本理念，在适用合理避让、在先权利原则时需要额外谨慎，避免判决的强硬性造成对产业发展的非理性伤害。

第三，保护用户权益是竞争法的重要法律价值。用户权益源于消费者权益保护法体系是《反不正当竞争法》的重要立法理由之一，包括用户知情权、选择权、公平交易和人格尊严等基本权益。互联网实践中，根据网站提供服务的不同，用户权益保护的理念也不尽相同。著作权法律保护体系下，保护著作权和遏制盗版的实质就是鼓励创新，让用户有机会获取更多产品。商业引流平台下的用户权益，就是保护用户知情权和自由选择权，避免平台之间的“搭便车”行为，让诚信经营的网站能够获取更多的商业回报。在用户信息发布领域，就是要增加用户交易机会。因此，《反不正当竞争法》在互联网各个产业中保护市场秩序的侧重点也不尽相同。在奋韩网诉58同城案中，若是允许用户原发网站享有独占权，对用户来说，无异于被限制了信息传播权，亦等同于以著作权或竞争法限制用户交易机会。一旦如此，竞争法判例反倒成为阻碍市场竞争的障碍，这就离竞争法所追求的法律价值越来越远了。

互联网排他性交易的规制

一、排他性交易的概念界定

对“二选一”行为较为准确的描述是“限定交易相对人只能与其进行交易或者只能与其指定的经营者进行交易”①。有学者为防止将其与《反垄断法》（2022 年修正）第 22 条②使用的“限定交易”一词混淆，因此采用“排他性交易”这一用语。③

在产业经济学理论中有“排他性交易”这一用语，但排他性交易模型一般假定发生在上下游企业之间，即假定处于下游的买家基于合同约定向处于上游的卖家承诺只购入和销售该上游卖家的产品，而不销售竞争对手的产品。有学者指出，将排他性交易模型中的上游卖方理解为网络营销服务的提供者（平台电商），将下游买方理解为网络营销服务的购买者（商家店铺），则符合该模型结构。④

---

① 熊文聪：《电商平台“二选一”的法律问题辨析——以反垄断法为视角》，载《中国应用法学》2020 年第 2 期。

② 《反垄断法》第 22 条规定：“禁止具有市场支配地位的经营者从事下列滥用市场支配地位的行为：（一）以不公平的高价销售商品或者以不公平的低价购买商品；（二）没有正当理由，以低于成本的价格销售商品；（三）没有正当理由，拒绝与交易相对人进行交易；（四）没有正当理由，限定交易相对人只能与其进行交易或者只能与其指定的经营者进行交易；（五）没有正当理由搭售商品，或者在交易时附加其他不合理的交易条件；（六）没有正当理由，对条件相同的交易相对人在交易价格等交易条件上实行差别待遇；（七）国务院反垄断执法机构认定的其他滥用市场支配地位的行为。具有市场支配地位的经营者不得利用数据和算法、技术以及平台规则等从事前款规定的滥用市场支配地位的行为。本法所称市场支配地位，是指经营者在相关市场内具有能够控制商品价格、数量或者其他交易条件，或者能够阻碍、影响其他经营者进入相关市场能力的市场地位。”

③ 许光耀：《互联网产业中排他性交易行为的反垄断法分析方法》，载《中国应用法学》2020 年第 2 期。

④ 同注①。

二、规制排他性交易行为的必要性

数字经济背景下，排他性交易行为本身并不违法，但如果行为人通过使用这种手段严重损害竞争对手实现最低规模经济的能力，或者阻止新企业进入市场，就会在很大程度上妨碍市场竞争。[①] 在此意义上，《反垄断法》规制排他性交易行为，主要有以下四个理由。

（一）侵害其他平台的利益

电商平台的“二选一”一般由经济体量和技术条件占优势地位的平台实施，由于电商平台的数量极其有限，在多个平台都有归属的商户会无奈地放弃小平台销售商品的机会。有学者指出，互联网平台明显存在网络外部效应，即平台一边聚集的商户数量越多，另一边聚集的消费者或买方的数量也越多，平台的价值就越大。相反，平台一边的商户数量越少，另一边消费者的数量也越少，平台的价值就越小。网络外部效应会影响平台两边的规模经济，一方面，如果平台 A 实施的“二选一”行为减少了平台 B 的商户数量，不仅会削弱平台 B 获得交易机会的能力，而且会提高平台 B 的边际成本，平台 A 由此受益。另一方面，平台 B 的消费者同样也存在规模经济，即消费者数量的减少同样会提高平台 B 的边际成本，削弱平台 B 的竞争力。这说明，如果平台之间的规模严重不对称，占优势地位的平台通过“二选一”可以获得更多的交易机会，这种“二选一”就意味着本来可以多归属的商户只能与其进行交易，由此就容易把小平台排挤出市场。退一步来说，即使经济实力比较弱的平台仍然留在市场上，但因为强势平台的“二选一”会大大提高弱势平台提供服务的边际成本，也会导致两者之间的竞争力差距越来越大。[②]

（二）侵害平台内经营者的利益

一般来说，平台内经营者不会心甘情愿地接受“二选一”的要求，理

① 王晓晔：《论电商平台“二选一”行为的法律规制》，载《现代法学》2020 年第 3 期。

② 同注①。

由如下所述。其一，即使各个平台经营者都认为自己的中介平台最好，但商户一般还是希望通过多个平台的交易获得更多的交易机会。其二，在多个平台销售产品可以降低在一个平台销售产品的风险。例如，当一个平台出现网络中断或因管理不善出现网络故障时，使用多平台交易的商户可以继续维持其营业活动。其三，商户和平台经营者之间既是合作关系，也是合同关系。在双方出现合同纠纷导致平台经营者拒绝提供服务的情况下，如果平台商户还有其他平台可以销售产品，就不会因为一家平台拒绝服务而失去与客户继续交易的机会。为了防范风险和扩大交易机会，互联网平台商户一般会尽可能连接多个平台开展经营活动，企业通过多平台开展经营活动的现象，也被称为“平台多归属”或者“多栖”。①

“平台多归属”对商户还有一个明显好处，即商户一旦和一个平台建立了交易关系，就有信心为进入另一个平台讨价还价。也就是说，在商户有条件进入多平台开展经营活动的条件下，因为平台之间有竞争，商户进入平台的成本会比较低，进入的条件会比较公平。相反，如果商户进入平台没有可选择性，即使从短期来看，其支付的费用可能比较低，或者可以得到某些奖励，但从长远看，考虑到企业都有趋利动机，独家平台设置的交易条件与竞争性平台相比会不公平，商户向平台支付的费用会上涨。②

（三）损害电商平台终端消费者的利益

应当考虑的是，如果商户可以在多个平台开展经营活动，平台的多归属可以激发平台之间的竞争。这种竞争不仅可以降低商户使用平台的成本，提升平台服务质量，提高平台经营者创新的动力，而且无疑会增加消费者选择产品和平台的机会，提高消费者的社会福利。

（四）损害互联网市场公平竞争环境及社会利益

作为社会公共利益的重要组成部分及现代竞争法彰显的价值目标，公

① 王晓晔：《论电商平台“二选一”行为的法律规制》，载《现代法学》2020年第3期。

② 同注①。

平竞争秩序在现代社会具有举足轻重的地位，应由具有公私法交融性的竞争法来维护，而这正是民商法等私法规范力所不逮的“空白地带”。无论是从滥用行为违反商业道德性，还是从该行为与互联网中传统不正当竞争行为相比所具有的负面效果，甚或从该行为进一步滑向市场支配地位及其滥用并造成更严重危害的潜在可能性来看，互联网中滥用相对优势地位行为对我国互联网市场中的公平竞争秩序及在其基础上构建的公平竞争环境均具有较严重的破坏性，迫切需要政府适度干预，而对于此问题，私法规范无法有效调整。因此，从维护我国互联网市场公平竞争秩序视角来看，确有必要通过现代竞争法规范和相关行业监管法之间协调配合，对该行为施以有效的法律规制，从而为我国互联网产业营造出一个公平有序的竞争环境。①

除公平和秩序外，技术创新与经济效率等也是我国互联网领域竞争中不容小觑的重要价值追求。互联网中的优势主体滥用相对优势地位的行为，不仅会在一定程度上阻碍竞争，妨碍该领域的技术创新，还会降低该领域中资源配置与利用等的经济效率，显著提高交易成本，降低分配效率。这对我国社会整体福利提升与经济健康发展而言，均是明显不利的，因此也需要公权力的适度介入，通过必要的法律规制尽量消除互联网相关领域中可能阻碍技术进步和经济效率的反竞争因素，以充分保障我国社会与经济的健康持久发展。②

三、排他性交易的法律适用问题

（一）排他性交易在《反不正当竞争法》中的适用

传统不正当竞争行为一般都是直接侵权行为，如窃取商业秘密、诋毁竞争对手、假冒商标，即行为人是通过不正当手段攫取他人的竞争优势，

---

① 曹阳：《互联网领域滥用相对优势地位行为的法律规制》，载《法学论坛》2019年第3期。

② 同注①。

从而直接损害其他经营者的合法权益。虽然电商平台的排他性交易行为明显损害了其他平台的利益，但其表现方式是限定平台商户只能与其进行交易，不能与其他平台进行交易，即间接提高了其他平台的交易成本，减少了它们的交易机会，这在本质上是一种排除、限制竞争的行为。与《反垄断法》相比，电商平台排他性交易行为适用《反不正当竞争法》的门槛比较低，不需要认定企业的市场支配地位，但是根据该法第12条，涉及互联网的不正当竞争行为是通过“技术手段”影响用户的选择，执法机关需要对相关“技术手段”进行调查取证。① 有论者对第12条的“技术手段”一词进行严格限制，认为“技术手段”主要是指强制卸载、系统蓝屏、死机故障等恶意诱导、欺骗、强迫用户卸载或者关闭其他合法软件等情形，但是现实中电商平台的排他性交易行为主要通过强行关店、提高用尽、降低排名、缩小配送范围等方式实施，不符合该规定的要求，不应当适用该规定予以规制。②

（二）排他性交易在《反垄断法》中的适用

严重限制竞争的电商平台排他性交易行为，可以通过适用《反垄断法》予以规制。根据《反垄断法》第18条③有关纵向垄断协议的规定，前两项列举的价格类纵向垄断协议显然难以广泛用于规制排他性交易行为，因此只能依据该条第3项规定的“国务院反垄断执法机构认定的其他垄断协议”。值得注意的是，执法机构在法无明文规定的情况下，对该条款的适用会非常拘谨，并且该规定似乎排除了司法机关认定的权限，在实践中难以发挥应有的作用。④

① 王晓晔：《论电商平台“二选一”行为的法律规制》，载《现代法学》2020年第3期。

② 伍富坤：《竞争法法域下平台“二选一”的困境与应对》，载《北京化工大学学报（社会科学版）》2019年第4期。

③ 《反垄断法》第18条规定：“禁止经营者与交易相对人达成下列垄断协议：（一）固定向第三人转售商品的价格；（二）限定向第三人转售商品的最低价格；（三）国务院反垄断执法机构认定的其他垄断协议。对前款第一项和第二项规定的协议，经营者能够证明其不具有排除、限制竞争效果的，不予禁止。经营者能够证明其在相关市场的市场份额低于国务院反垄断执法机构规定的标准，并符合国务院反垄断执法机构规定的其他条件的，不予禁止。”

④ 张广亚、周围：《规制“二选一”行为的反垄断法适用》，载《中国应用法学》2020年第2期。

根据《反垄断法》第22条的规定，若认定电商平台排他性交易行为是滥用市场支配地位，则其前提条件是要认定平台经营者占市场支配地位，而这就需要界定相关市场。

竞争法学界有一种新观点，即数字经济作为推动全球经济增长的新动能，因为具有跨界竞争、网络效应、平台竞争等特点，适用于传统经济的反垄断分析在互联网行业无法予以适用，反垄断执法机构需要调整执法工具和思路，处理好竞争执法与保护创新之间的关系。然而，大部分竞争法学者仍认为，反垄断法在数字经济领域仍具有可适用性，因为任何经济领域都需要反对垄断和保护竞争。①

互联网领域相关市场的界定十分复杂，需要面临双边市场、市场边界模糊、平台经济等理论难题。有学者指出，相关市场界定本身只是手段而非目的，相关市场界定受到主观因素影响，并不是说必然存在一个客观的相关市场等着我们去发现，我们只能基于已有材料和证据，界定一个相对客观的相关市场。②

（三）排他性交易在《电子商务法》中的适用

《电子商务法》第22条规定："电子商务经营者因其技术优势、用户数量、对相关行业的控制能力以及其他经营者对该电子商务经营者在交易上的依赖程度等因素而具有市场支配地位的，不得滥用市场支配地位，排除、限制竞争。"《电子商务法》并未为第22条规定提供相应的罚则，应当认为该规定为转致条款，应当适用《反垄断法》的相关规定。

适用该条款与适用《反垄断法》第22条一样，需要界定相关市场，认定行为人占市场支配地位，进而证明其存在滥用行为，即适用该条款的举证责任与适用《反垄断法》第22条一样很沉重。同时，该条款没有就违法

---

① 王晓晔：《论电商平台"二选一"行为的法律规制》，载《现代法学》2020年第3期。

② 焦海涛：《电商平台"二选一"的法律适用与分析方法》，载《中国应用法学》2020年第1期。

行为规定任何法律责任，仍需要适用《反垄断法》的相关规定。[①] 值得注意的是，我国《电子商务法》第22条规定仍具有一定的实质意义，根据该规定，界定电子商务经营者的相关市场，应当将技术优势、用户数量（其实是数据）和依赖关系等作为市场支配地位认定的重要判断标准。

《电子商务法》第35条规定："电子商务平台经营者不得利用服务协议、交易规则以及技术等手段，对平台内经营者在平台内的交易、交易价格以及与其他经营者的交易等进行不合理限制或者附加不合理条件，或者向平台内经营者收取不合理费用。"该规定也可适用于电商平台的排他性交易行为，但该条款存在明显缺陷。一方面，其规定的"不合理限制""不合理条件""不合理费用"均缺乏明确的解释，即它们只是表明立法者对这些"不合理"持反对态度，在实务中可操作性不够。另一方面，考虑到平台商户大多数是中小企业，它们对平台有很强的依赖性，因为害怕失去交易机会，一般不敢把平台经营者的不公平交易行为诉诸法律程序。在这种情况下，我们迄今尚未看到该条款适用于电商平台排他性交易或者其他不公平交易行为的案例。[②]

四、排他性交易的行政处罚与司法实践分析

（一）签订协议限制与其他平台合作——美团网不正当竞争案[③]

美团网是浙江省金华地区市场占有量最大的网络食品经营平台，其利用优势地位，以"合作承诺书"的方式，要求入网经营者签订协议，约定入网商户只与其独家经营，将享有服务费价格优惠，收费标准为2%。如商户违反约定，同时与其他"经营相同或近似业务的服务平台"也开展合作经营，当事人则将收费标准调高至6%。同时，当事人以不提供美团外卖服

① 王晓晔：《论电商平台"二选一"行为的法律规制》，载《现代法学》2020年第3期。

② 同注①。

③ 《浙江2017"红盾网剑"十大案例发布》，载中国质量质检协会官网，http：//www.chinatt315.org.cn/315/2017-8/28/23485.aspx，2020年7月23日访问。

务、不签协议等方式迫使商家签署外卖服务合同中选择“只与美团外卖进行外卖在线平台合作”这一补充约定。[①] 2016年下半年，当事人为推广线上业务，在知道自己的签约商户同时与“饿了么”“百度外卖”等同类在线外卖平台合作后，强制关停商户在美团外卖上的网店，停止美团外卖商家客户端账户使用，迫使商户关闭其他外卖平台上的网店后才能允许商户重新登入美团外卖平台。[②]

当事人利用自身优势，阻碍、胁迫他人与竞争对手发生正常交易的行为，属于不正当竞争行为。浙江省金华市市场监督管理局根据《浙江省反不正当竞争条例》，对美团网限制竞争等违法行为作出处罚，合计罚没52.6万元人民币。

（二）技术手段限制交易——饿了么外卖服务站利用技术等手段限制交易案[③]

2019年5月5日，安徽省天长市市场监督管理局依法对天长市饿了么外卖服务站进行检查。经查，自2018年上半年始，天长市饿了么外卖服务站通过降低服务费、降低配送费等方式，要求商家只能选择饿了么一个平台进行网络销售，已经在饿了么平台上线的商家不能同时选择其他平台。[④] 对于已在其他平台上线的商家，饿了么外卖服务站则要求其必须关闭其他平台，方可上线饿了么平台。对已在饿了么平台上线且同时在其他平台上线的部分商家，饿了么外卖服务站则采取技术手段缩小在线配送范围、提高服务费、提高配送价、提高起送价等方式，要求商家必须选择饿了么平台。对个别不配合的商家，饿了么外卖服务站在无充分事实认定的情况下，

---

① 李迩：《媒体谈美团被罚：期待明晰标准 对垄断企业一罚到底》，载新浪网，http://finance.sina.com.cn/review/jcgc/2017-08-30/doc-ifykiurx2891707.shtml，2023年6月20日访问。

② 徐毓蔚、高铭、赵紫荆：《你想知道的外卖问题在这里》，载《四川法治报》2019年7月5日。

③ 《2019年以来全省市场监管部门执法打假十大典型案例》，载安徽省市场监督管理局执法稽查处官网，http://amr.ah.gov.cn/public/5248926/117116892.html，2020年7月22日访问。

④ 《互诉不正当竞争 两大外卖巨头双双被罚》，载北京商报网，https://www.bbtnews.com.cn/2021/0914/412080.shtml，2023年6月20日访问。

以商家不符合食品安全管理规定为由，擅自将商家强制下线。

当事人利用技术等手段限制交易的行为，扰乱了市场竞争秩序，违反了《反不正当竞争法》的有关规定，天长市市场监督管理局依法责令当事人停止违法行为，并罚款10万元人民币。[①]

由上可知，平台主要通过技术手段，使用后台管理软件修改后台数据，使同时上线其他平台的商家配送范围缩小、配送费用提高、起送价格提高，使其在该平台的接单量减少，从而迫使其退出其他平台，对于仍不配合的商家，平台甚至使用将商家强制下线的方式，严重扰乱了市场秩序。

① 李颖：《市场监管总局公布“百日行动”执法典型案例》，载《中国质量万里行》2019年第6期。

网络刷单炒信处罚典型案例类型

刷单炒信行为大多发生于各大电商平台，是电商交易过程中出现的新型违法行为，具体来说，可以拆分为“刷单”和“炒信”两个过程。刷单行为着重进行销售量造假，通过虚假销售的方式提升特定网络销售者或特定商品的销售量，营造出销量高的假象，而消费者在购买商品时，往往会在同类商品之间比较，并且倾向于选择高销量的店家，因此通过刷单能够起到促进交易活动产生的作用，从而实现获利。炒信行为是指通过对特定的网络销售者、服务者的信用、商誉以及商品、服务的信誉进行炒作，提高其知名度和信誉度，进而进行更有效的交易活动，获取更大的商业利益。[①] 实践中，二者往往紧密结合，同时出现。

通过梳理针对刷单炒信行为的行政处罚案件可以发现，实践中此类违法行为的形式多种多样，大致可以分为以下五类。

一、商家刷单——北京经典视美商贸公司虚假销售案[②]

2017 年 5 月 26 日，当事人在京东平台开设名为“靓图旗舰店”的网店，主要销售广告机、触摸一体机等商品。为增加网店中销售商品的销售状况和用户评价，当事人从 2018 年 7 月 1 日开始在网络上找人刷单虚假销售商品，至 2019 年 3 月 7 日结束，共计刷单 2700 单，虚假销售 2700 件商品，增加了 2700 个用户评价。其中，42 寸立式广告机共计刷单 1205 单，虚假销售 1205 件，实际销售只有 67 件；21. 5 寸壁挂广告机共计刷单 635

① 杨立新、吴烨、杜泽夏：《网络交易信用欺诈行为及法律规制方法》，载《河南财经政法大学学报》2016 年第 1 期。

② 北京市昌平区市场监督管理局行政处罚决定书，京昌市监工罚〔2019〕621 号。

单，虚假销售635件，实际销售只有27件；32寸触摸一体机共计刷单860单，虚假销售860件，实际销售只有59件。

北京市昌平区市场监督管理局认为，当事人的行为违反了《反不正当竞争法》第8条第1款之规定，依据该法第20条第1款之规定，责令当事人停止违法行为，罚款20万元人民币。

商家自行刷单是最原始和最基础的刷单炒信方式，即商家自行雇用“刷手”为其商铺进行刷单，或通过邀请老顾客按要求填写收货信息进行虚假销售。此种方式所需技术含量较低，操作方式简单，违法成本较低，违法现象普遍。

二、平台刷单——苏州安知鱼电子商务有限公司组织虚假交易案①

2019年7月26日，江苏省苏州市吴中区市场监督管理局收到一份来自全国12315互联网平台的举报单，反映苏州安知鱼电子商务有限公司涉嫌帮助其他电子商务经营者进行刷单炒信。经查，当事人为一家电子商务公司，主要通过与电商平台内的经营者签订运营合同，帮助客户运营推广网络店铺。为帮助其运营的店铺提高排名和曝光率，于2018年9月起在运营过程中组织刷单炒信，从而提升店铺的访客流量，吸引消费者购买商品。具体步骤为：当事人根据客户的资金预算制定刷单方案，通过网络寻找“刷手”，结合“刷手”报价的佣金数额形成刷单计划表，将表格同时发给客户和“刷手”，并组织客户与“刷手”联络，由客户将用于刷单的资金（包含佣金）转账给“刷手”（部分客户将资金转账给当事人，由当事人代为转账给“刷手”），“刷手”根据刷单计划表在客户的网店下单，客户进行虚假发货，再由刷手确认收货，从而完成虚假交易。订单完成后，“刷手”从客户处赚取一定的佣金，其余资金回到客户的账户中，当事人不赚取佣金。当事人自2018年9月起至案发，组织刷单炒信的网络店铺共82家，均为淘

① 江苏省苏州市吴中区市场监督管理局行政处罚决定书，吴市监案字〔2019〕G011349号。

宝（天猫）平台的店铺。案发时，当事人仅保存了 2019 年 8 月的刷单计划表和部分用于刷单的转账记录。通过调取与之对应的订单记录，经统计，其中 17 家店铺涉及虚假订单的交易金额合计 138 393 元人民币，佣金为 1940 元人民币，而其余 65 家店铺涉及虚假订单的交易金额及佣金已无法统计。

江苏省苏州市吴中区市场监督管理局认为，当事人的行为违反了《反不正当竞争法》第 8 条第 2 款之规定，构成组织虚假交易帮助其他经营者进行虚假宣传的行为，依据《反不正当竞争法》第 20 条第 1 款之规定，决定责令当事人停止违法行为，罚款 20 万元人民币。

平台刷单是刷单炒信行为中最常见的一种方式，即建立刷单平台，组织联系需要刷单的卖家和可以进行刷单的“刷手”，卖家在平台发布刷单任务，“刷手”在平台领取刷单任务，刷单平台从中抽成，实现获利。部分刷单平台甚至可以根据卖家的需求制定刷单方案，根据“刷手”的报价制作刷单计划表，进行“定制化服务”，属于典型的不正当竞争行为。

三、空包交易——速推精灵空包网刷单案[①]

2017 年 2 月 16 日，浙江省杭州市西湖区市场监督管理局执法人员对杭州某网络技术有限公司进行日常检查时，发现该公司运营名为速推精灵的空包网站。经查，当事人在其网络平台速推精灵空包网上利用空包物流的方式进行虚假交易，为商家提升商业信誉。当事人分别以 1.95 元/单、2.7 元/单、1.7 元/单的价格，购买天天快递、圆通快递、全峰快递空包物流单号，又分别以 2.1 元/单、3.05 元/单、2.05 元/单的代理价售卖空包物流单号。自 2016 年 3 月至 2017 年 2 月，当事人运营的速推精灵空包网络平台注册商家 2286 家、注册“刷手”1947 个，发布空包物流任务 106 万单，涉及空包物流金额 229 万元人民币，刷流量涉及金额 343 万元人民币。西湖区市场监

① 《浙江 2017“红盾网剑”十大案例发布》，载中国质量质检协会官网，http：//www.chinatt315.org.cn/315/2017－8/28/23485.aspx，2020 年 7 月 23 日访问。

督管理局认为，当事人虚构交易为他人提升商业信誉的行为，违反了2014年出台的《网络交易管理办法》（已失效）第19条第4项的规定。根据《网络交易管理办法》第53条和《反不正当竞争法》第24条的规定，该局对当事人作出行政处罚，处以罚款10.8万元人民币。

空包交易是指通过空包物流的方式进行虚假交易，此种违法方式需要与邮政快递领域相配合，通过低价买入各大快递空包物流单号并用较高价卖出的方式，赚取差价以实现获益。从刷单的过程来看，空包交易往往发生在刷单平台分配刷单任务之后，是“刷手”完成虚假交易的重要环节。

四、拍A发B——杭州美名科技有限公司“免费试用”“拍A发B”刷单炒信案[①]

浙江省杭州市余杭区市场监督管理局收到举报称，名为“美丽啪”的网站存在帮助电商刷单的行为。经查，当事人开发了“美丽啪”平台，2017年10月该平台以商品免费试用名义上线运营，对外宣传通过免费试用可以帮助电商提高店铺信誉，以此吸引商家和用户使用该平台。在商品试用过程中，当事人通过设置试用条件、流程等方式，引导用户前往商家店铺购买试用商品，下单后商家发货给用户另一商品（多数为低价值的赠品），即“拍A发B”的交易模式。交易完成后，商家通过“美丽啪”平台将购买试用商品的货款返还给用户。截至2018年7月10日被查处，共有3495家电商通过“美丽啪”平台进行商品试用42 107次，其中虚假交易式的商品试用17 453次，在第三方交易平台产生虚假交易记录63万条。当事人通过“美丽啪”平台共收取商家会员费、服务费等费用17 965 907.73元人民币，获利8 036 863.09元人民币。

余杭区市场监督管理局认为，当事人开发运营“美丽啪”平台，帮助提高店铺信誉，吸引商家使用该平台，同时指导、协助、审核商家的虚假

---

① 《市场监管部门2018年查处不正当竞争行为典型案例》，载中国政府网，https://www.gov.cn/zhengce/zhengceku/2018-12/31/content_5459681.htm，2023年6月7日访问。

交易式的商品试用行为，属于《反不正当竞争法》第8条第2款的组织虚假交易的行为。根据《反不正当竞争法》第20条第1款之规定，该局责令当事人停止上述违法行为，并处罚款150万元人民币。

“拍A发B”是一种更为隐蔽的刷单炒信行为，在这类刷单平台中，不再需要专门雇用“刷手”进行刷单操作，而是通过广告宣传的方式，吸引用户主动使用该平台，平台通过各种方式引导用户前往商铺购买试用产品，卖家在发货时发出低价值产品，随后在刷单平台向用户返还货款。此类刷单炒信行为在形式上与合法销售行为更加类似，因此增加了行政部门监督检查的难度。

五、自建服务器——金华JS网络科技有限公司组织虚假交易案[①]

经查，当事人通过组织虚假交易等方式，为入驻拼多多、苏宁易购等第三方交易平台的商家提升网店信誉，增加商品销量记录。当事人自建服务器，使用PO工作室刷单平台系统，将通过网络采购或购买手机号码自行注册两种方式取得的购物平台上的买家账号导入系统，使用网店商家提供的资金（先行支付或当事人垫付），通过计算机模拟手机客户端操作的方式虚假下单采购商品，并使用网络采购的空包物流单号或商家自行联系的物流发送空包裹，欺骗第三方交易平台取得交易记录，从而实现刷单炒信流程。由于PO工作室刷单平台系统仅存有2017年12月28日至2018年3月21日（案发日）的刷单数据，执法人员通过导出后统计，共有刷单记录18.9万条。当事人涉及的刷单商品金额为2015.8119万元人民币，涉及空包物流的金额为12.03万元人民币，获取佣金209.5万元人民币。与此同时，当事人擅自删除用于经营电脑内的所有电子数据，销毁证据，导致其他数据无法核实提取。

浙江省金华市市场监督管理局对当事人下达处罚决定书，认为当事人

① 《市场监管部门2018年查处不正当竞争行为典型案例》，载中国政府网，https://www.gov.cn/zhengce/zhengceku/2018-12/31/content_5459681.htm，2023年6月7日访问。

采取不法手段，帮助其他经营者提升网店信誉、增加产品销量获取佣金的行为，违反了《反不正当竞争法》第8条第2款的规定，构成组织虚假交易行为。由于当事人组织虚假交易的金额及刷单交易笔数特别巨大，该局根据《反不正当竞争法》第20条第1款之规定，责令当事人停止违法行为，并处罚款200万元人民币。

相对于普通刷单平台，自建服务器是一种高技术手段的刷单炒信方式，此类刷单系统通过计算机模拟手机客户端操作的方式进行虚假下单，代替了传统雇用“刷手”下单的方式，刷单速度更快、成本更低，短期内便可形成数额巨大的虚假交易行为。同时，此种刷单炒信行为更难被监督检查所发现，增加了犯罪证据提取的难度。

反垄断与消费者权益保护的关系

2020年12月召开的中央经济工作会议强调，未来重点任务之一是“强化反垄断和防止资本无序扩张”。[①] 未来将重点完善平台垄断认定、数据搜集使用管理、消费者权益保护等方面的法律规范。从平台经济角度看，只有做到强化反垄断、遏制不正当竞争、规范数据搜集使用管理，才能从根本上保障网络消费者的合法权益。

首先，消费者是垄断行为的最终受害者。垄断行为的目的之一就是攫取垄断利益，在消除市场竞争对手的基础上，消费者只能被动接受单一平台或多平台的协同价格。表面上看，平台经营者以更低的价格，用市场杠杆的方式获得了更多用户，但这种看似双赢的局面背后是资本的较量，消费者只是资本角逐过程中的棋子。消费者以便宜价格获得的商品或服务，补贴源自资本，一旦竞争对手被击溃，或者达成价格协议，那么之前的资本补贴就会以几何倍数反噬消费者。

当然，红包等补贴方式并非都被划作垄断行为，在合理期限内，以“拉新”“推广”为目的的“烧钱”仍属法律允许的范围。法律所排斥的，仅是利用低于成本的补贴价格以排挤竞争对手的行为。法律排斥的原因，除避免未来垄断价格外，还在于强调获取市场份额的理由应是可持续的价格与消费者的口碑，而非资本的力量。

其次，大数据杀熟、“二选一”等问题侵害的是消费者合法权益。从经济学角度看，大数据杀熟属于价格歧视。并非所有的价格差异都属于侵权

---

① 《强化反垄断和防止资本无序扩张》，载搜狐网，https：//www. sohu. com/a/439168151_120914498，2023年6月20日访问。

范围，如对“素人”消费者的价格优惠要高于“熟客”，这可以算作推广的费用。不过，一旦平台具有相当垄断地位，在消费者缺乏必要“比价”能力且缺少议价权和选择权时，大数据杀熟很可能被具有垄断份额的平台作为日常经营手段。“千人千面”的精准营销，转化成“千人千价”的销售模式，消费者既无法选择，也无法辨别，更无市场竞争调节，最终就会变成待宰羔羊。

“二选一”的问题实际上是平台经营者与平台内经营者商业协议的问题，之所以要上升到从消费者权益角度分析，其核心原因在于具有垄断地位的平台可能会影响到市场优胜劣汰的基本机能。从市场价格和供给情况看，商家获取更多客户的前提是提供更便宜的价格和更优质的服务。在平台经济领域内，消费者并非直接面对商家，中间还多了一个平台。如果平台强制商家进行“二选一”，就会导致对于那些“听话”的商家，平台会安排更多的交易机会，反之，“不听话”的商家即便价格再低、服务更好，也会被平台通过算法、AI 等手段，使其无法被消费者发现。如果这种情形广泛存在，最后占据市场的商品和服务，可能并不是真正价格低、口碑好的，而最终受害的还是消费者。

从实践角度看，“二选一”也不能“一刀切”地认定，独家经营协议本来就在各个领域都广泛存在，平台为特定商家给予支持，要求商业回报也符合商业逻辑。所以，“二选一”的问题就变得复杂化了。对此，一方面，应明确平台对那些不合作的商家利用大数据、算法、推荐等进行屏蔽的做法属于违法行为；另一方面，也要明确平台对那些合作的商家给予支持的做法属于商业自治。总的来说，这两种做法都不得以侵害消费者权益作为代价。

最后，平台必须尊重消费者的意愿。数据经济的基础源自消费者本身，算法经济的对象更是消费者自身，人工智能服务者也是消费者。消费者既是网络红利的最终获益者，也是技术进步的主要推动者。当然，消费者有权选择使用哪些应用、平台、产品或服务，也有权同时选择或拒绝使用。

在垄断经济背景下，滥用垄断地位的平台实施屏蔽手段，使消费者的自由选择权利受到极大的损害。特别是在共享经济、意愿经济背景下，消费者有权自我决定、自我选择和自我控制平台的兼容性、数据的流动性，以及信息如何呈现。从商业逻辑角度看，数据、流量客观上确实成为资本市场的重要基础，也是企业竞争力的合法展现，但私域流量在公域展现时，或公域流量跨平台展现时，相关平台是存在商业“篱笆”权力的。不过，消费者权利不能因此受到贬损，更不能成为平台竞争的“工具人”。

若要达到平衡平台权力与消费者权利之间的关系，未来《反垄断法》与《反不正当竞争法》需要下很大功夫，既要保障平台合法竞争力，确保流量产权与数据产权，同时也要明确以消费者权利为上。市场的问题最终还要靠市场解决，平台之间兼容问题的判断，在很大程度上还是要取决于平台垄断性质的判断。

互联网品牌屏蔽的竞争秩序问题

一、流量经济时代维护竞争秩序的必要性

必须强调，互联网经济发展的核心不在于各类商业应用，而在于技术创新。从经济学角度看，最有可能制约创新的情形就是市场垄断，如扼杀性并购、“二选一”、数据渠道垄断等。

当下，互联网经济发展进入下半场阶段，几乎所有的技术创新以及创新变现渠道，都有可能成为后续竞争者必须通过的“阀门”。渠道封杀，并非仅存在于体量相当的平台竞争者之间，更存在于较小体量市场主体与很大体量的巨型平台之间。垄断带来渠道的封锁，导致新进入市场者在商业变现与应用方面有所萎缩，经过进一步演化，这种渠道封锁实质上变成了资本控制渠道，而渠道影响创新。

以短视频平台网红经济为例。一个新入门的主播，要在短时间内获取关注的方式有两个：一是内容为王，即靠内容本身获得社会关注；二是购买流量，即从其他网红私域流量中，通过刷礼物等金钱购买的方式获取流量，或者直接向平台购买流量。其中，前者看似以算法、数据为评价核心，好的作品就能获取流量，但实践中，算法又将点赞、评论、转发、完播率等诸多因素确定为评价的主要标准，而这些标准通常是由已经获得巨大流量的大 V 网红所掌握和控制（通过粉丝群体完成）。后者则以新晋主播直接购买流量的方式为主，抑或从大 V 网红那里购买粉丝的关注。

上述这种生态体系已经形成，其危害效果体现为以下三点。其一，粉丝数量达到一定量级之后的网红，基本没有新的作品，也不需要发布新作品，他们只要通过经营 MCN 机构，或者分流给其他购买流量者，即可完成

商业变现。这种模式变现渠道过于简单，从长期看，好作品也就不会出现。其二，新主播只有通过购买流量，或通过签约获取大 V 网红及 MCN 机构的流量，才有可能达到人气主播。这种生态模式下，大 V 网红因有大量粉丝，控制着流量，因此控制着整个生态圈。其三，渠道为王背景下，通过创新作品获取关注度和粉丝变现速度相对较慢。若是有了流量，就可以通过售卖流量的方式获取利益，那么也就很少有人再去创作好的作品。

以上这个例子充分说明，完全靠互联网生态自由竞争，只会导致野蛮生长，先入场获取渠道和流量的平台，成为后入场者的流量“收割机”。渠道变现的现实可能导致占有垄断地位的平台，不仅忽略创新，还会通过遏制流量或选择性分割流量，达到打击其他竞争者或潜在竞争对手的效果，进而反过来遏制竞争。

不管是从竞争带来的效率，还是从竞争与创新之间的关系，抑或是从开放自由市场要素等角度看，反垄断与规制不正当竞争行为，都是构建市场经济特别是互联网经济的必经之路。

二、市场支配地位与反垄断法适用问题

对于腾讯微信等社交端而言，针对其基础设施性质及垄断地位的争论，一直就没停过。争论的主要观点主要有三大类：一是腾讯构建的应用成本巨大，获取利益或者选择市场优势地位符合市场经营逻辑；二是腾讯系应用已上升成为国民级应用，承担着类似全民信息传播基础设施的功能，不应有平台内外之别，必须对所有参与平台统一开放；三是平台的开放选择权应建立在法律、公共利益和商业伦理基础上，而非建立在商业利益基础上。

如果按照现行《反垄断法》的规定，判断一个平台是否具有垄断地位，还需要结合相关市场比例来看。相关市场属于复杂市场，线上经济在比较相关市场时，线上线下都会纳入考量范围。例如，微信的相关市场界定，除线上通信应用外，移动、联通，甚至包括邮箱、固定电话等，都能被纳入参考领域。若如此，几乎没有一个线上平台能够被反垄断法律所惩戒。

2021年2月出台的《国务院反垄断委员会关于平台经济领域的反垄断指南》（国反垄发〔2021〕1号）中，针对此类情形，作出了特别解释，即在结合其他因素的情况下，可以将平台界定为一个相对独立的市场。按照该指南的规定，如果出现协议类垄断行为，可以无须明确界定相关市场地位。特别是针对“红包补贴”“品牌屏蔽封锁”“二选一”等问题，相关市场证明问题可以由平台自身进行举证。从这个角度看，即便是平台经济中的多边市场、复杂市场与线上线下市场的多重结合，在判断“品牌屏蔽”“二选一”及数据垄断等问题时，举证责任倒置或者线上相对独立市场的认定都是可以充分适用的情况。

国民化应用基础设施的认定，不是一个法律问题，而更像是一个经济学问题。几乎每个平台追求的商业终极目标都是占有更大的市场份额，从这个角度看，我们不能因为一个平台通过自身努力获得更大的市场份额，而对其体量或竞争结果进行批判。但是，《反垄断法》或《反不正当竞争法》中核心反对的因素并不是单纯的体量问题，而是反对滥用这种体量，即滥用市场支配地位。

腾讯等相关企业的市值越大，说明竞争力越高，这一点本身并不应受到非议。不过，如果通过滥用市场支配地位遏制其他竞争者或潜在竞争者的话，这种市场体量反过来则会成为不正当竞争行为的“背书”或帮凶。

三、“品牌屏蔽”与用户权益问题

平台竞争中，用户权益保护的问题是重中之重。所有的网络应用，都根植于用户的移动端或PC端，本质上都是用户所使用的工具。在平台竞争过程中，用户身份性质发生了变化，即从目的转化成了手段。

存在渠道生态的情况下，几乎所有的应用都是依靠现有渠道获取。市场竞争的基本规律是，越是服务好、效率高、价格低的产品，越应受到市场青睐。但在渠道存在垄断的背景下，用户的选择权受到了严峻挑战。一方面，只有垄断渠道平台允许或支持的应用、服务、产品，才有可能被发现。这个范围，既有可能包括“二选一”问题，也有可能包括“品牌屏蔽”的问题，更有可能存在网络舆论场控制权的问题。另一方面，用户对特定产品、服务、应用的选择权，受到互联网生态发展的影响。例如，在某平台购买的商品，只能使用某家快递，其他快递哪怕服务更好，哪怕消费者选择，但也会因为平台的一票否决而不能使用。

从这个角度讲，平台之间的竞争会辐射到平台内经营者，乃至整个生态之间的竞争。巨型平台之间的竞争，早已不是两个平台非此即彼的问题，而是扩展到整个互联网生态的选边站队问题，扩展到大多数用户作为消费者所享有的知情权、选择权和公平交易的权益，并涉及市场优胜劣汰基本规则能否继续有效的问题。

用户对产品、应用和服务的选择权，从法律角度看，应属于用户本身。实践中，受平台数据安全、竞争关系、合作关系等制约，用户的选择权演变成平台的渠道权。这个问题，在互联网舆论场中同样也会出现。用户选择的信息渠道，往往决定信息内容的类别，甚至决定了信息发布的倾向。例如，在A平台如果发布了涉及B平台的内容，这样的内容往往通过算法、AI等相关手段，使相关内容无法展现或受到限流。而受到流量限制的A平台用户，就会主动迎合平台的需求，发布相关信息以获取平台的最大流量支持。如此一来，舆论场的形成、引导和左右，都成为平台流量控制的抓手。

四、技术优势与网络安全问题

信息网络安全问题看似与平台市场竞争和垄断没有直接关系，但其实不然，至少有以下三层关系应得到必要重视。

第一，不能忽视超级大平台对国家安全与社会稳定的影响力。信息与渠道的关系是前者受制于后者。信息与算法的关系，其核心仍在于平台的价值观与影响力。看似公众选择信息，但其实是信息选择个体，算法配合大数据的影响力，决定着哪些信息可以上热搜，可以进流量池。这些信息的选择方面，哪怕出现细微变化，都会产生蝴蝶效应，在短期、中期和长期产生不可预估的后果。超级大平台的时代已经到来，当传统媒体和权威信息源都成为渠道下的产物时，信息的拣选与分发就存在巨大隐性区域。暗影下的信息流蓬勃发展，特别是以谣言、不实信息传播为代表的自媒体乱象，与流量为王、算法优先的实践不无关系。即便越来越多的法律法规将算法、内容分发纳入法律管理范围，也无法涉及算法本身的价值观与安全性问题。

第二，多平台竞争有利于互联网平台治理工作。平台治理是个综合的过程，既包括他律，也包括自律；既包括事中、事后的管理，也包括事前的管理工作；既包括制度上的规制，也包括技术上的规制。其中，只有多平台势均力敌，自律和行业组织才可能发挥效果；只有平台存在激烈竞争，平台相互监督以及用户的权益保护才会有出路。当政府在面对单一的、巨大的、依靠技术优势且几乎控制所有渠道的超级平台时，常态化监管和舆情监管的力度就会大打折扣。

第三，平台垄断可能导致数据垄断与霸权。近年来，数据垄断问题常常被谈起。这个问题的严重程度至今尚未得到国家有关部门应有的重视。一个平台可以获得用户所有数据、产业所有数据、国家的数据端口和社会的数据信息。在大数据时代，这些信息都是相互链接的，并体现为线上线下链接，彼与此链接，物理与虚拟的链接。通过人工智能的学习和算法的应用，数据已经成为新时代网联一切的核心要素，每个用户、每个事件、每个行为都在数据掌控范围之内。超级大平台，并非简单的单一平台，它其实是一个生态集合体，关联所有的核心就是数据。当单一平台获得数据钥匙之时，数据霸权也就随即产生。

有观点认为，平台服务的不相对开放，可能有利于避免数据霸权的产生。笔者认为，这是错误的观点。因为数据不相对开放，在市场竞争初期基本没有问题，但若在相对垄断巨头出现的时期，这可能导致其他潜在生态可替代者或竞争者的消灭。我国互联网产业中的增量时代已经过去，存量竞争时代已经到来。一旦错过发展期，任何资本都会随之而去，一旦生态被固化，数据霸权就会随之产生。从这个角度讲，平台的开放与市场自由密切相关，更与创新密切相关，还与网络信息安全与治理密切相关。

第八编

网络版权的新问题

网络生态引发的版权保护新趋势[1]

一、版权与竞争法律体系的竞合

传统意义上的版权法基础在于对权利人的人身和财产权益进行保护。进入全媒体时代后，版权问题开始从个体权利问题集中转向市场竞争秩序问题，并集中体现为以下三个方面。其一，O2O 平台生态崛起后，平台用户发布的广告信息、评价信息、个人信息、商品和服务信息等数据演变为平台核心竞争力的重要内容。其二，社交平台的人脉信息、用户信息、行为信息、位置信息等数据成为开放平台的核心商业信息。其三，社交媒体、自媒体等网络经济发展偏向于互联网生态竞争，用户的作品和评价成为平台引流商业流量的重要入口。

全媒体背景下的互联网生态竞争，实际上就是产生于用户数据的版权竞争。作品、点评、人脉关系、行为偏好等数据源自用户自动或基于服务产生，这些具有独创性、可识别性和可固定化的数据信息成为新时代版权的核心价值。互联网生态下的版权保护，之所以从个体权利保护上升到竞争秩序保护层面，其主要原因有以下三点：一是这些数据产权的创作技术基础源自平台提供的技术服务；二是按照平台与用户签订的“网民协议”的约定，账号所有权归属于平台，平台能够取得维权的合理法律基础；三是互联网生态体系中，作品数据化趋势明显，大数据等技术的广泛应用使平台能够更容易地将用户作品、数据转化为商业使用。

从法律实践角度看，著作权相关垂直法律规定存在逐渐向反不正当竞

① 朱巍：《互联网生态下的版权新问题》，载《青年记者》2019 年第 16 期。

争法转化的倾向，特别是向我国《反不正当竞争法》第2条“逃逸”的趋势比较明显。司法实践中的大量网络著作权案例，偏爱通过竞争法解决纠纷的根本原因在于竞争法的保护力度更强，往往能够通过一起案例的判决影响整个平台的竞争关系和市场秩序。相比之下，著作权维权成本较高，违法成本过低，判决效果难以突破个案，这对于同类案件的网络竞争秩序而言，难以“一案定乾坤”。不过，著作权法与竞争法之间属于特殊法与一般法的关系，权利人选择著作权法作为事实判定基础，但选择竞争法作为请求权基础的做法，尽管实施效果还算好，但在法律适用领域容易造成混乱。尤其是在互联网技术领域，这种适用法律基础的变化，往往让著作权侵权行为定性变得太过复杂，新出现的商业模式难以应对竞争法的评价标准。值得一提的是，司法实践中著作权维权的竞争法化，让更多的请求权基础向《反不正当竞争法》第2条“逃逸”，这在客观上造成各地法院对诚信的理解范围和判决标准的偏差很大。

著作权法调整的目的在于权利人的人身和财产权利，竞争法调整的目的更在于商业模式和市场行为，这二者之间的关系类似个案正义与市场行为正义。鉴于互联网产业发展趋势，数权化的版权与平台竞争力之间的关系越来越紧密，如何处理好用户与平台、平台与平台之间的权利平衡关系，仍需要著作权在后续修法中更多地加入竞争法元素，避免权利人在权利请求权基础选择时出现两难局面。

二、人工智能的版权认定问题

按照著作权法律体系理论，作品是否具有独创性以及能否以某种载体固定、复制和传播，就成为作品能否受法律保护的关键所在。人工智能作品的创作分为三个阶段，具体如下所述。

第一，人工智能通过程序，按照开发者或操作者的指令，通过事先编程完成作品。此种阶段的人工智能对于作品的贡献度较小，属于创作者利用互联网技术工具在版权领域的延伸。作品本身当然具有版权属性，但著作权人仍属于人工智能开发者或操作者本身。按照人工智能的类别看，此类智能级别属于弱人工智能类别。

第二，人工智能通过算法程序，以大数据深度学习为基础，创造性地开发运用算法，让独创性从操作者主导演变成人工智能本身主导。此类别中，典型代表如微软开发的人工智能系统“小冰”，曾结集出版了其“创作”的诗集《阳光失去了玻璃窗》。

这个阶段中，人工智能的创作程序系开发者创造，创作开启也由开发者和操作者完成，但其完成作品的基础并非限于人类作者工具的延伸，而是基于大数据深度学习后，算法复杂演变创作的作品。此类作品最具争议性质的是作者归属问题，如果按照独创性标准看，基于大数据学习产生的独创性内容并非由系统开发者完成，作者应归属于人工智能。但根据现有著作权法以及其他相关的民事法律规定，人工智能并非民事权利主体，其所有权问题类似民事行为的权利义务，承担主体仍应为民法中的主体，即自然人、法人或其他组织。从这个角度看，即便是具有相当独创性的人工智能作品，其版权仍属于传统著作权法权利主体范围。

第三，人工智能脱离开发者意愿甚至独立于算法之外所产生的作品。此类人工智能的阶段非常类似强人工智能时代，超越程序、算法和大数据的人工智能会拥有“类人格”属性，甚至会出现作品创作中不可缺少的情感。值得注意的是，此阶段的人工智能情感并非弱人工智能时代对人类情感的模仿，而是原发性情感。就目前科技进步的程度看，虽然强人工智能时代尚未到来，但在能够预见到的未来，这种强人工智能的出现只是时间问题。强人工智能的出现，可能会终结很多人类职业，其法律主体、责任和权利义务关系，或者其伦理责任以及版权归属问题，都将对未来法学提出重要挑战。

从实践看，目前人工智能作品中，除了有合法作品，还存在大量通过洗稿产生的非法作品。洗稿并非互联网时代的新名词，只不过网络技术让洗稿变得程序化和普遍化。基于作品独创性判断标准，“实质性相似”一直是司法实践中对洗稿非法作品的判断标准。然而，“实质性相似”作为著作权合法性标准，在网络技术发展过程中，开始被人工智能所颠覆。以往洗稿过程中，往往通过对数篇文章采用“移花接木”“修辞修改”“语句调整”“段落拼接”等方式作出，洗稿作品很难通过“学术不端查重系统”，难登大雅之堂。在人工智能被运用到洗稿流程后，洗稿源往往从数篇文章变为全网相似文章的大数据整合，“拼接”等方式被人工智能技术所替代，洗稿流程从简单的人工模仿，发展到人工智能搜索、整合、编撰、分类和整理。操作者对源自全网相似文章大数据进行人工智能洗稿整合出来的新作品，往往只需要添加一个引人注目的新标题，一篇炮制文章基本都可以通过“学术不端查重系统”。因此，司法实践和新闻伦理对洗稿标准的判断标准也不断提升，“实质性相似”只能作为判断标准的其中一个环节。此外，抽象过滤、整体观感、作品时间、发表者信用等多维度标准开始进入反洗稿判断标准体系。

三、网络版权与大数据抓取

全媒体时代下，用户发布的音视频、图片、语音、文字等作品的展现方式或商业使用模式发生了巨大变化，从邻接权、传播权发展到大数据合理使用范围，从作品本身发展到作品产生的行为数据、地理位置信息、用户个人信息等范围，从作品版权领域发展到大数据采集、处理、处分和商业化使用阶段。例如，PC端时代，社交用户发布的一条线下火锅店的点评作品中，配图的文字点评作品具有独创性，版权归属于平台和用户本身。到了移动端时代，平台对这条火锅店点评的合理使用或信息采集范围远远超过了作品本身，包括地理位置信息的概念模式、用户个人信息、消费记录、信用评价、偏好数据等，都将伴随用户发布的作品进入全媒体商业使用范围。平台既可以将这条点评作品推荐成热门以向这家火锅店引流，也可以将用户行为数据进行大数据分析后发送商业精准营销广告，还可以通过开放应用程序接口（API）进行开放平台数据共享。这样一来，传统著作权法所保护的权利人的人身和财产权利，就将被竞争法、数据保护法和合同法接管。

全媒体时代对作品（特别是产生于移动端社交媒体的作品）的商业化合理使用，远远超过了传统著作权法的涵盖范围。我国《著作权法》第10条所规定的人身权和财产权是基于工业时代的标准，早已不能适应全媒体时代大数据的判断标准。首先，作品传播商业效果在于引流效应，传播模式从单纯的作品点击演变为位置共享、消费评价、行为数据等数据传播。其次，用户原创内容、专业生产内容（PGC）中，作者财产权从传统的版权付费发展为广告收益、阅读量获利、引流分成等新模式，此类模式中财产权的保护已经融入了大数据系统。再次，作品传播内容增加了大量个人信息，属于隐私权保护范围。目前我国已经出台了统一的《个人信息保护法》，同时民事法律和刑事法律中也都将位置信息、行为数据、消费信息等作为用户的核心隐私加以保护。全媒体时代下，作品传播内容超过了作品本身，连带的相关数据属于用户核心隐私范围，平台需要对此事先明示并征求用户即作者同意，在保障用户知情权和自由选择权的基础上，才能保障作品传播的合法性。最后，作者的人身权利在社交媒体传播中应进行扩张。作者对自己作品的控制权不仅在于发表权、保护作品完整权、修改权、署名权等传统权利范围，还应扩张到对发表平台开放API时的事先知情权和事后拒绝权。司法实践中，开放API时，用户对自身数据控制权的典型案例是新浪微博诉脉脉非法抓取用户信息案，该案中法院将用户的“二次同意权”，即用户对原平台的授权以及用户对开放平台的第二次授权，作为衡量用户权益是否得到有效尊重的标准。“二次同意权”应扩张到用户对自己作品的自我决定权之上，未经作者同意或事后没有追认的，用户作品及相关数据不得被平台用作开放平台数据。

全媒体时代下，对于著作权人的保护，不能仅通过《著作权法》等垂直法律体系，还要通过隐私法、数据安全和合同法律等其他部门法律体系来予以综合保护。未来我国《著作权法》基于大数据时代的修法，至少要对合理使用范围、著作权中的人身权类型、著作权人对数据的控制权和自我决定权、被遗忘权、保护作品完整权、开放API作品权利使用范围、精准营销的边界等方面进行重新调整规范。

著作权法修改后的网络版权保护[①]

2020 年，《著作权法》颁布实施 30 周年之际，再次迎来“大修”，距离上次修法过去已整整 10 年。本次修法有三个目的：一是适应网络技术的发展；二是总结归纳既有判例经验；三是与新的法律体系相适应。具体而言，本次修法在网络版权保护方面，主要有以下六大亮点。

一、增加视听作品

很多学者认为，视听作品是将原法“类电影作品”更名的结果，理由是新法新增的规定代替了原法规定。[②] 其实，视听作品的出现绝不仅仅是对旧法名称的替换，其背后有着更为复杂的原因。

第一，网络短视频的普及。短视频有没有版权的问题，早已在 2010 年《著作权法》中予以解决，但短视频版权的属性又比较复杂，既包括背景音乐作品，也包括表演者权利和拍摄者权利，甚至还包括传播平台通过“网民协议”获取的权益问题。如果法律仍将短视频纳入“类电影作品”予以保护，可能诸如“剧本”版权、平台权益分成、表演者权利等问题就产生了混乱。

第二，网络直播的普及。直播与短视频不同，一般来说，最初的直播并没有“回看”功能，基本不会存在重复使用的可能，也就不存在太大的著作权法律研究价值。不过，随着直播功能的迭代，特别是国家主管部门逐步出台涉及营销类直播的规定，并要求其应具有回看功能，尤其在手机

① 朱巍：《著作权法修法的亮点及意义》，载《青年记者》2020 年第 34 期。

② 为更好地说明 2020 年《著作权法》与之前版本的《著作权法》的关系，本文用“新法”代指现行 2020 年修正后的《著作权法》，并称之前的版本为“旧法”。——编者注

等移动端增加了录屏功能后，网络直播就成为视听作品的重要组成部分。新法将直播纳入视听作品的好处，除了能够保障直播者合法权益和保护作品人身权，其重要之处还在于调整直播平台之间、主播与平台之间的利益平衡问题。

第三，新型视听类别不断涌现。很多学者曾建议，新法应以列举的方式穷尽作品类别，这样做确实更有利于保障权利人的合法权益。不过，类型化列举的方式相对于日新月异的互联网技术迭代而言，容易出现挂一漏万的情况，诸如音乐喷泉、烟火表演、游戏直播、网络汇编作品等很难全部穷尽。因此，视听作为对作品表现形式的高度概括，在现阶段以“视听作品”归类，利大于弊。当然，日后发展出现了超过视听类别的作品时，也需要新的特殊类别来予以规制。在新法模式下，又出现了一个兜底性条款，即“符合作品特征的其他智力成果”，这样的规定是比较务实的做法。

二、合理使用的重新界定

在传统著作权法律体系中，合理使用已经被归纳得比较详细了，但在网络短视频等新业态出现后，仍有很多“擦边球”情况的出现，导致合理使用可能被滥用。最典型的就是“五分钟看完”某个作品、“三分钟带你看完”某部电影等，这些作品的特点都是将电影精华部分以节选的方式进行展现。

从法律角度讲，对作品的介绍和评价本来就会不可避免地引用他人作品，如果法律将评论、介绍他人作品的权利都进行限制的话，不仅会损害言论自由，还可能对文艺评论、作品传播以及作品创作产生不利影响。不过，目前存在的最大问题在于，介绍者、评论者的目的不在于评论本身，而在于对作品的不当使用，即通过打着合理使用的幌子，掩盖侵权目的。

新法在界定“合理使用”之前，新增加了三个必要限制：一是应保护权利人人身权益，必须标明作者名称等；二是明确不得影响作品正常使用；三是明确不得损害著作权人合法权益。在新法正式实施后，诸如“几分钟看完一个电影”的短视频就要面临侵权被诉的风险，因为其主要目的在于非法展示，而不在于文艺评论或简单推荐。至于赛事解说，特别是电竞类比赛的直播解说等，很早就被纳入竞争法与著作权法的适用范围，并不在合理使用范围之内。

三、惩罚性赔偿

新法将著作权侵权赔偿额度作了大幅度调整，法定赔偿上限提至500万元人民币，下限规定为500元人民币。这种强调惩罚性赔偿的立法，对于我国长期以来以“救济性”“补偿性”为基本原则的立法宗旨而言，确实调整力度比较大。这样的规定并非仅源自著作权法体系，《民法典》侵权责任编中特别对知识产权侵权类别增加了“惩罚性赔偿”的规定，具体赔偿标准和情形，则由著作权法律来落实。在具体惩罚性赔偿适用方面，主要分为以下四个层次。

第一，对于一般侵权行为，仍强调按照“违法所得—实际损失—权利使用费”这三个层次进行。这三个层次是有顺位关系的，能够证明违法所得的，以违法所得论处。如果不能证明的，那就要从权利人的实际损失入手，当然这里的损害包括维权费用。如果仍不能确定的话，就可以参照权利使用费的一般标准来判断。可见，在一般侵权中，仍是以救济性权利为基本原则的。

第二，对于故意侵权行为，情节严重的，处罚标准就发生了变化，可以引入惩罚性赔偿。新法对此的赔偿标准为“一到五倍”，如果横向比较看，这个惩罚性赔偿标准介于《消费者权益保护法》和《食品安全法》之间，比较适应我国国情。

第三，法定赔偿数额。如果无法从损害多少、获利多少和使用费进行判断，那么可以根据新法确定具体的法定赔偿范围，即500元到500万元的赔偿范围。从我国先前所有立法例来看，尚未有超过《著作权法》规定的一万倍，跨度如此之大的赔偿，一方面是要解决维权难、成本高、收益低的情况，另一方面也明确了立法上调整知识产权的决心，只有加大赔偿力度，才能让侵权者得不偿失，增加维权积极性，最终让著作权创作百花齐放。

第四，维权成本纳入赔偿体系。自2014年《最高人民法院关于审理利用信息网络侵害人身权益民事纠纷案件适用法律若干问题的规定》对律师维权费用开始予以支持，一直到新法出台，最近几年对维权费用的支持成为新的立法方向。新法规定的维权费用，限定于制止侵权的合理支出，与最高人民法院司法解释中明确规定律师费用计算在维权费用之中不同。这样的规定，在法律适用中可能会出现法院理解的不同，但至少在维权成本降低上进行了一定的尝试。

四、赔偿举证责任

尽管新法将惩罚性赔偿作了明文规定，但如前文所述，仍以救济性和补偿性为主。赔偿的核心问题，仍是举证问题。按照诉讼法基本规则，“谁主张，谁举证”，只有在法律明确规定举证责任倒置，或者有其他明确规定类型时，举证责任才倒置。司法实践中，也存在一方举证，形成优势证据并产生证据链效果时，法官按照高度盖然性标准，结合法官心证，也会出现举证责任倒置的情况。

在著作权侵权方面，一般证明的举证责任是按照原告举证原则进行的，在赔偿证据方面，新法规定在权利人已经完成了必要举证责任后，无法获得侵权人“账本、资料”时，法院可以责令侵权人予以提供。新法这里讲的是法官“可以”，而非应当，可见著作权赔偿领域的举证责任倒置，仍在很大程度上需依靠法官自由裁量。

如果侵权人拒不举证或者提供虚假证据的话，法院就“可以”参考权利人提供的证据和相关主张来确定赔偿数额。这里确定证据的赔偿与法定赔偿之间到底是什么关系，在权利人选择请求权基础时，就显得非常重要。因为法定赔偿的范围跨度太大（一万倍），法院确定赔偿额度极有可能超过损失，也有可能低于损失，权利人也就面临选择提高诉讼成本去证明损害或对方获利，还是选择减少成本，依靠法院自由裁量。从立法条文设计角度看，惩罚性赔偿成立的前提，应该是建立在新法第 54 条第 1 款之上的，如果进入该条第 2 款的法定赔偿范围，也就无法适用“一到五倍”的赔偿，势必会减少维权获利。因此，从整体上看，新法第 54 条在司法实践中的具体适用仍需实际检验。

五、著作权禁令

著作权禁令在旧法中已有规定，在新的立法中，结合互联网新业态，特别是电子商务新发展，作出了更为详尽的规定。新法主要增加了两大部分内容：一是提起禁令的原因增加了“妨碍其实现权利”；二是在禁令类型中增加了作为或不作为两种。

从司法实践看，著作权禁令对制止侵权、维护权利人合法权益和保障市场竞争秩序，起到了非常好的效果。从操作层面看，禁令既可以通过法院作出，也可以变相通过平台作出。平台成为禁令执行者，依靠的并不只有著作权法律，更多的是通过通知删除规则作出的。以电商平台为例，权利人发现他人的销售行为侵害了自身的合法权益时，有权依法向平台提出删除请求，平台在接到请求后，就要将可能侵权的店家下架或暂时屏蔽。

如果是恶意投诉或恶意举报的话，按照侵权法及其司法解释的规定，被投诉人就变成了权利人，可以要求通知人承担错误通知责任。按照《民法典》和《电子商务法》的相关规定，又增加了“转通知”“反通知”规则，可以更好地平衡权利人之间的关系。不过，在电商竞争领域，存在大量“虚假投诉”，在平台接到的举报或者在法院接到的禁令中，都会出现以恶意举报进而影响经营为目的的虚假投诉。特别是在“双十一”等大促时间段，这类恶意举报非常多，严重影响了电商市场的正常竞争秩序，损害了合法经营者的权益。

因此，司法实践中开始出现针对知识产权领域的“反向保全”，即在恶意举报到来之时，向法院提交担保，要求法院对特定主体作出在一定期限内“不允许”投诉举报的禁令。这种知识产权禁令是互联网时代出现的新鲜事物，目前很多法院都在大胆尝试。新法在禁令类型中增加了“不得作为”的类别，这实际上是为“反向保全”奠定了重要的法律基础，是对权利纠纷中守法经营者的特殊保护，对著作权在互联网时代的发展起到了非常好的作用。

六、合作作品权利

合作作品权利在旧法中已有规定，实践中，领导挂名、孩子带名、导师领名的乱象，可以直接适用该条予以解决，没有参加创作的人或仅提供服务或辅助性工作的人是不能成为作者的。

新法对合作作品作出了新的规定，在合作协商的基础上，最大限度地平衡好合作人之间利益分割与市场传播的问题。首先，在合作作品可以分割的情况下，每个作者对自己的权利部分当然有自我决定权，但这个权利也是受到限制的，即必须在不得侵害作品完整著作权的前提下行使。其次，如果作品无法正常分割，那就需要看是否有协议，如果没有协议，合作作者之间对作品使用有争议的，就应另行协商解决。再次，如果作者之间协商不成的，应本着促进传播的基本原则进行解决。具体规则是除了“转让”、排他性“专有使用”、“出质”使用，或者其他作者有正当理由拒绝的，其他情形下应允许处分。最后，如果合作作者一方依法行使了公开权，另一方也有获得合理利益分配的权利。新法中所言“合理分配”，并非平均分配，或者按劳动量或贡献度分配。从实践看，对于“合理分配”，应结合作品获利情况、作者参与度、贡献度等相关因素综合考虑确定，本着意思自治的原则，在显失公平的情况下，其他作者可以依法诉请法院予以分配。

弱人工智能时代AI作品版权问题思考①

AI作品的版权问题比较复杂，通过近年来法院对相关案件作出的判决，结合《著作权法》及相关规定，笔者认为，可以从以下路径来进行分析。

一、AI作品是否有版权

一个作品是否能被著作权法所保护，关键点在于是否具有独创性，换言之，并非所有作品都受到法律的保护。2018年北京某律师事务所诉百度公司AI著作权案中，法院认为AI产生的“图形作品”缺乏独创性，没有认定其为著作权法所保护的作品。与此相关，在随后深圳法院审理腾讯诉某公司AI作品案中，认为AI程序生成作品“结构合理”“逻辑清晰”，从而认定其具有独创性。必须指出，AI作品独创性判断并非依据的是“图灵测试”，无须读者能够判断其是否为程序所完成，即便注明作者为机器人，只要创作作品具备独创性条件，都应纳入著作权保护范围。

此外，有两点需要特别注意。一是AI程序完成的统计结果、数据化展示、图形标识、爬虫拼凑等作品，一般认为不具有独创性，很难受到著作权法保护。二是AI程序完成的以上成果，如果在此基础上有人工再次创作，与之前的AI作品形成不可分割的完整作品时，应受到著作权保护。例如，某洗稿神器爬虫拼凑的文章，即便加了个标题，也因其缺乏独创性而不属于《著作权法》规定的作品范围。但如果利用AI将同类稿件进行观点分类、标注出处，进行总结评价并形成新的结论，那么这就属于新作品。

① 朱巍：《弱人工智能时代，谁是AI作品权利人》，载《中国报业》2020年第11期。

二、AI 作品的权利人是谁

AI 作品权利人的问题争议较大，以北京某律师事务所诉百度公司案为例，法院认为文字作品应由自然人完成。这里说的自然人并不是对 AI 创作的全盘否认，而是为了强调作品作者应是利用 AI 程序的人，而非 AI 程序的开发者。例如，A 公司开发了 AI 写作系统，B 公司购买并利用了该产品，那么 AI 写出来的文章权利人是 B 公司，而非 A 公司。

在相关涉诉案件中，AI 主体不管是否有虚拟人格，如微软的“小冰”、腾讯的 Dreamwriter 等，在著作权法律地位上都不能成为权利人。至少在当今科技背景下，虚拟人格尚不能成为现实法律主体。在法律主体性质上，AI 作品的权利人主体只能是《著作权法》中的自然人、法人或其他组织。一般来说，利用 AI 形成作品的行为大多属于法人作品。

三、AI 作品的未来发展

信息网络传播权是 AI 作品财产权的重要方面，即便法院没有认定 AI 作品的独创性，也不影响权利人对作品信息网络传播权的维护，未来相关作品的权利体现将大量出现在这个领域。

从当前科技发展阶段看，AI 尚处于弱人工智能阶段，创作能力、目的、水平都与人的因素密切相关。所以，在今后相当长的时间内，AI 作品的独创性定位仍不能脱离使用程序者。也许未来技术进步到强人工智能时代，相关的法律才会真正承认虚拟人格法律位置，到那个时候，再修改法律也来得及。

网文免费模式的可行性分析[①]

阅文集团新合同被网文作家指责“霸道”上了热搜，随后，一些反对新合同的作家以“断更”的方式，表达对作者权益缩水的不满之情。[②] 网文风波的主要根源在于，一方面源自新合同中作者权利与平台权利的冲突，另一方面则更多涉及网络文学免费与付费的争议问题。[③]

我国网络文学自崛起至今已有20余年，从最开始的纯粹免费“情怀”表达，到后来的付费阅读，再到今天的免费阅读生态，可以说是伴随着互联网产业经济的变化发展而来。网络文学的基础在于创造，特别是草根作者的创造力。而网络文学的发展基石在于互联网技术，特别是移动端的普及。可以说，没有互联网产业的勃兴发展，就没有网络文学产业多达800多万作者的今天。

网络文学的付费模式，起源于互联网支付，勃兴于移动支付。受众群体起源于PC端用户，发展于移动端用户。网文作者起源于专业垂直阶段，壮大于分享经济赋能时代。影响力起源于BBS，彰显在大IP时代。从这个角度看，网络文学就是数字经济的一个特别种类，不仅归属于文学，更归属于数字经济。

我国数字经济已经全面进入“免费服务+增值服务”阶段，即对用户是免费的，这部分成本是通过网络广告等收益予以弥补，即由非用户第三方提供。这就是“羊毛出在猪身上，狗买单”的现代网络经济模式。网文

---

① 朱巍：《网络文学的免费生态是大势所趋》，载《检察日报》2020年5月13日，第7版。

② 揭书宜：《阅文遭作者抵制背后：新合约是否侵权，完全免费阅读有前途吗》，载澎湃新闻网，https://www.thepaper.cn/newsDetail_forward_7289350，2023年6月7日访问。

③ 朱巍：《网文免费模式是大势所趋吗》，载《方圆》2020年第10期。

免费模式大致相同，用户将不再付费阅读网文，这部分支出由平台利用精准广告、广告联盟、大数据推荐等方式从第三方获取。免费模式下，作者收益也并非一次性获取，而是根据作品阅读量和用户喜爱程度，按比例与平台分成获利。

付费模式下的网文，一般按照字数收费。所以，大部分网文作品动辄数百万字，文字不精练，拖泥带水，而作者为了获取更多费用，也会拖延作品进度，导致近年来腰部以下作品偏多。此类作品，很难出精品，甚至难称文学。免费模式则依靠阅读量计费，读者的口碑和转载传播多少，能够倒逼作者尽可能地出精品，以质取胜。

特别是大数据和算法推荐时代下，私域流量与公共流量都将统一到算法之中，读者的偏好、人物的好恶、不同情节的反应、结局的设定等，都将以数据可视化的方式展现出来。网文平台将成为大数据平台，不仅承担着作品的分发推荐，而且将对作者后续创造产生影响，同时还会将用户画像与作品、广告、IP 转化等形成新的产业生态。从长远角度看，数字经济时代必将深远影响网络文学产业的创作、传播和商业转化。

从数字经济发展趋势角度看，付费模式很难予以匹配，新型生态产业链无法容下仅靠字数获利的作品。在网络整体生态融合的背景下，这种趋势更为明显。腾讯入主网文后，其实就是把网文全面纳入了网络生态，从跨屏传播到广告联盟，从数据打通到传播矩阵，从单一获利到多层次商业模式，从网文屏幕到 IP 衍生，一整套生态商业模式和鼓励创作模式的发展方向已是大势所趋。

从技术角度看，区块链技术的智能合约完全能够解决作者与平台之间的利益分成问题，作者的获利将不经过平台直接即时进入作者账户。作者的盈利完全取决于作品的好坏以及市场的需求，网文衍生的可能性也取决于读者，抽象于数据，分发于算法。从长远来看，网文的免费模式才是未来的发展方向。

网络洗稿侵权与传播伦理责任[①]

自媒体网文《甘柴劣火》刷屏的同时，也因涉嫌洗稿引发了巨大争议。这些争议集中在两大方面：一是新闻类作品的著作权利法律边界问题；二是自媒体洗稿传统媒体作品成爆款的价值判断问题。

我国《著作权法》关于合理使用类型的规定中，时政类新闻信息是法定合理使用范围。这里讲的时政类新闻与深度调查时政类作品的性质截然不同，前者是简单的事实性描述，后者则属于著作权所称的作品。众所周知，调查类作品的制作过程费时费力，调查记者往往背负着巨大压力，甚至是在人身安全被威胁的情况下完成的，这样的作品于情于法都必须得到严格保护。

时政类深度调查作品的著作权保护有两个方面：一方面，转载前需要著作权人同意，转载时应标明著作权人的身份等信息，不得擅自更改标题和节选；另一方面，转载后需要支付著作权人版权费。其中，前者是基于著作权人身权的保护目的，以及我国新闻传播管理制度要求，后者则是以保护著作权财产权利为基础。这样做的目的，并非在于限制时政类作品的传播，而是想鼓励和激励更多的媒体和从业者愿意从事"又苦又累"的调查类时政新闻工作。

《甘柴劣火》一文中的大部分内容源自财新记者先前的报道，按照我国《著作权法》的规定，这类模糊出处的洗稿行为属于侵权行为。[②] 更重要的

---

① 朱巍：《择肥而噬，自媒体洗稿面面观》，载环球网，https：//opinion. huanqiu. com/article/9CaKrnKh1py，2023 年 6 月 20 日访问。

② 窦新颖：《〈甘柴劣火〉引发"洗稿"之争》，载人民网，http：//ip. people. com. cn/n1/2019/0118/c179663 -30575931. html，2023 年 6 月 20 日访问。

是，根据2017年国家网信办出台的《互联网新闻信息服务管理规定》，互联网新闻信息服务提供者需要具备相关资质。财新网已经依法取得许可，是可以采编、报道和转载时政类新闻的，但是《甘柴劣火》的作者呦呦鹿鸣并没有新闻资质，不但不能采编刊发时政类新闻信息，而且连转载的资质也是没有的。

从性质上看，《甘柴劣火》这篇文章是典型的时政类新闻作品，既包含对新闻信息的陈述，也包含基于事实的评论，因作者和公众号都没有新闻资质，采编和发布行为除了涉嫌侵害著作权和传播伦理，还涉嫌违反《互联网新闻信息服务管理规定》。

从传播效果看，洗稿洗成爆款似乎已经成为一种自媒体时代的潮流，其实这也不难理解。一方面，传统媒体与自媒体作品的目的不同。其中，前者受传播伦理限制，时政类新闻的描述一板一眼，实事求是，臆断与猜测让传统媒体避之不及；后者作品的传播度则直接影响广告、打赏等商业获利，关注度经济让自媒体更关心的是点击量，而非事实本身。另一方面，传统媒体与自媒体的写作方式不同。传统媒体在走向新媒体、融媒体化后，仍秉承讲述事实，做一个旁观者，且最多是一个有良心、有正义感和勇敢的旁观者。自媒体则完全不同，他们是从受众角度思考问题，从受众感官方面做文章，情绪化、鼓动化、煽动性和立场化成为自媒体时代网文的标配。正是有了这些倾向性、引导性甚至偏激性的传播精神，才会让看似枯燥的文章通过标题党、配图等方式让受众感同身受，才有了一个又一个的“10万+”。

不可否认，不管是为何，《甘柴劣火》这篇自媒体爆文，相较于记者历尽千辛万苦写出来的原文，起到了更好的传播效果。若以结果论英雄，呦呦鹿鸣已经获胜。然而，这种获胜的代价违反了国家法律规定。

我们基于价值的判断，不能仅停留在点击量和关注度。如果没有财新网记者千辛万苦的第一手材料采编，怎么可能会有后面脍炙人口的爆文出现。自媒体作者每天寻找着爆款，择肥而噬地攫取他人耗时耗力得到的材料，琢磨着公众的喜好，附带主观臆断、猜测、情感和引导，配合着耸人听闻的标题与各类无底线的图片，几个小时就能出来一篇爆文。相比之下，传统媒体记者数天甚至数月的艰苦蹲守，冒着极大风险的采访和顶着压力发的稿，反倒不如一个闭门造车的自媒体。这个时候，价值判断标准的错位就会导致价值观的偏离。最近几年，传统媒体从业者大量跳槽，其中很大原因就是传统媒体从业者无法适应自媒体时代的这种价值判断标准。

其实，反过来想一下，新闻的价值并非追求爆款，普利策奖项也不会将阅读量作为评奖标准。每个时代下，传播新闻的工具和渠道可能不同，但新闻本质的求真务实必然永恒。在互联网时代，法律必须赋予传统媒体以尊严，法律必须严格落实，侵权和违法者应该承担相应的责任。同时，传统媒体必须适应互联网时代传播的新规律，算法、大数据和传播预判力并非自媒体的专利。在网络新闻传播领域，作品的客观、真实、公正永远是不可动摇的核心要素，互联网传播渠道和网络技术应用是“两翼”，法律与伦理则是保障，只有内外兼修，才能做到点击量配得上内容。同样，自媒体更要遵守法律底线，突出传播优势，才能让内容配得上点击量。